안녕~
나는 새싹이야.

나눗셈에 대해
알려줄게~

준비됐지?

책의 구성

1 단원 소개

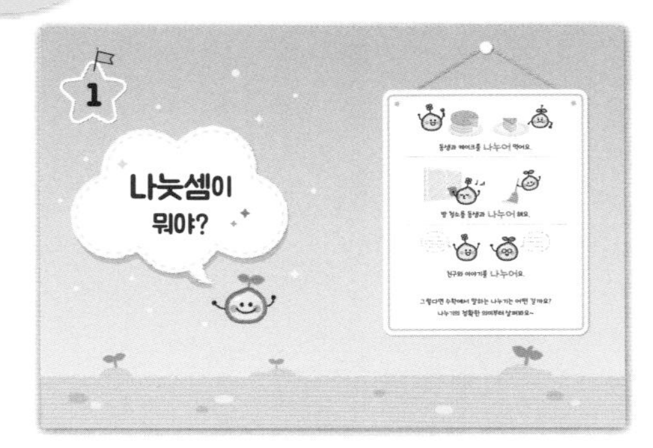

공부할 내용을 미리 알 수 있어요.
건너뛰지 말고 꼭 읽어 보세요.

2 개념 익히기

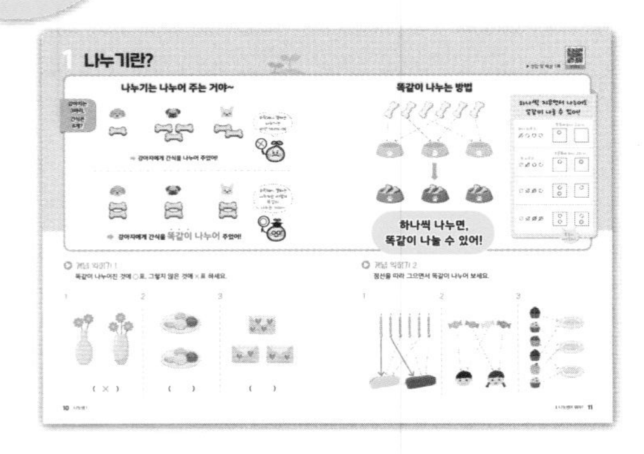

꼭 알아야 하는 개념을 알기 쉽게 설명했어요.
개념에 대해 알아보고, 개념을 익힐 수 있는
문제도 풀어 보세요.

4 개념 마무리

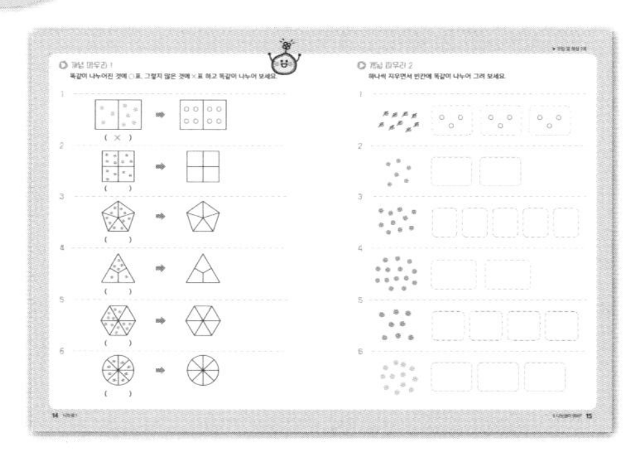

익히고, 다진 개념을 마무리하는 문제예요.
배운 개념을 마무리해 보세요.

5 단원 마무리

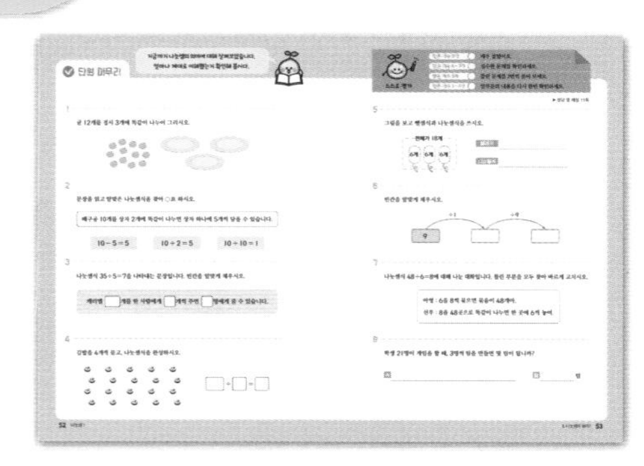

얼마나 잘 이해했는지 체크하는 문제입니다.
한 단원이 끝날 때 풀어 보세요.

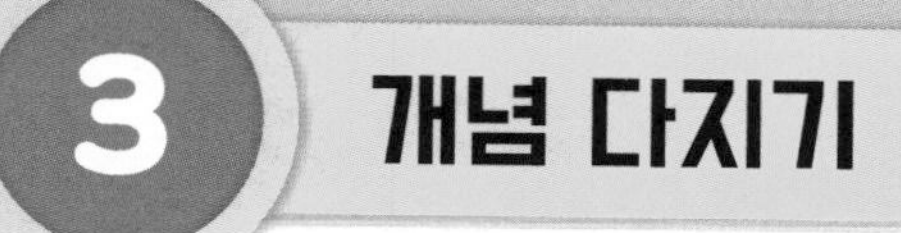

3 개념 다지기

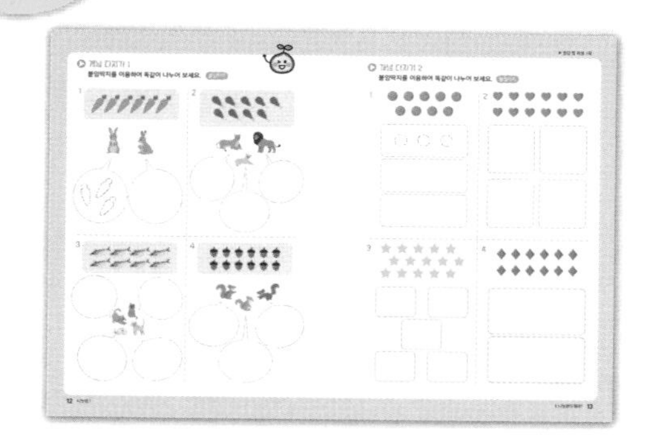

익힌 개념을 친구의 것으로 만들기 위해서는
문제를 풀어봐야 해요.
문제로 개념을 꼼꼼히 다져 보세요.

이런 순서로
공부해요!

6 서술형으로 확인

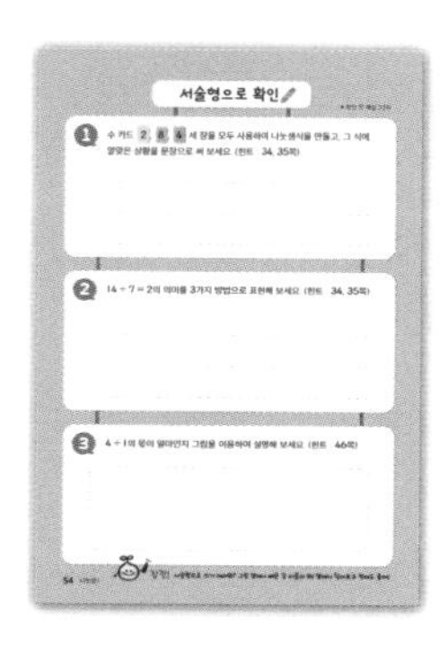

배운 개념을 서술형 문제로
확인해 보세요.

7 쉬어가기

배운 내용과 관련된 재미있는 이야기를
보면서 잠깐 쉬어가세요.

잠깐! 이 책을 보시는 어른들에게...

1. 나눗셈은 덧셈, 뺄셈, 곱셈 다음에 배우는 연산입니다. 그만큼 가장 복잡한 연산이지요.

특히 나눗셈의 문장제 문제는 아주 어렵게 느껴질 수도 있습니다. 왜냐하면 언제 나눗셈을 사용하는지 나눗셈에 대한 정의를 충분히 익히지 않고, 어떻게 계산하는지 그 방법에만 집중하여 공부하기 때문입니다. 나눗셈에는 두 가지 정의가 있기 때문에, 나눗셈을 사용할 수 있는 경우도 크게 두 가지입니다.

이 책은 나눗셈을 처음 접하는 아이들을 위한 책으로 나눗셈의 정의와 언제 나눗셈을 사용하는 것이 적합한지에 초점을 맞추어 설명하고 있습니다. 그리고, 나눗셈을 계산하는 방법은 그 이후에 다루고 있습니다.

2. 수학은 단순히 계산만 하는 것이 아니라 논리적인 사고를 하는 활동입니다. 이 책을 통하여 나눗셈에 대해 논리적으로 사고하는 활동을 할 수 있게 해주세요. 그런데 수학에서 말하는 논리적 사고를 하기 위해서는 먼저 정의를 정확히 알아야 합니다. 수학의 모든 내용은 정의에서부터 출발합니다. 정의에서 성질도 나오고, 성질을 이용해서 계산도 할 수 있습니다. 그리고 때로는 기호를 가지고 복잡한 것을 대신 나타내기도 합니다. **수학은 약속의 학문이라는 것을 아이에게 알려주세요.**

3. 이 책은 아이가 혼자서도 공부할 수 있도록 구성되어 있습니다. 그래서 문어체가 아닌 구어체를 주로 사용하고 있습니다. 먼저, **아이가 개념 부분을 공부할 때는 입 밖으로 소리 내서 읽을 수 있도록 지도해 주세요.** 단순히 눈으로 보는 것에서 끝내지 않고 읽어가면서 공부한다면, 내용을 효과적으로 이해하고 좀 더 오래 기억할 수 있을 것입니다.

약속해요

공부를 시작하기 전에
친구는 나랑 약속할 수 있나요?

1. 바르게 앉아서 공부합니다.
2. 꼼꼼히 읽고, 개념 설명은 소리 내어 읽습니다.
3. 바른 글씨로 또박또박 씁니다.
4. 책을 소중히 다룹니다.

약속했으면 아래에 서명을 하고, 지금부터 잘 따라오세요~

이름 : ______________________

차례

나눗셈이 뭐야?

곱셈과 나눗셈은 친구

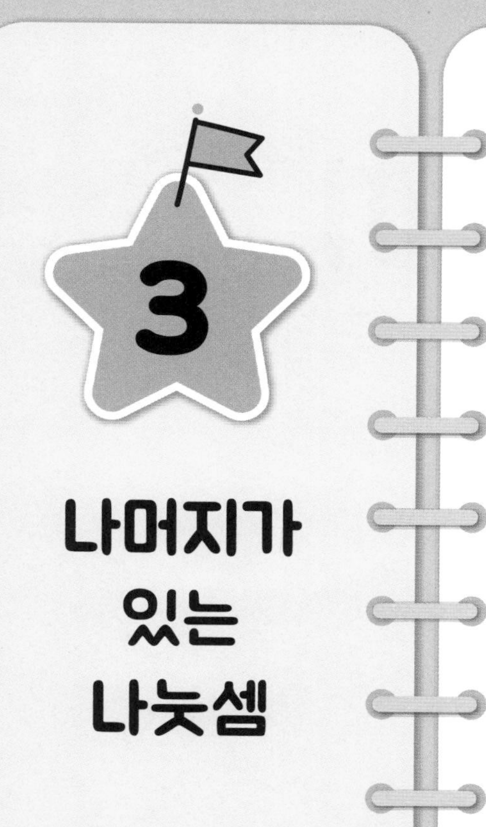

나머지가 있는 나눗셈

나눗셈이 뭐야?

동생과 케이크를 **나누어** 먹어요.

방 청소를 동생과 **나누어** 해요.

친구와 이야기를 **나누어**요.

그렇다면 수학에서 말하는 나누기는 어떤 걸까요?

나누기의 정확한 의미부터 살펴봐요~

1 나누기란?

나누기는 나누어 주는 거야~

강아지는 3마리, 간식은 6개?

수학에서 말하는 나누기는 이런 게 아니야!

➡ 강아지에게 간식을 나누어 주었어!

수학에서 말하는 나누기는 이렇게 똑같이 나누는 거야~

➡ 강아지에게 간식을 **똑같이 나누어** 주었어!

▶ 개념 익히기 1

똑같이 나누어진 것에 ○표, 그렇지 않은 것에 ×표 하세요.

1

(×)

2

(   )

3

(   )

▶ 정답 및 해설 1쪽

똑같이 나누는 방법

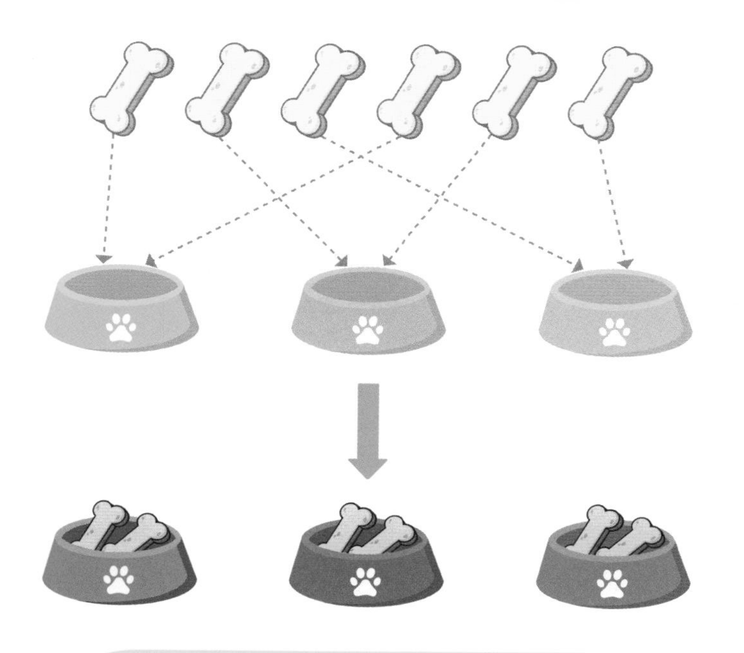

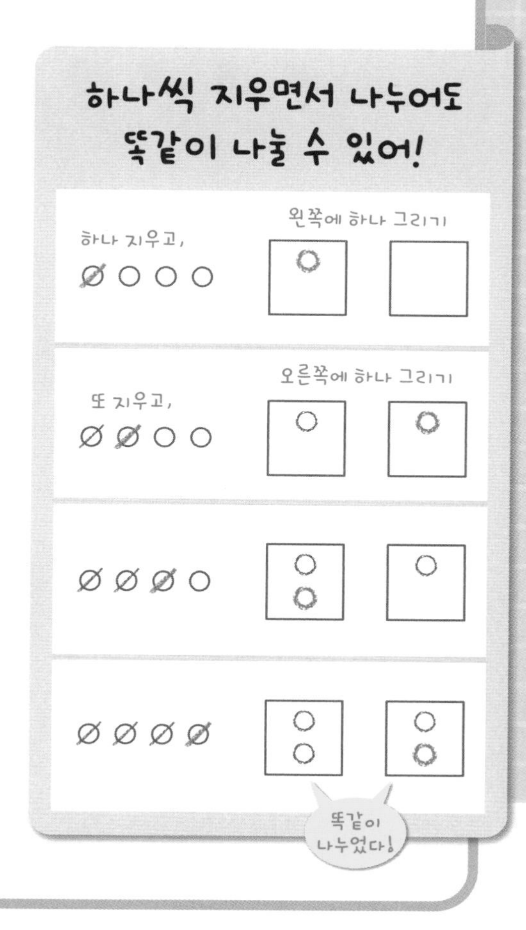

하나씩 나누면, 똑같이 나눌 수 있어!

개념 익히기 2

점선을 따라 그으면서 똑같이 나누어 보세요.

1 2 3

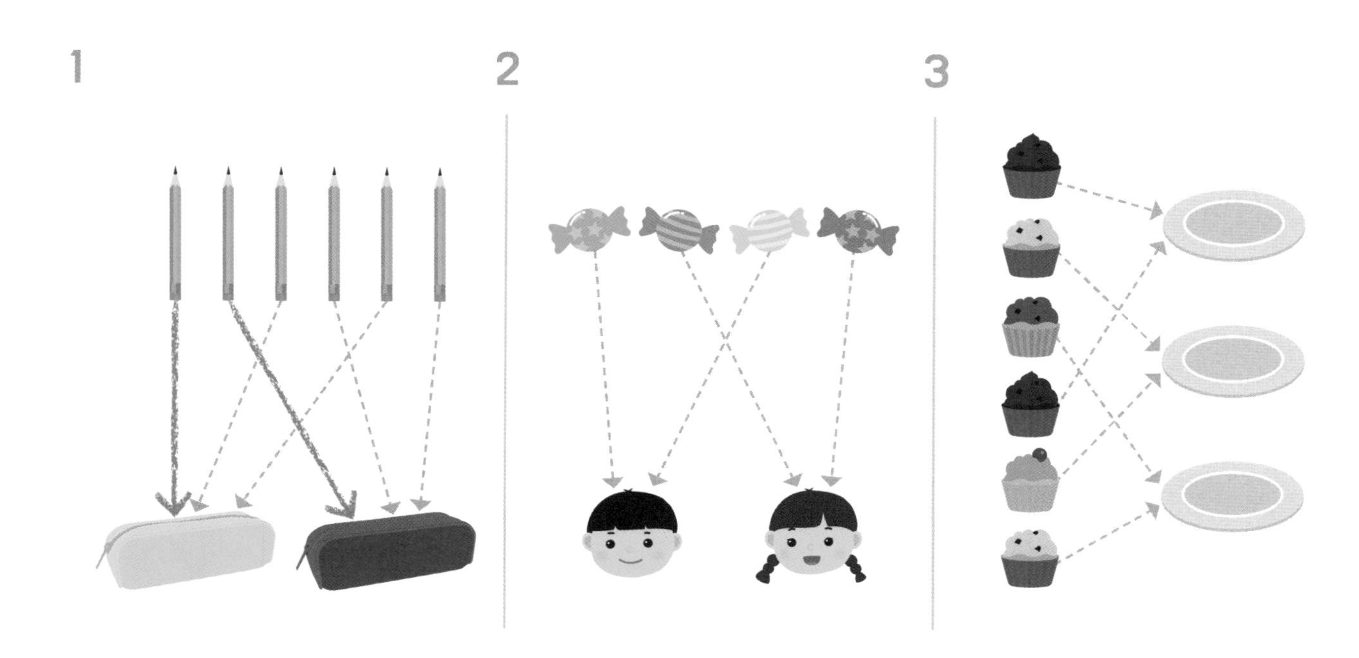

개념 다지기 1

붙임딱지를 이용하여 똑같이 나누어 보세요. 붙임딱지

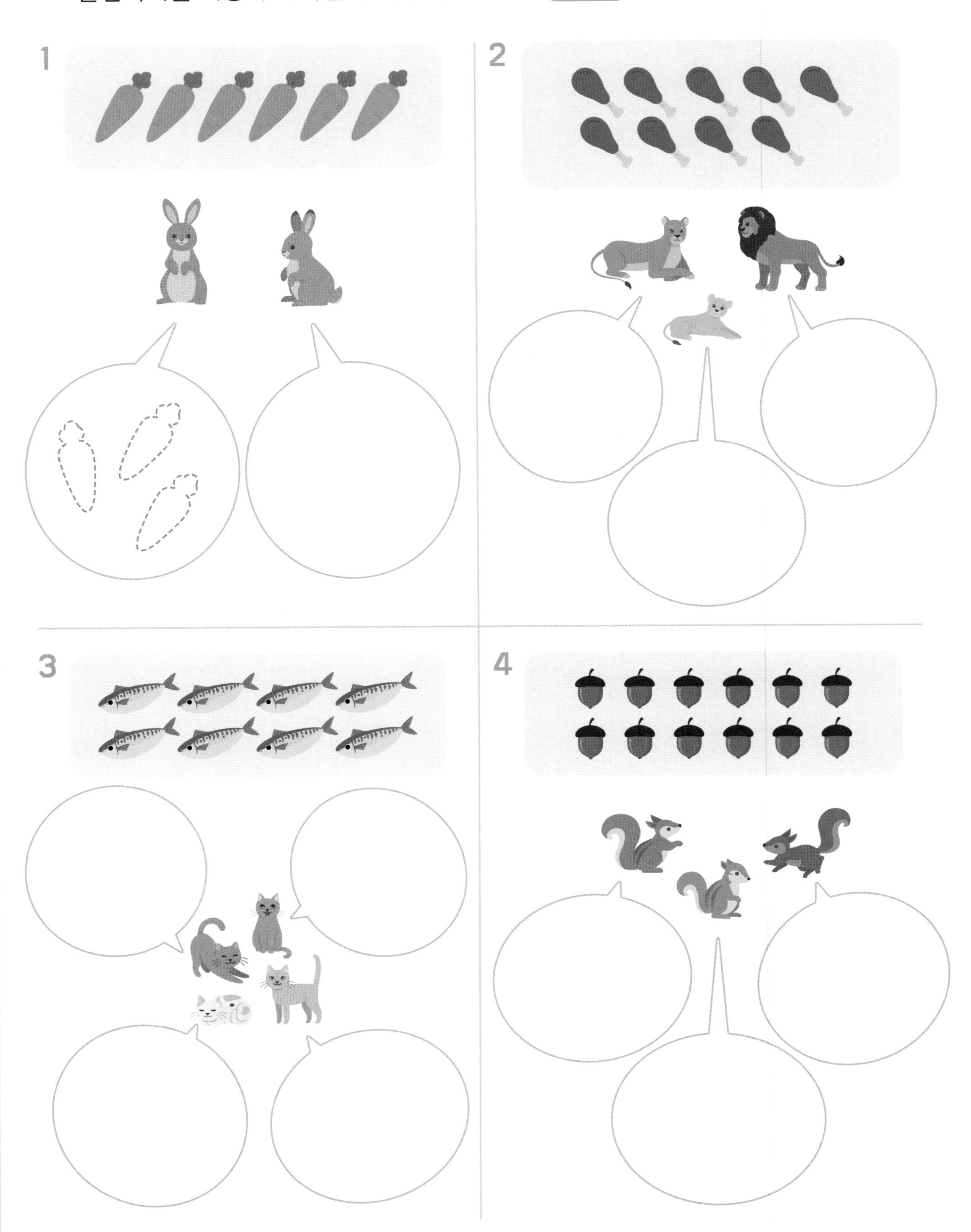

▶ 정답 및 해설 1쪽

개념 다지기 2

붙임딱지를 이용하여 똑같이 나누어 보세요. 붙임딱지

1

2

3

4

개념 마무리 1

똑같이 나누어진 것에 ○표, 그렇지 않은 것에 ×표 하고 똑같이 나누어 보세요.

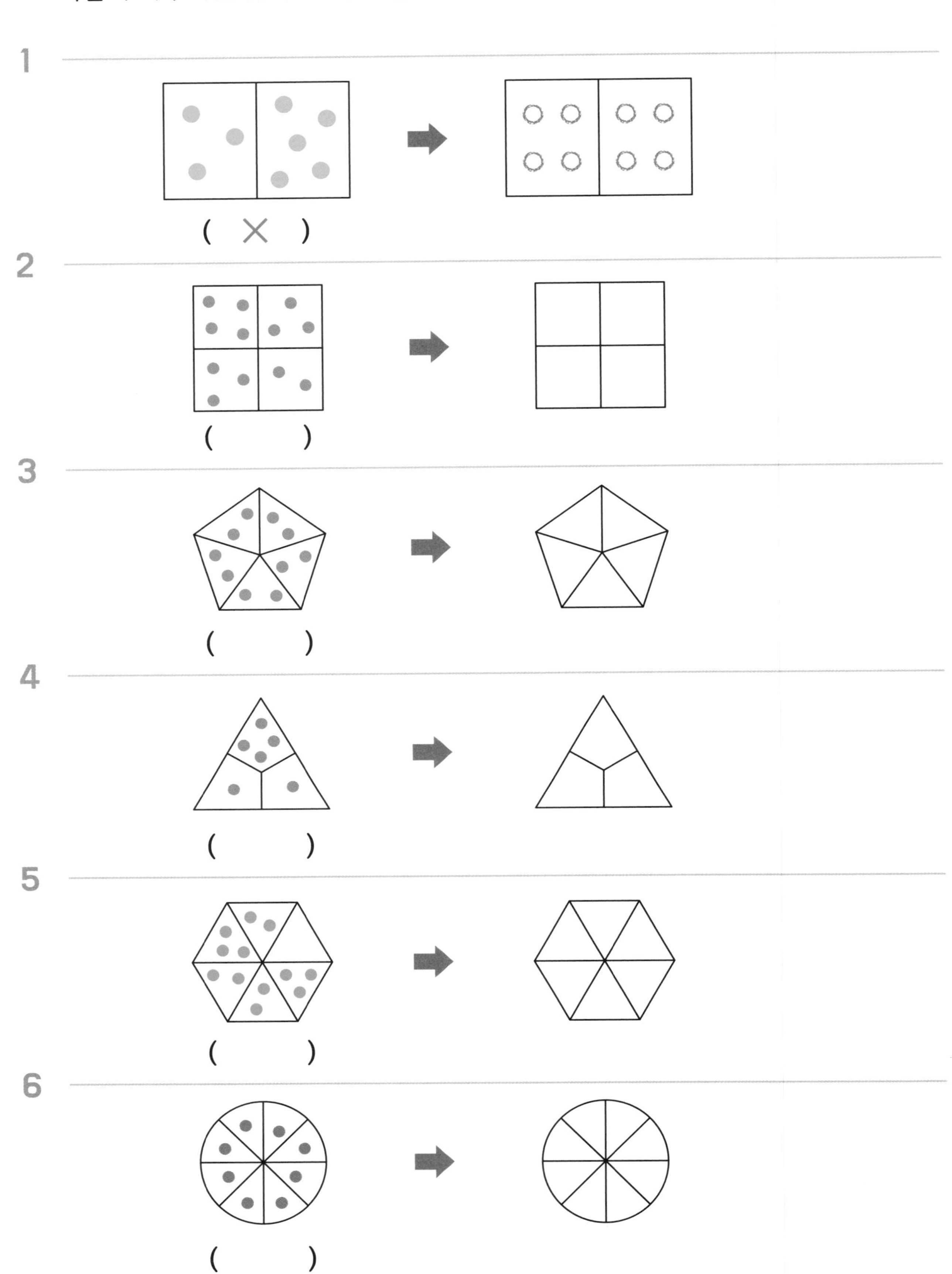

▶ 정답 및 해설 2쪽

개념 마무리 2

하나씩 지우면서 빈칸에 똑같이 나누어 그려 보세요.

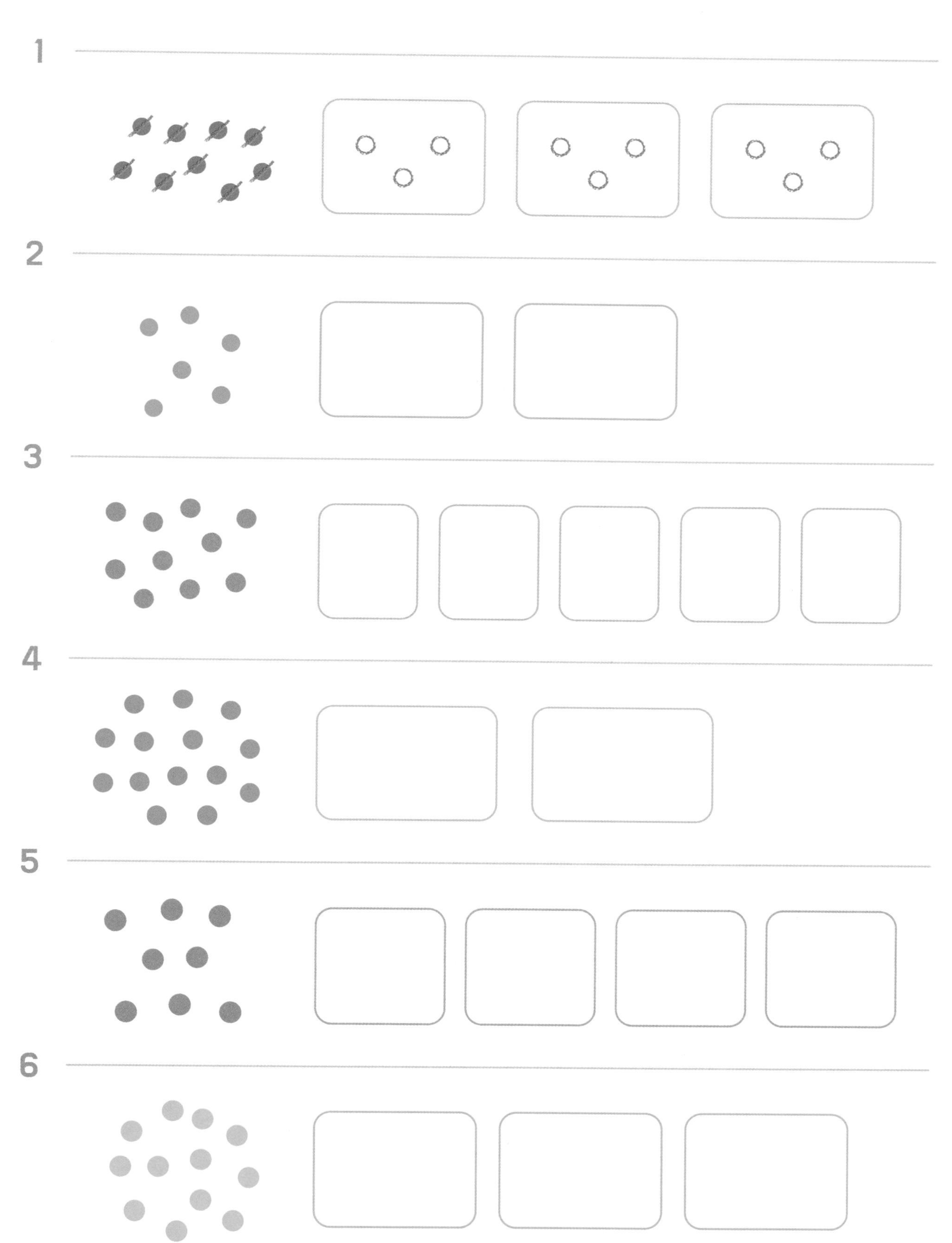

2 똑같이 나누기

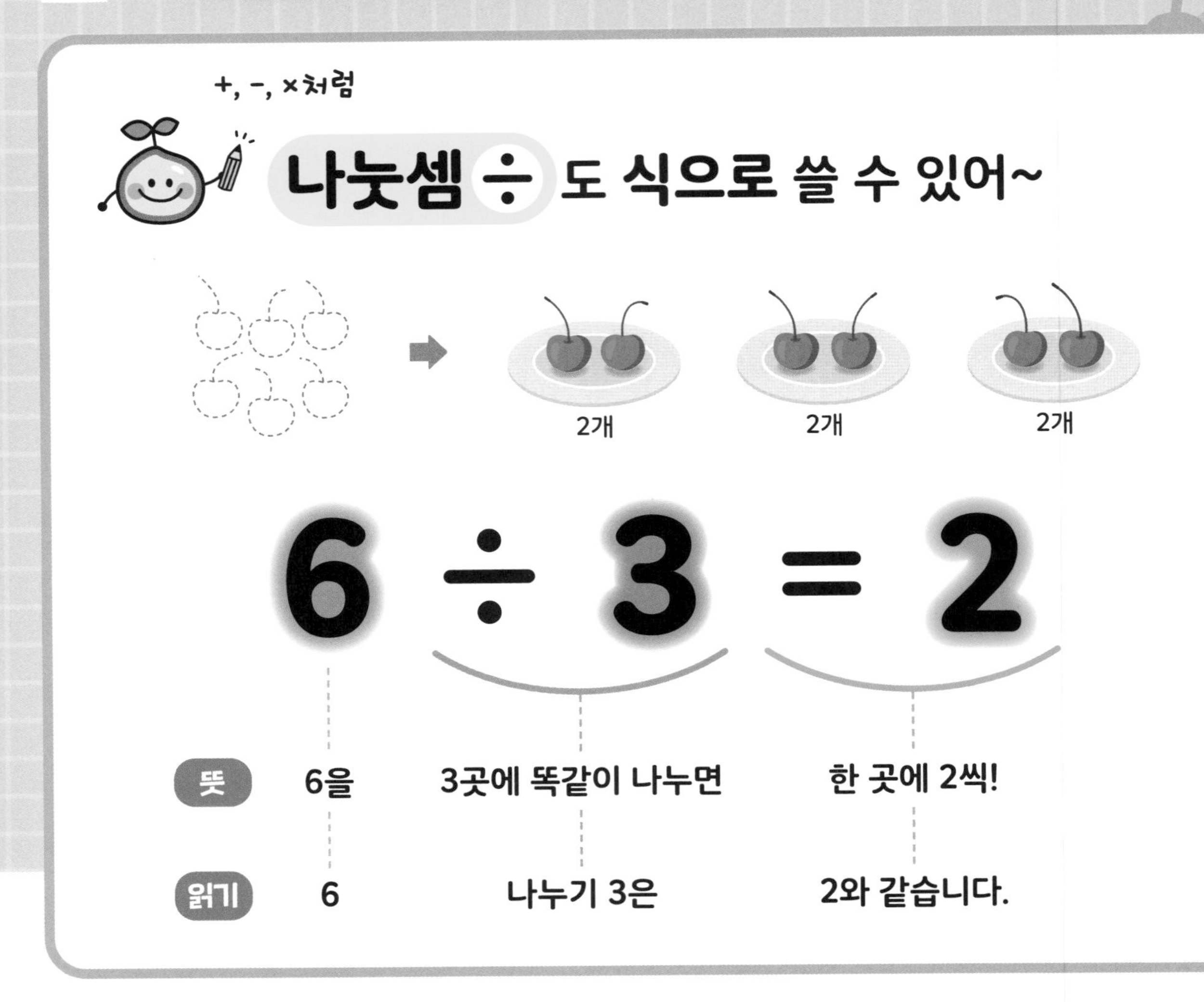

+, -, ×처럼
나눗셈 ÷ 도 식으로 쓸 수 있어~
2개
2개
2개
6 ÷ 3 = 2
뜻
6을
3곳에 똑같이 나누면
한 곳에 2씩!
읽기
6
나누기 3은
2와 같습니다.

개념 익히기 1

그림을 보고 빈칸을 알맞게 채우세요.

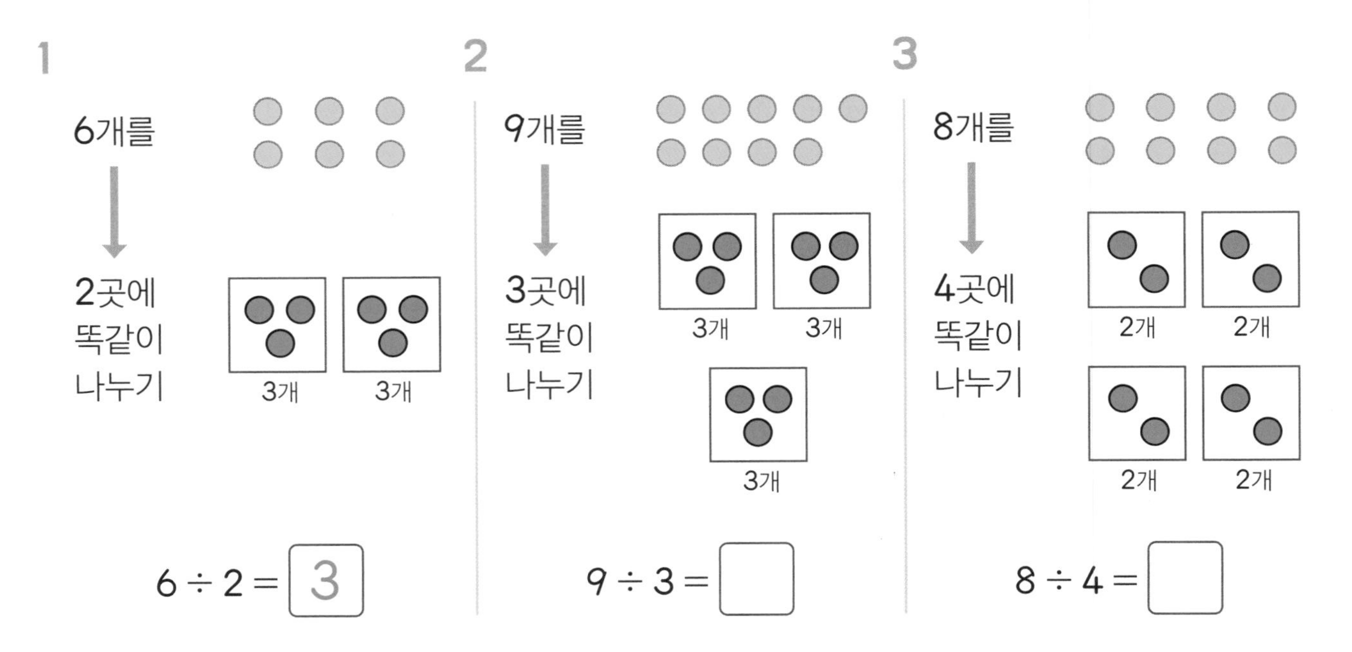

▶ 정답 및 해설 2쪽

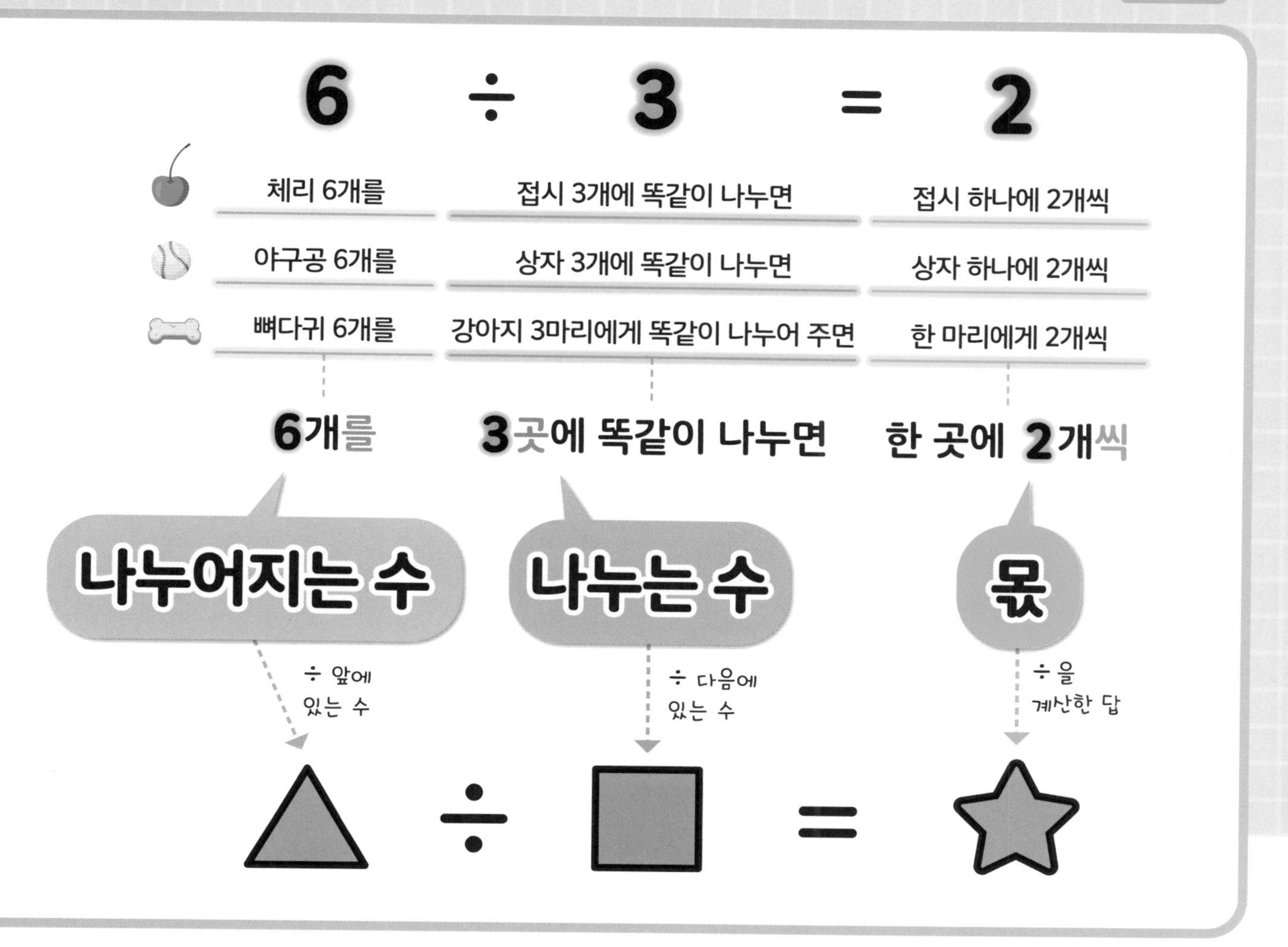

개념 익히기 2

나눗셈식에서 화살표가 가리키는 부분의 이름을 쓰세요.

1

△ ÷ □ = ☆ (☆을 가리킴)

몫

2

△ ÷ □ = ☆ (□을 가리킴)

3

△ ÷ □ = ☆ (△을 가리킴)

개념 다지기 1

그림에 알맞은 나눗셈식에 ○표 하세요.

1

$20 \div 4 = 5$ (○)

$20 \div 2 = 10$

2

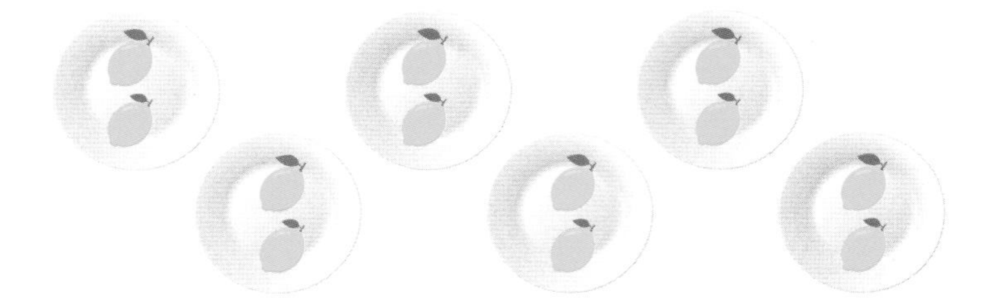

$12 \div 4 = 3$

$12 \div 6 = 2$

3

$16 \div 8 = 2$

$16 \div 4 = 4$

4

$12 \div 3 = 4$

$12 \div 2 = 6$

5

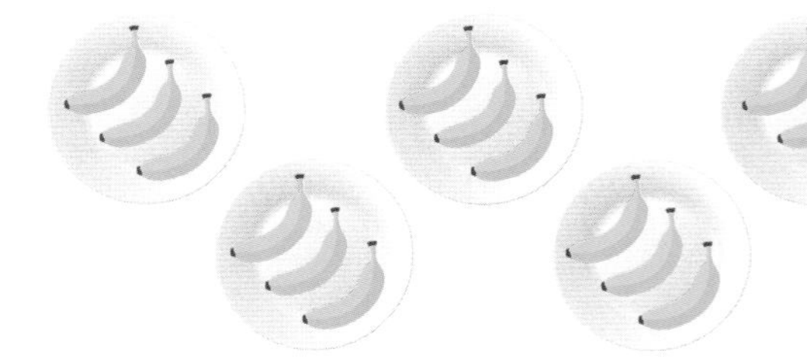

$18 \div 9 = 2$

$18 \div 6 = 3$

6

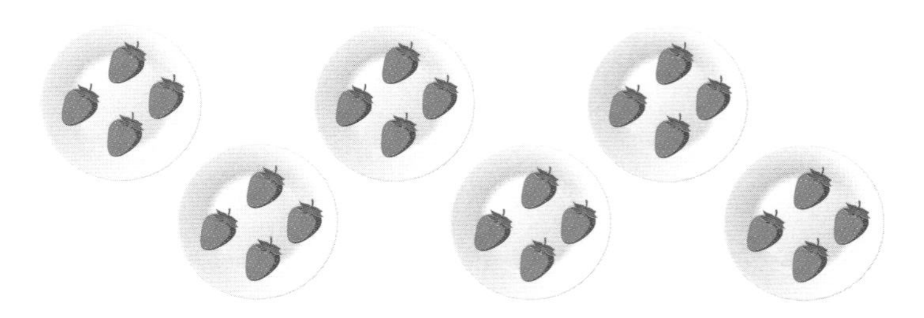

$24 \div 6 = 4$

$24 \div 8 = 3$

▶ 정답 및 해설 3쪽

개념 다지기 2

그림에 알맞은 식을 완성하세요.

1

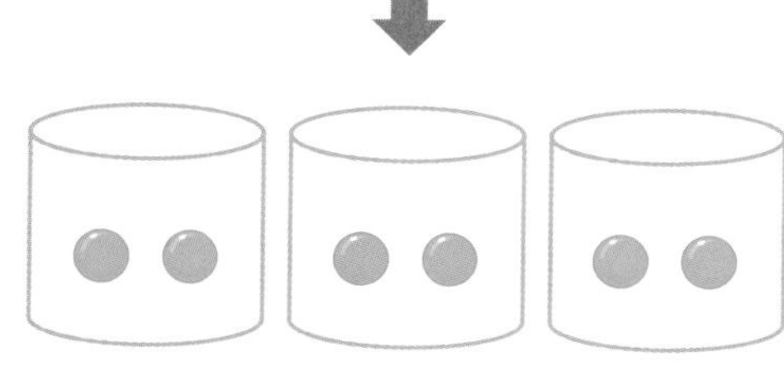

6 ÷ [3] = 2

2

12 ÷ [ ] = 3

3

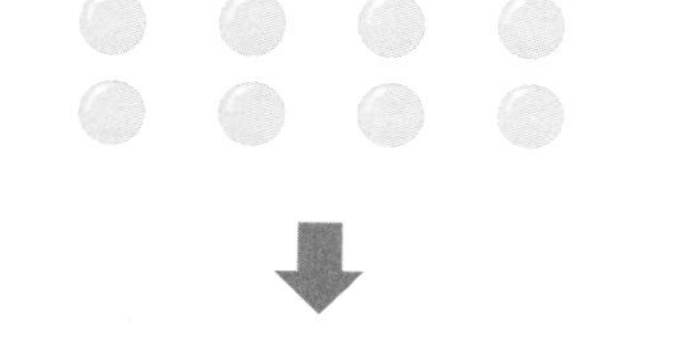

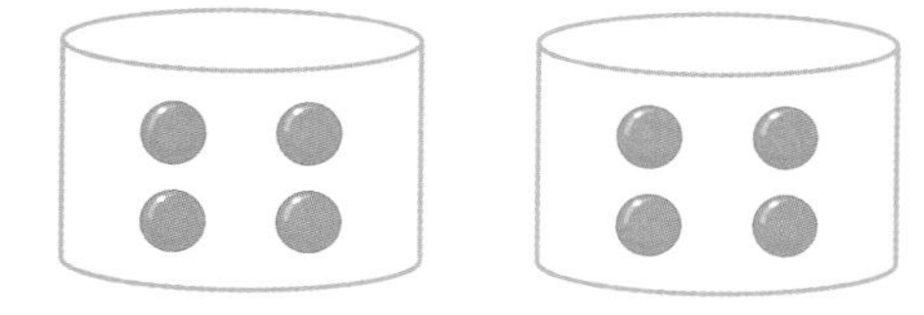

[ ] ÷ 2 = [ ]

4

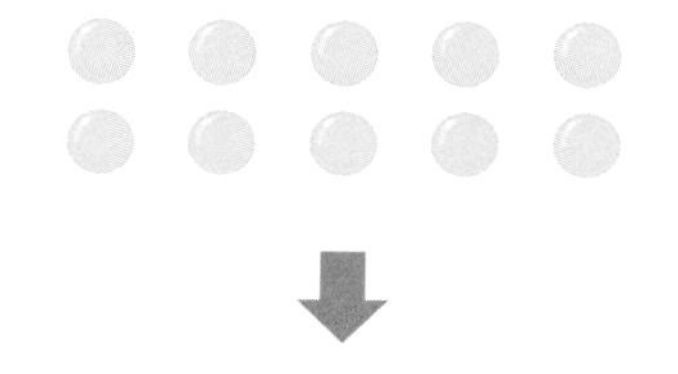

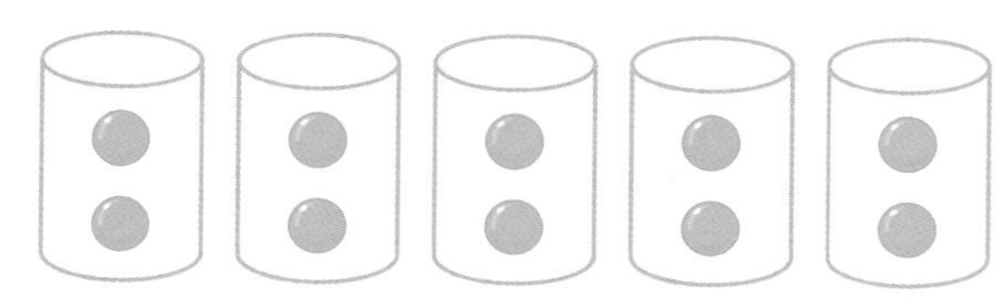

[ ] ÷ 5 = [ ]

5

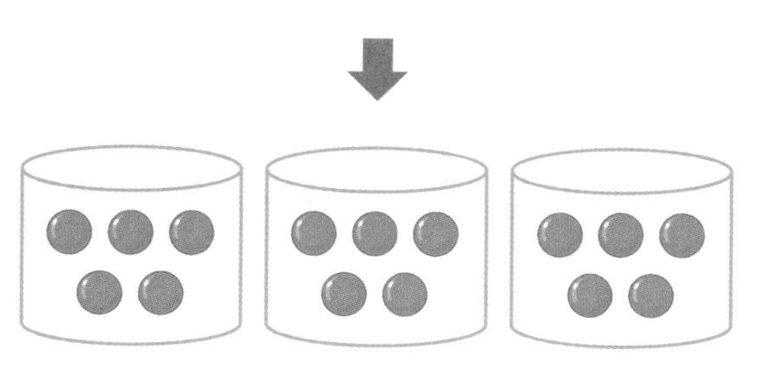

[ ] ÷ [ ] = 5

6

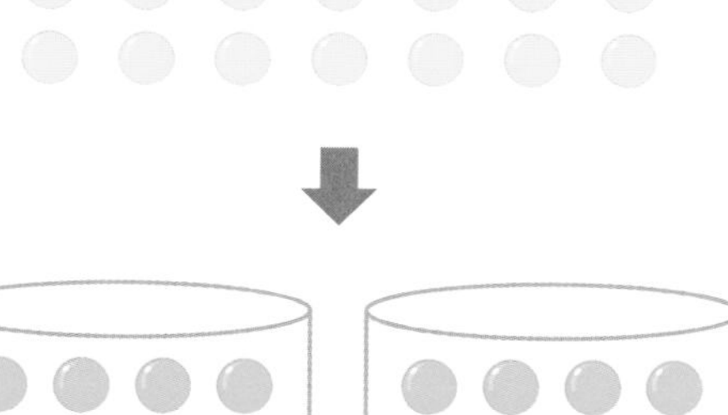

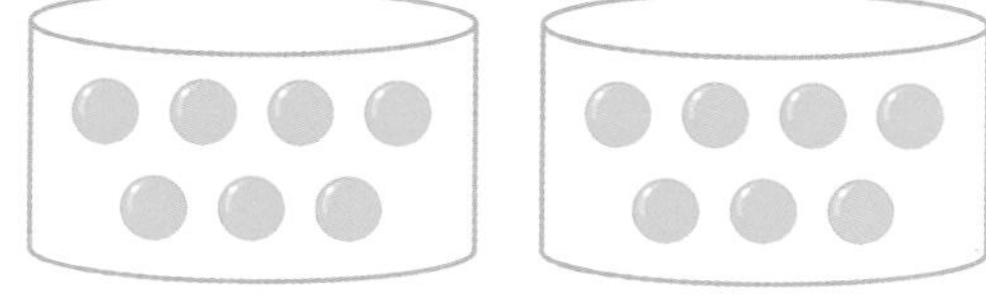

[ ] ÷ [ ] = 7

개념 마무리 1

관계있는 것끼리 알맞게 연결하고, 나눗셈식을 완성하세요.

1

6개를 2곳에 똑같이 나누면 한 곳에 3개씩 놓입니다.

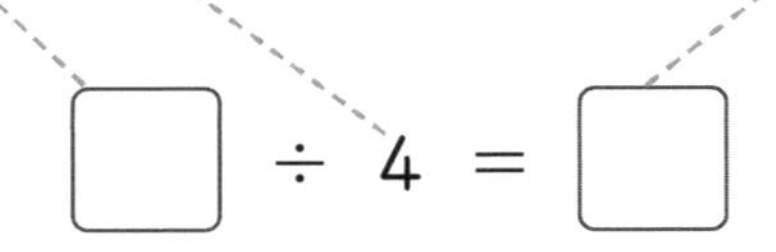

$\boxed{6} \div 2 = \boxed{3}$

2

8개를 4곳에 똑같이 나누면 한 곳에 2개씩 놓입니다.

$\square \div 4 = \square$

3

9개를 3곳에 똑같이 나누면 한 곳에 3개씩 놓입니다.

$9 \div \square = \square$

4

10개를 5곳에 똑같이 나누면 한 곳에 2개씩 놓입니다.

$\square \div \square = \square$

5

15개를 3곳에 똑같이 나누면 한 곳에 5개씩 놓입니다.

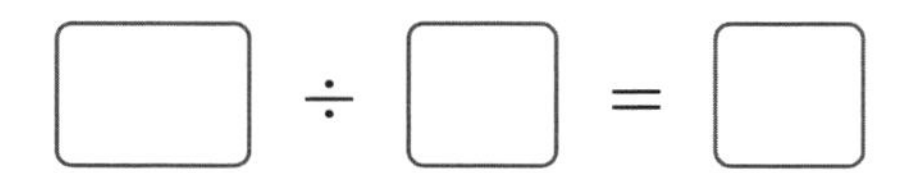

6

24개를 6곳에 똑같이 나누면 한 곳에 4개씩 놓입니다.

$\square \div \square = \square$

▶ 정답 및 해설 3쪽

개념 마무리 2

그림을 빈칸에 똑같이 나누어 그리고, 나눗셈식을 쓰세요.

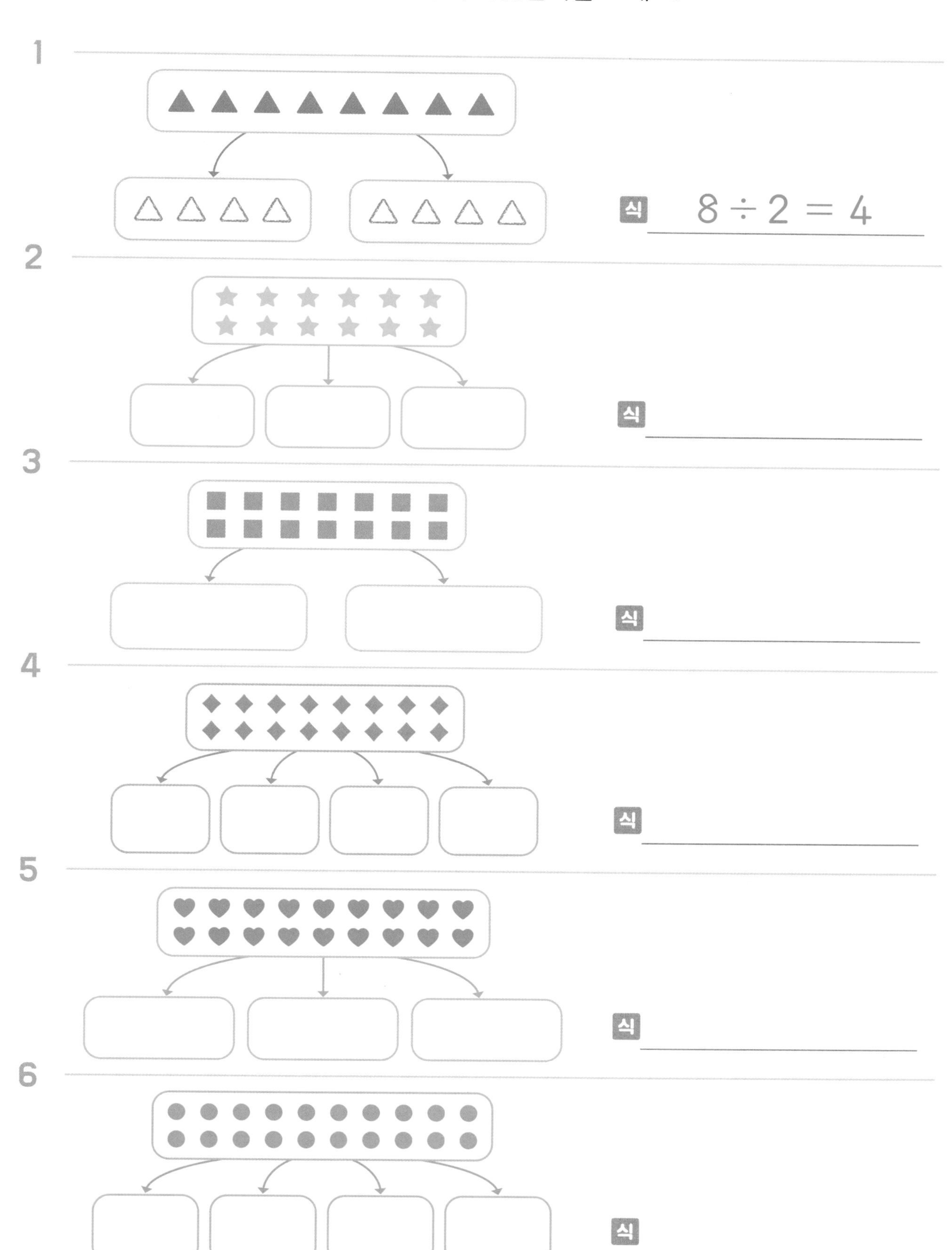

3 똑같은 개수로 묶는 나누기

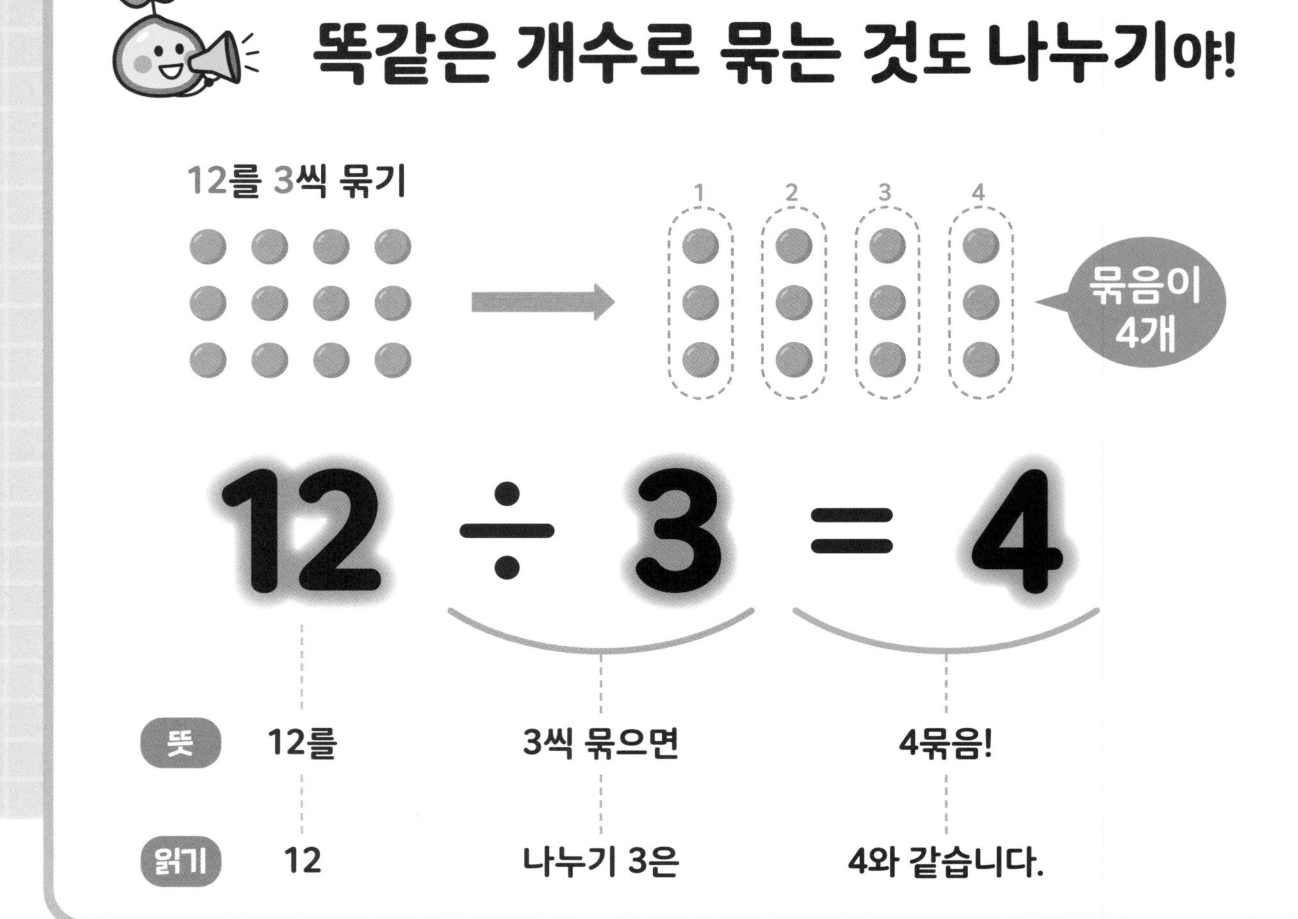

개념 익히기 1

구슬을 알맞게 묶고, 빈칸을 채우세요.

1

9를 3씩 묶기

$9 \div 3 =$ 3

2

10을 5씩 묶기

$10 \div 5 =$ □

3

6을 2씩 묶기

$6 \div 2 =$ □

▶ 정답 및 해설 4쪽

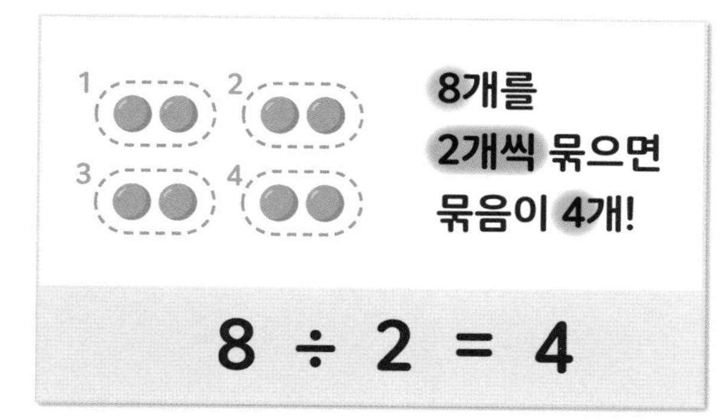

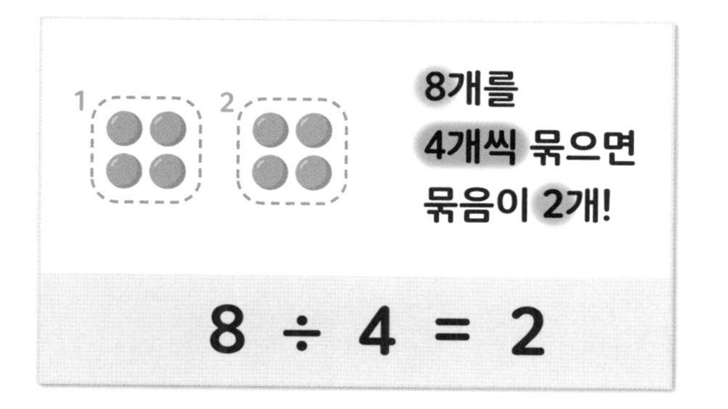

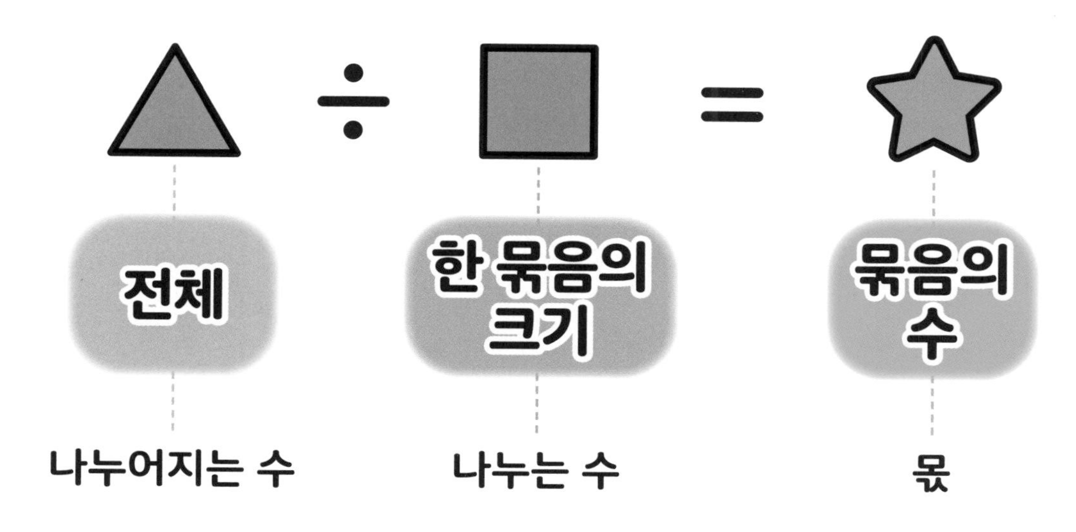

나누어지는 수　　나누는 수　　몫

개념 익히기 2

전체를 똑같은 수로 묶는 나눗셈입니다. 관계있는 것끼리 이으세요.

1

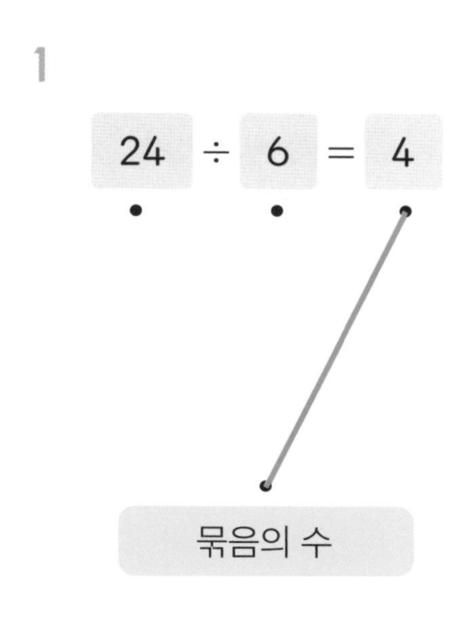

2

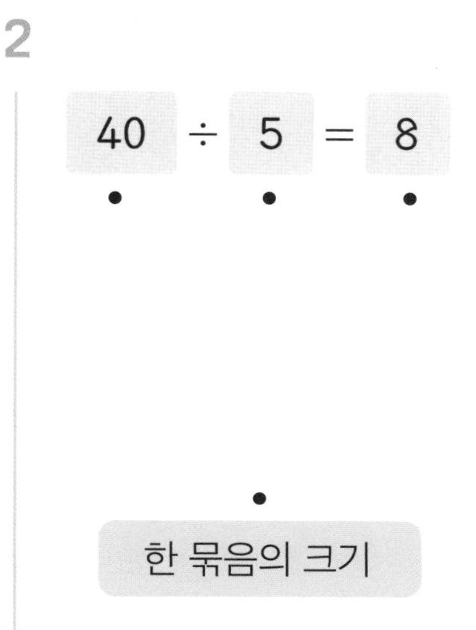

3

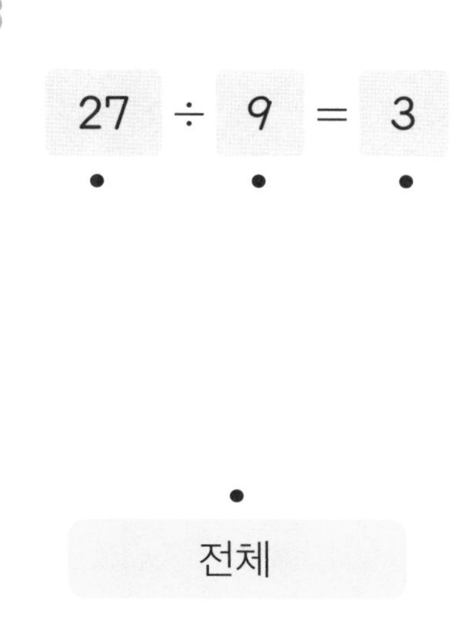

개념 다지기 1

전체를 똑같은 수로 묶는 나눗셈식을 완성하세요.

1

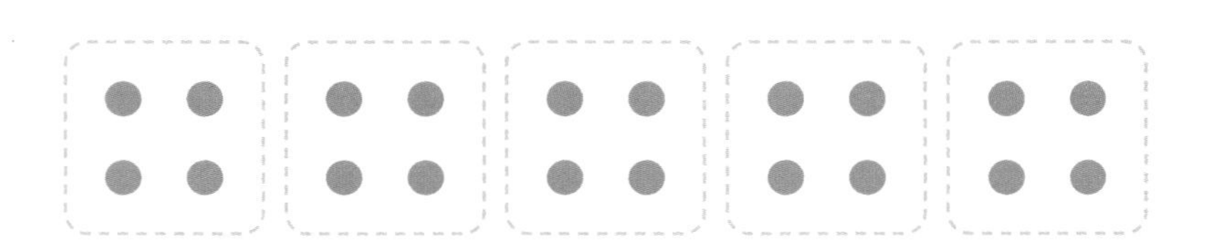

한 묶음의 크기 : 4

20 ÷ 4 = 5

2

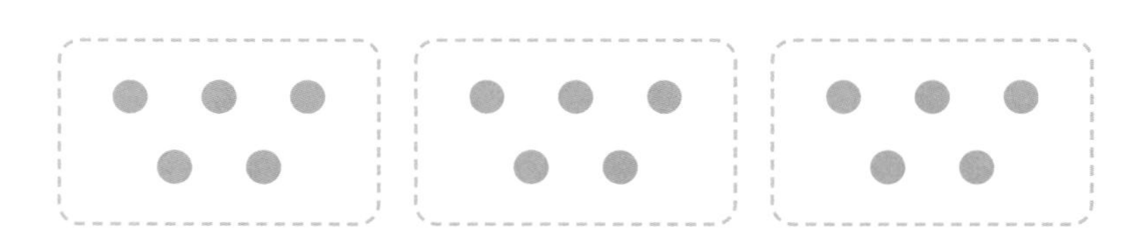

한 묶음의 크기 : 5

15 ÷ □ = □

3

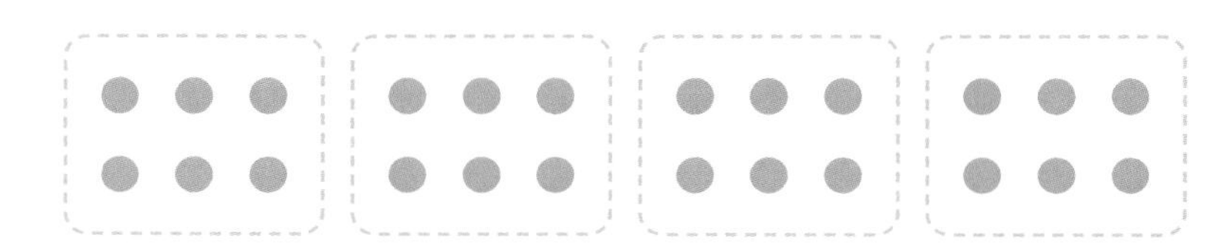

한 묶음의 크기 : □

24 ÷ 6 = □

4

 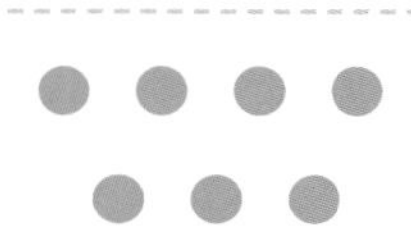 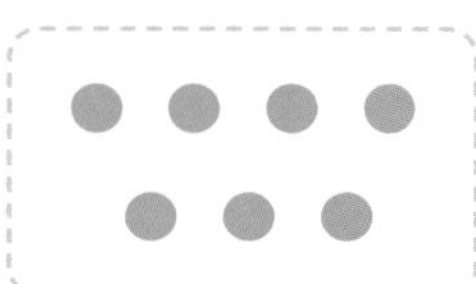

한 묶음의 크기 : 7

21 ÷ □ = □

5

한 묶음의 크기 : □

30 ÷ □ = □

6

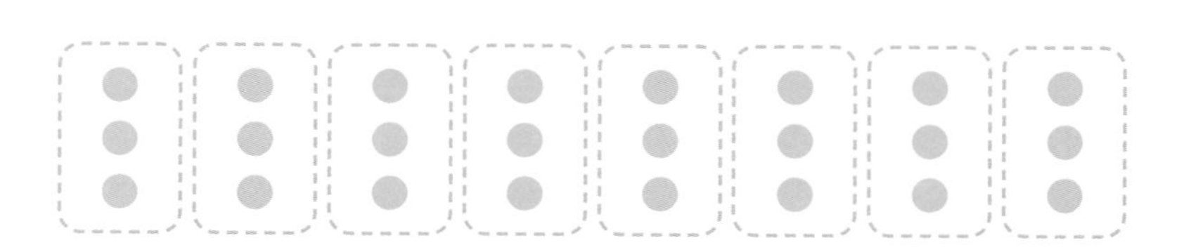

한 묶음의 크기 : □

24 ÷ □ = □

▶ 정답 및 해설 4쪽

개념 다지기 2

나누는 수만큼 보석을 묶고, 나눗셈의 몫을 구하세요.

1 $24 \div 6 =$ 4

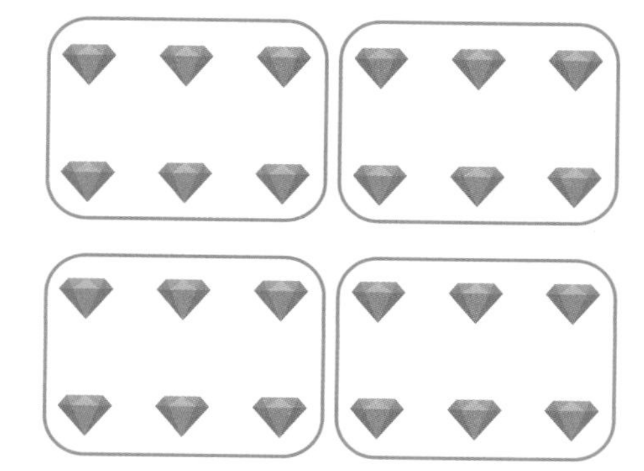

2 $32 \div 8 =$ □

3 $35 \div 7 =$ □

4 $27 \div 9 =$ □

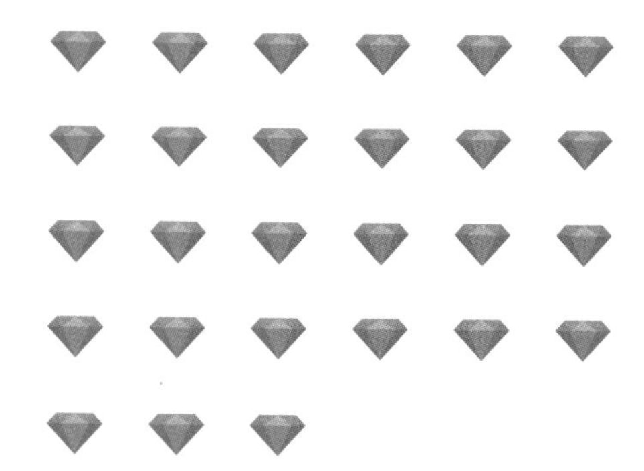

5 $28 \div 4 =$ □

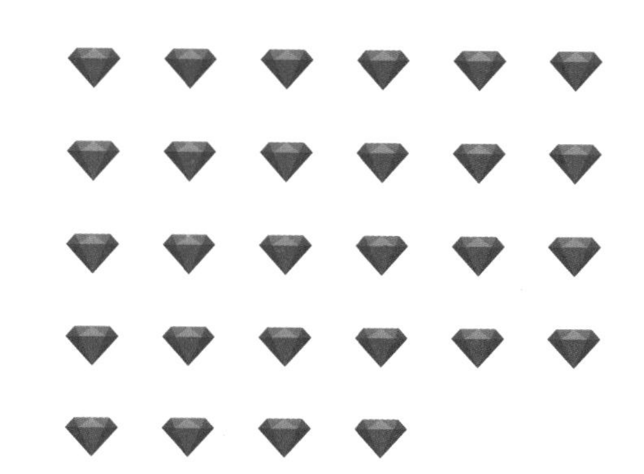

6 $40 \div 8 =$ □

개념 마무리 1

관계있는 것끼리 알맞게 연결하고, 나눗셈식을 완성하세요.

1

6을 3씩 묶으면 묶음이 2개

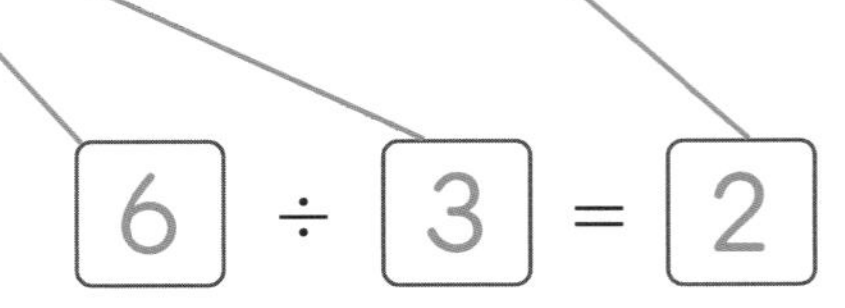

2

12를 4씩 묶으면 묶음이 3개

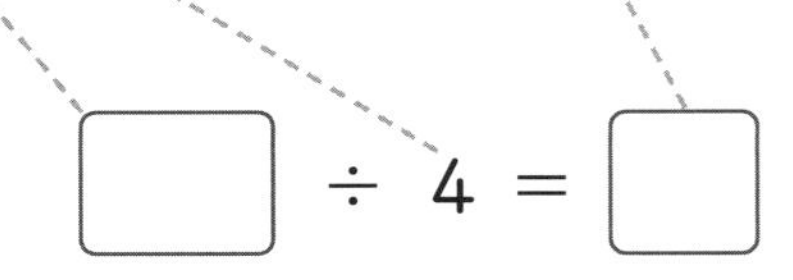

3

28을 ☐씩 묶으면 묶음이 4개

28 ÷ 7 = ☐

4

15를 ☐씩 묶으면 묶음이 ☐개

☐ ÷ 3 = 5

5

36을 9씩 묶으면 묶음이 4개

6

24를 4씩 묶으면 묶음이 6개

☐ ÷ ☐ = ☐

▶ 정답 및 해설 5쪽

개념 마무리 2

물음에 답하세요. (오른쪽의 빈 모눈에 그림을 그려서 계산해도 돼요.)

1

멜론 12개를 한 상자에 3개씩 담으면 몇 상자가 될까요?

식 $12 \div 3 = 4$ 답 4 상자

2

학생 6명을 2명씩 한 모둠으로 나누면 몇 모둠이 될까요?

식 ______ 답 ______ 모둠

3

귤 14개를 한 봉지에 2개씩 담으면 몇 봉지가 될까요?

식 ______ 답 ______ 봉지

4

색종이 10장을 5장씩 묶으면 몇 묶음이 될까요?

식 ______ 답 ______ 묶음

5

딸기 20개를 한 접시에 4개씩 담으면 몇 접시가 될까요?

식 ______ 답 ______ 접시

6

당근 18개를 6개씩 묶으면 몇 묶음이 될까요?

식 ______ 답 ______ 묶음

4 똑같이 덜어 내는 나누기

국을 국자로 나누어 주는 것처럼,

10을 2로 나누는 것은?

한 번에 딱!
요~만큼씩
덜어 내는 것처럼,

한 번에
2씩 덜어 내는 것이
2로 나누는 것!

개념 익히기 1

문장을 보고 몇씩 덜어 내는 것인지 빈칸을 채우세요.

1

50을 5로 나누는 것  5 씩 덜어 내기

2

36을 6으로 나누는 것  ☐ 씩 덜어 내기

3

28을 4로 나누는 것  ☐ 씩 덜어 내기

▶ 정답 및 해설 5쪽

10에서 2씩 덜어 내기

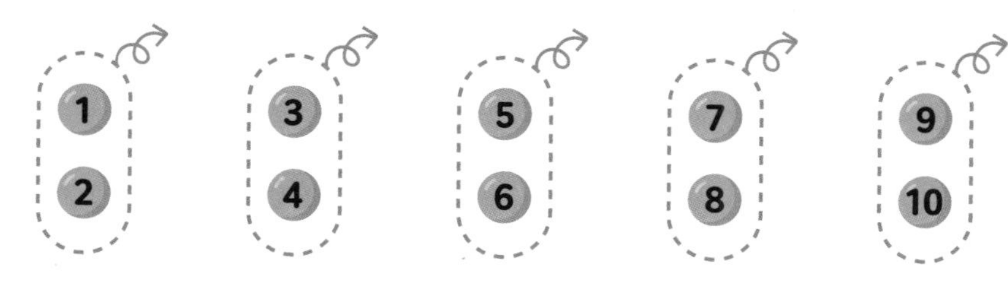

10에서 2씩 5번 빼면 0이 됩니다.

$$10 - 2 - 2 - 2 - 2 - 2 = 0$$

5번

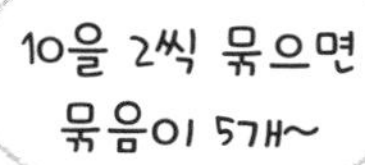

10에서 2씩 5번 뺄 수 있다.

개념 익히기 2

뺄셈식을 나눗셈식으로 나타내려고 합니다. 빈칸을 알맞게 채우세요.

1

$16-2-2-2-2-2-2-2-2=0$ ➡ $16 \div 2 =$ [8]

[8]번

2

$25-5-5-5-5-5=0$ ➡ $25 \div 5 =$ [ ]

[ ]번

3

$18-3-3-3-3-3-3=0$ ➡ $18 \div 3 =$ [ ]

[ ]번

개념 다지기 1

같은 의미가 되도록 빈칸을 알맞게 채우세요.

1

$15-3-3-3-3-3=0$

➡ $15 \div \boxed{3} = 5$

2

$14-2-2-2-2-2-2-2=0$

➡ $14 \div 2 = \square$

3

$20-5-5-5-5=0$

➡ $\square \div 5 = \square$

4

$24-4-4-4-4-4-4=0$

➡ $24 \div \square = \square$

5

$35-7-7-7-7-7=0$

➡ $\square \div 7 = \square$

6

$42-6-6-6-6-6-6-6=0$

➡ $\square \div \square = \square$

▶ 정답 및 해설 6쪽

개념 다지기 2

나눗셈식은 뺄셈식으로, 뺄셈식은 나눗셈식으로 바꾸어 쓰세요.

1

$45 \div 9 = 5$

➡ $45-9-9-9-9-9=0$

2

$28-7-7-7-7=0$

➡ ______

3

$16 \div 4 = 4$

➡ ______

4

$18 \div 6 = 3$

➡ ______

5

$36-9-9-9-9=0$

➡ ______

6

$21 \div 7 = 3$

➡ ______

개념 마무리 1

빈칸을 알맞게 채우고, 나눗셈식을 쓰세요.

1

16에서 2씩 [8]번 빼면 0이 됩니다.

➡ 나눗셈식 : $16 \div 2 = 8$

2

30에서 5씩 6번 빼면 [ ]이 됩니다.

➡ 나눗셈식 : ____________

3

18에서 9씩 [ ]번 빼면 0이 됩니다.

➡ 나눗셈식 : ____________

4

9에서 [ ]씩 3번 빼면 0이 됩니다.

➡ 나눗셈식 : ____________

5

40에서 10씩 [ ]번 빼면 0이 됩니다.

➡ 나눗셈식 : ____________

6

6에서 [ ]씩 2번 빼면 0이 됩니다.

➡ 나눗셈식 : ____________

▶ 정답 및 해설 6쪽

개념 마무리 2

물음에 답하세요.

1

복숭아 14개를 한 사람이 2개씩 가져가면 몇 명이 가져갈 수 있을까요?

식 $14 \div 2 = 7$ 답 7 명

2

피자 20판을 한 번에 4판씩 배달하면 몇 번 만에 다 배달할 수 있을까요?

식 답 번

3

배추 18포기를 한 사람이 6포기씩 뽑으려고 합니다. 다 뽑으려면 몇 명이 필요할까요?

식 답 명

4

쿠키 15개를 3개씩 덜어서 접시에 담으려면 접시는 몇 개 필요할까요?

식 답 개

5

초콜릿 16개를 하루에 4개씩 먹는다면 며칠 만에 다 먹을까요?

식 답 일

6

색종이 25장을 한 모둠이 5장씩 가져가면 몇 모둠이 가져갈 수 있을까요?

식 답 모둠

5 몫의 의미

12 ÷ 3 = 4
이름
나누어지는 수
나누는 수
몫
읽기
12
나누기 3은
4와 같습니다.
나눗셈은 의미가 여러 개!
뜻
12개를
3곳으로 똑같이 나/누/면
한 곳에 4개씩이야!
12개를
3개씩 묶으면
묶음이 4개야!
12개에서
3개씩 빼면
4번 뺄 수 있어!

개념 익히기 1

나눗셈식을 보고 빈칸을 알맞게 채우세요.

1

$54 \div 9 = 6$

➡ 54개를 **9곳으로 똑같이 나누면** 한 곳에 [6]개씩 놓입니다.

2

$28 \div 7 = 4$

➡ 28개를 **7개씩 묶으면** 묶음이 [ ]개입니다.

3

$15 \div 3 = 5$

➡ 15개에서 **3개씩 빼면** [ ]번 뺄 수 있습니다.

▶ 정답 및 해설 7쪽

그림으로 살펴보는 몫의 뜻!

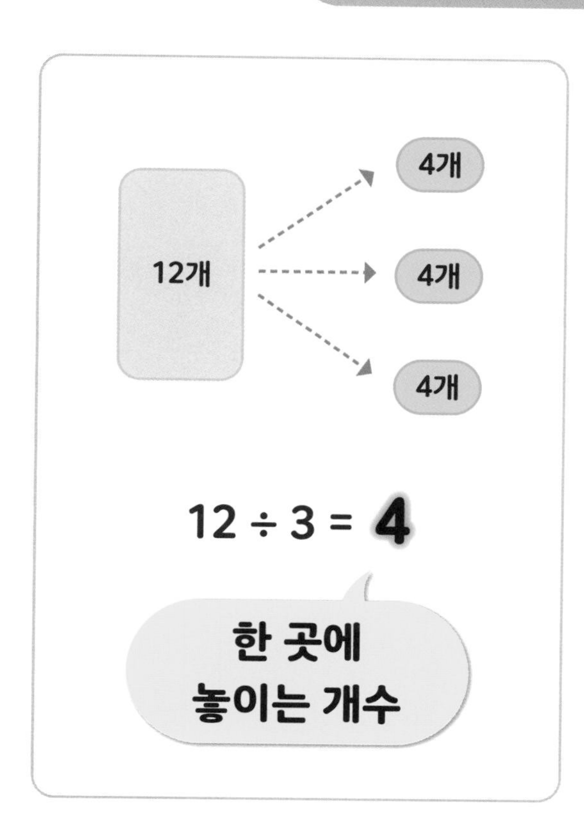

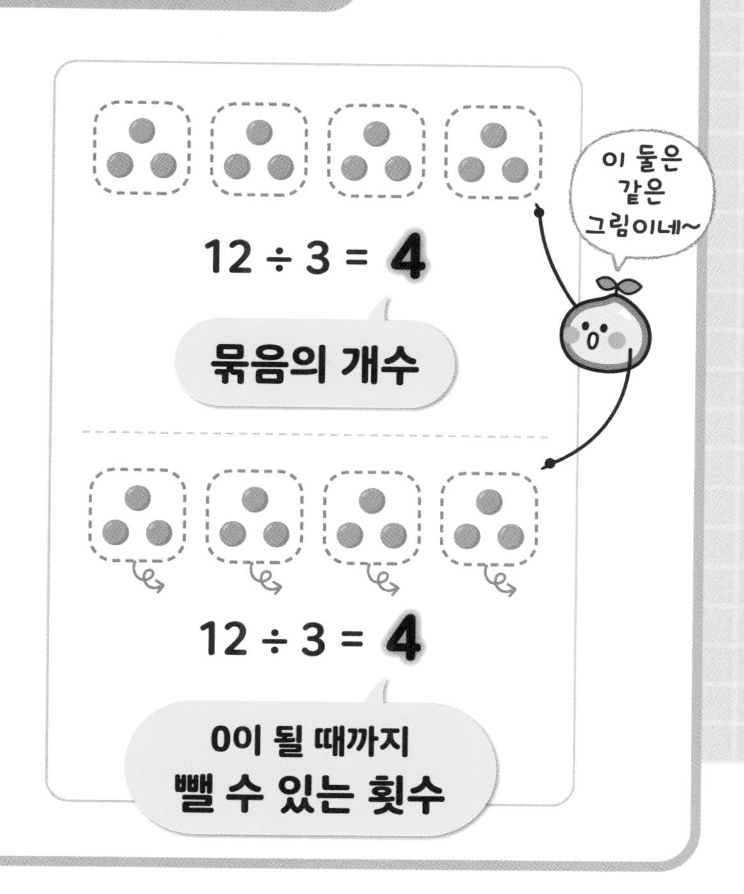

개념 익히기 2

그림을 보고 빈칸을 알맞게 채우세요.

1

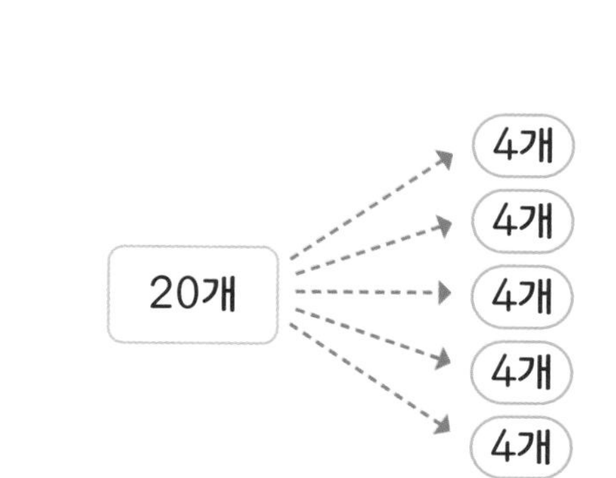

$20 \div 5 =$ [4]

2

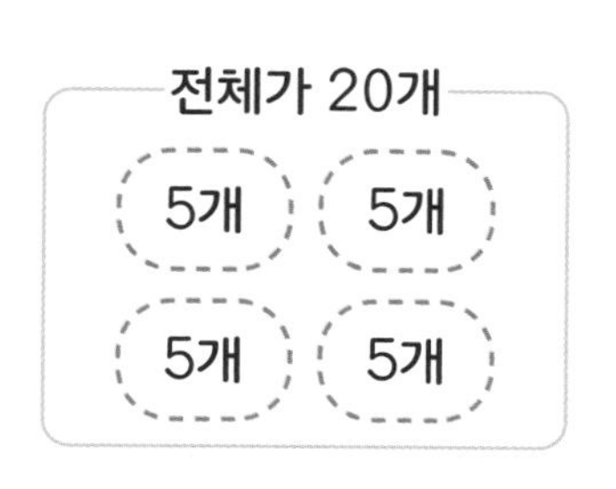

$20 \div 5 =$ [ ]

3

$20 \div 5 =$ [ ]

개념 다지기 1

나눗셈식에 대한 설명으로 옳은 것에 ○표, 틀린 것에 ×표 하세요.

1

$60 \div 10 = 6$

- 60을 10곳으로 똑같이 나누면 6이 부족합니다. (×)
- 60을 10곳으로 똑같이 나누면 한 곳에 6씩 놓입니다. (○)

2

$28 \div 7 = 4$

- 28을 7곳으로 똑같이 나누면 4가 남습니다. (   )
- 28을 7곳으로 똑같이 나누면 한 곳에 4씩 놓입니다. (   )

3

$30 \div 6 = 5$

- 30을 6씩 묶으면 5묶음입니다. (   )
- 30을 6씩 묶으면 5가 부족합니다. (   )

4

$45 \div 5 = 9$

- 45에서 5씩 빼면 9번 뺄 수 있습니다. (   )
- 45에서 5씩 빼면 9가 됩니다. (   )

5

$27 \div 9 = 3$

- 27을 9씩 묶으면 3이 남습니다. (   )
- 27을 9씩 묶으면 묶음이 3개입니다. (   )

6

$40 \div 8 = 5$

- 40에서 8씩 빼면 5가 부족합니다. (   )
- 40에서 8씩 빼면 5번 뺄 수 있습니다. (   )

▶ 정답 및 해설 7쪽

개념 다지기 2

그림을 보고 어울리는 나눗셈식을 쓰세요.

1

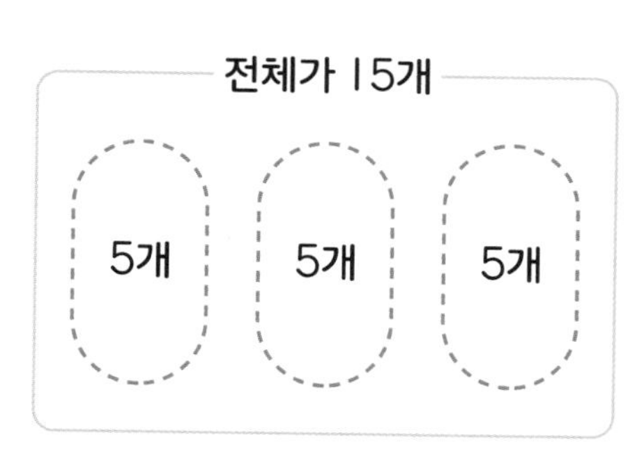

➡ 15÷5=3

2

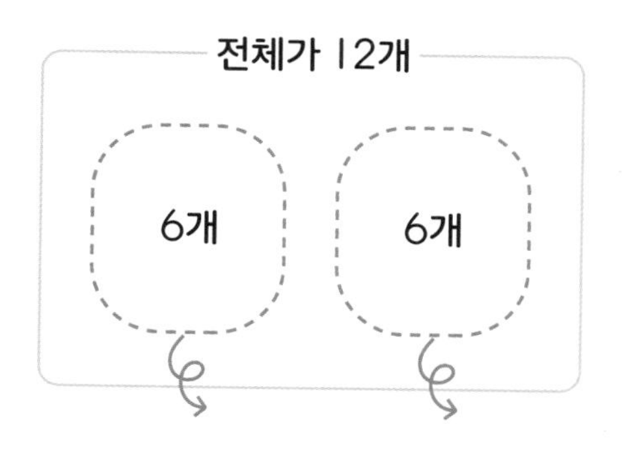

➡ ____________________

3

36개

9개 9개 9개 9개

➡ ____________________

4

➡ ____________________

5

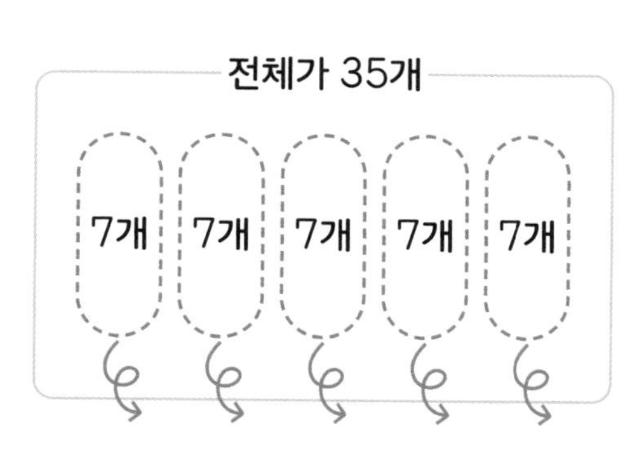

➡ ____________________

6

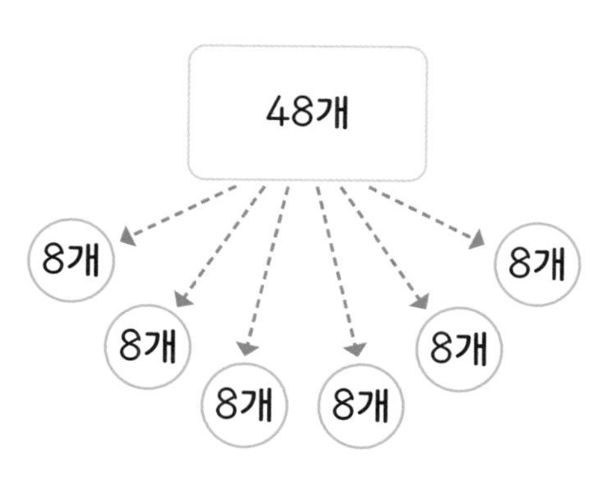

➡ ____________________

개념 마무리 1

관계있는 것끼리 선으로 이으세요.

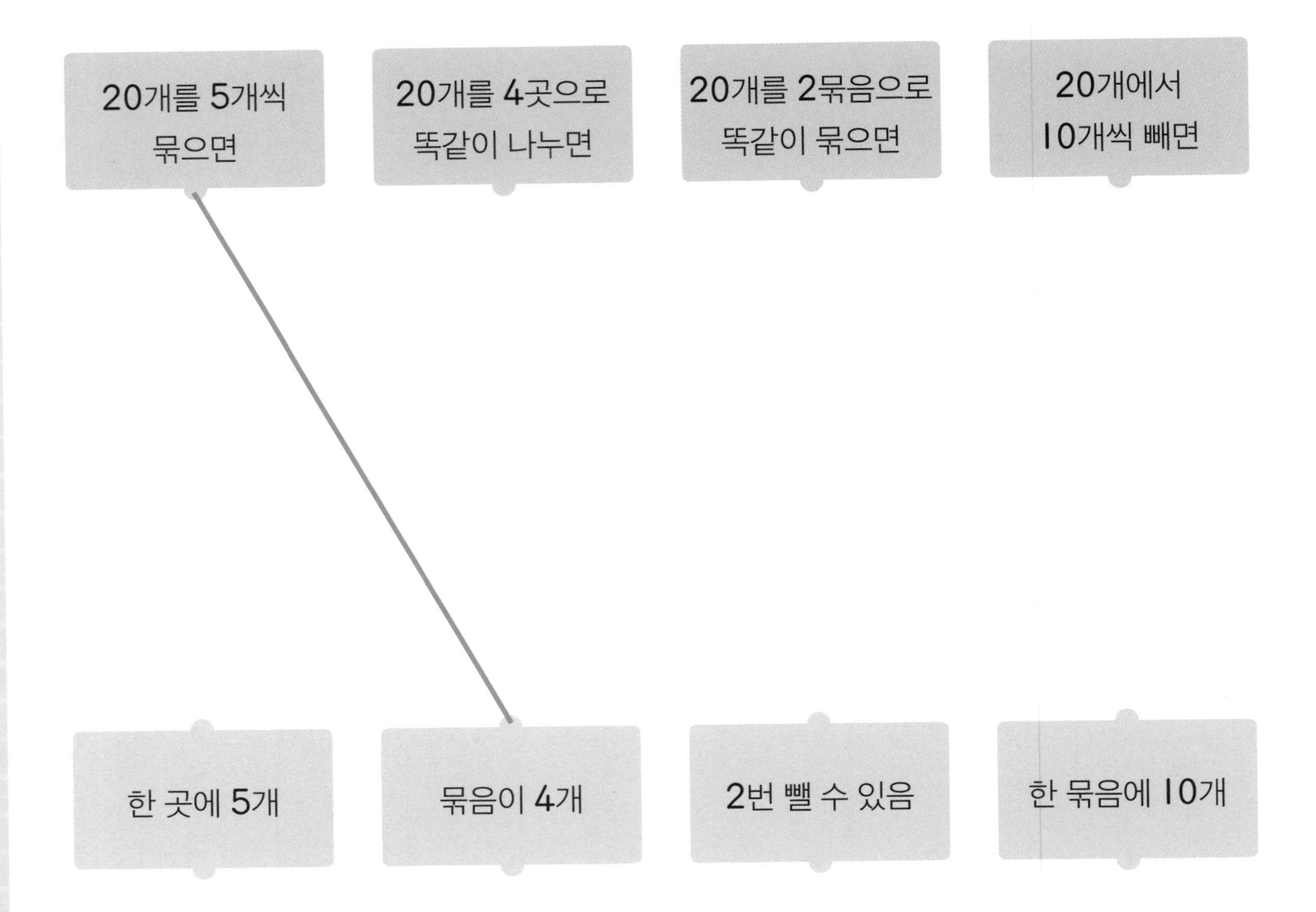

$20 \div 5 = 4$ $\quad$ $20 \div 4 = 5$ $\quad$ $20 \div 2 = 10$ $\quad$ $20 \div 10 = 2$

▶ 정답 및 해설 8쪽

개념 마무리 2

물음에 답하세요.

1

참외 12개를 바구니 3개에 똑같이 나누면 한 바구니에 몇 개씩 담을 수 있을까요?

식 $12 \div 3 = 4$　　답 4 개

2

볼펜 24자루를 한 명에게 8자루씩 주면 몇 명에게 나누어 줄 수 있을까요?

식 ______　　답 ______ 명

3

바둑돌 18개를 한 통에 3개씩 담으려면 몇 통이 필요할까요?

식 ______　　답 ______ 통

4

공책 30권을 6명이 똑같이 나누어 가지면 한 명이 몇 권씩 가질 수 있을까요?

식 ______　　답 ______ 권

5

감자 32개를 한 봉지에 8개씩 담으면 몇 봉지가 될까요?

식 ______　　답 ______ 봉지

6

구슬 27개를 상자 9개에 똑같이 나누어 담으면 한 상자에 몇 개씩 담을 수 있을까요?

식 ______　　답 ______ 개

6 알고 보면 다 같은 나눗셈

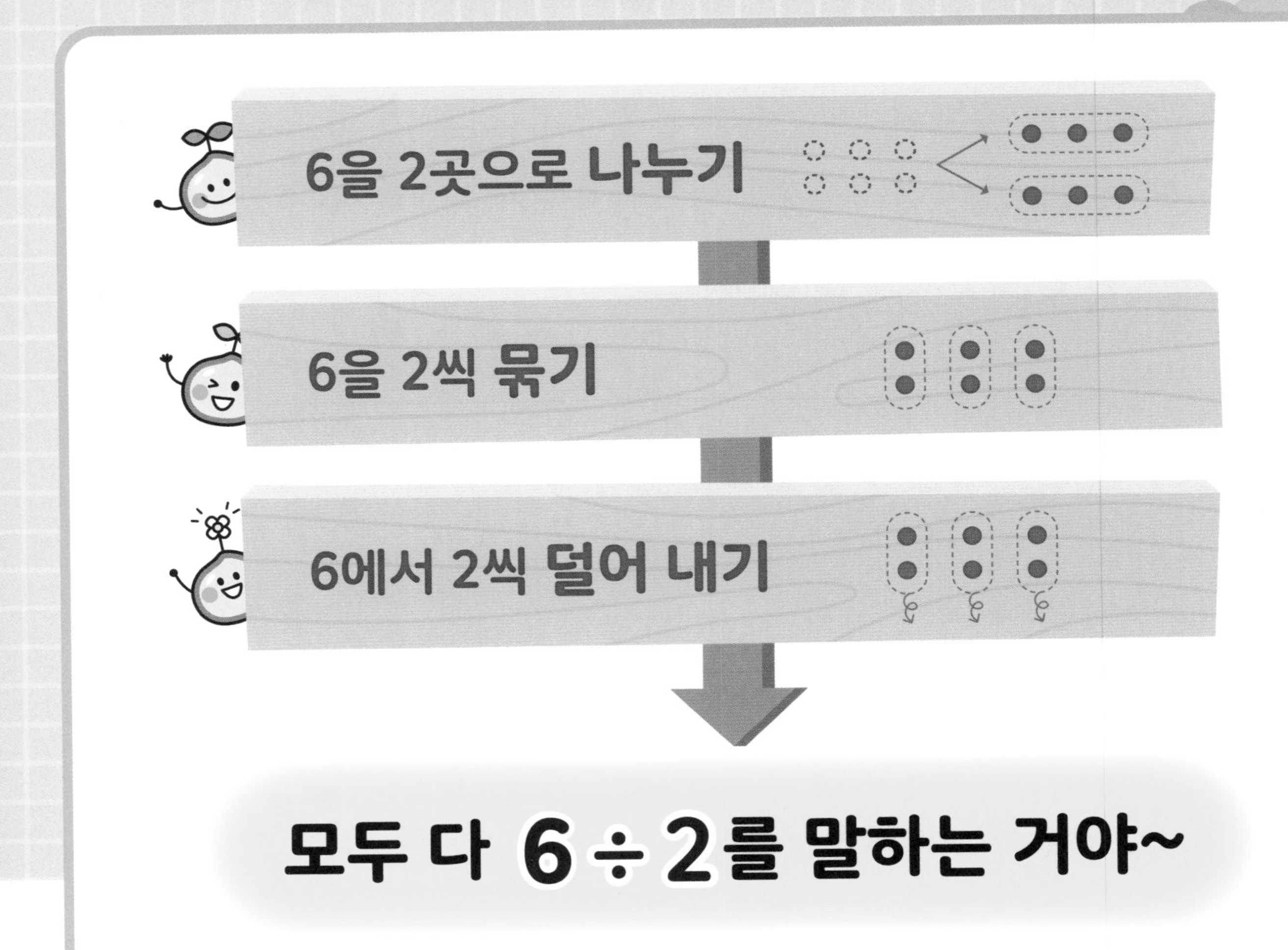

6을 2곳으로 나누기
6을 2씩 묶기
6에서 2씩 덜어 내기
모두 다 6 ÷ 2를 말하는 거야~

개념 익히기 1

그림을 보고 같은 나눗셈끼리 연결하세요.

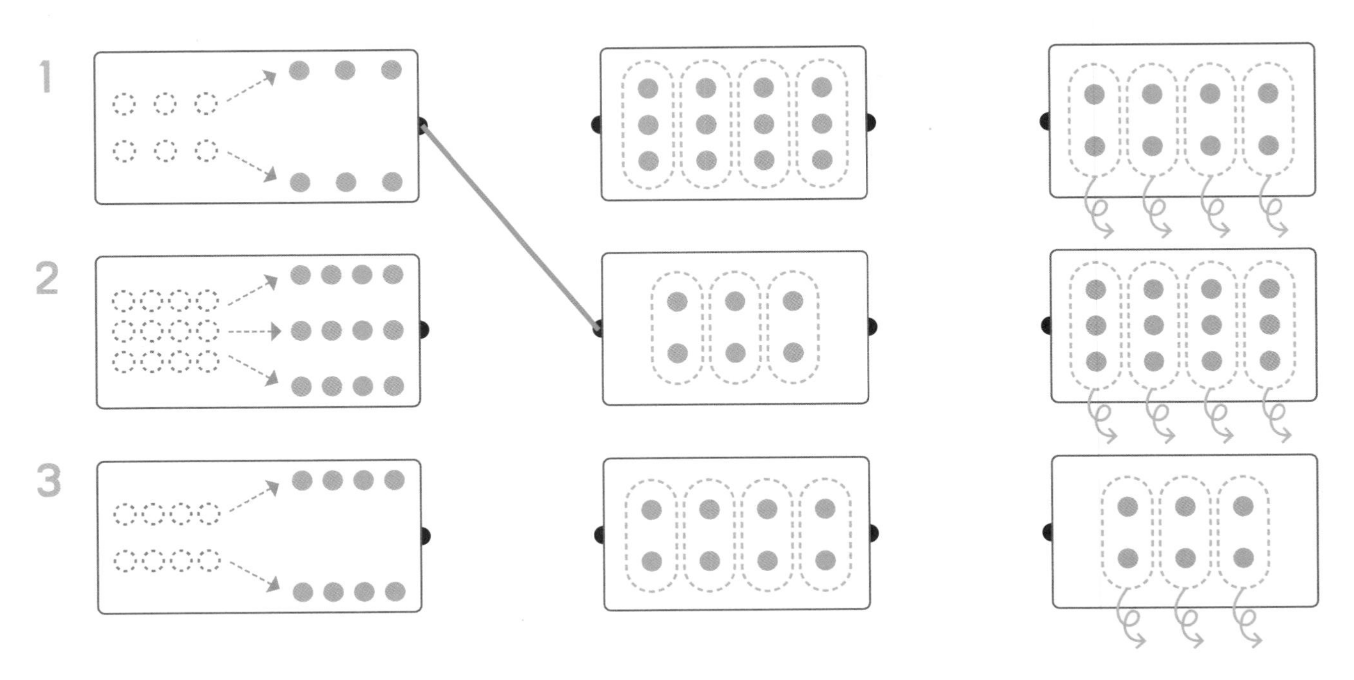

▶ 정답 및 해설 8쪽

모든 나눗셈은 묶기로 해결!

왜냐면,
묶는 나눗셈으로

나누는 나눗셈도
해결할 수 있고,

덜어 내는 나눗셈도
해결할 수 있거든!

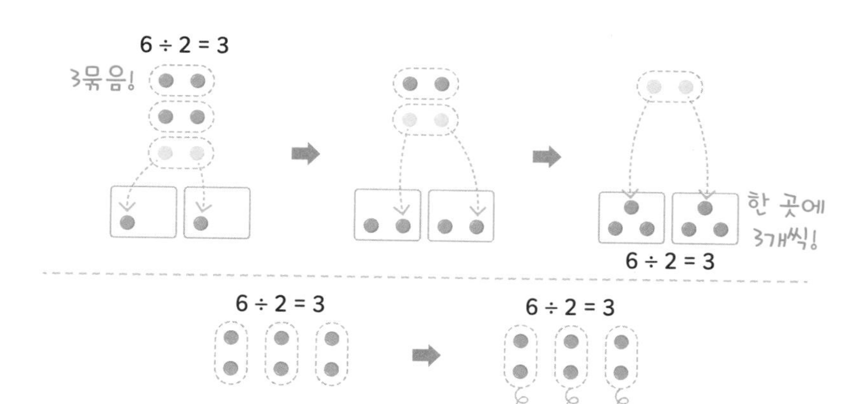

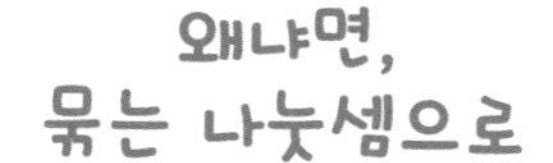

나누기

묶기

덜어 내기

나눗셈식

여러 가지 상황을 나눗셈식으로 쓸 수 있지만,

나눗셈식만 있다면 묶는 상황을 떠올리기!

나눗셈식

묶기

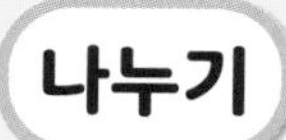

개념 익히기 2

나눗셈식을 보고 빈칸을 알맞게 채우세요.

1

$24 \div 12 = 2$ ➡ [24]개를 12개씩 묶으면 [2]묶음입니다.

2

$35 \div 5 = 7$ ➡ 35개를 [ ]개씩 묶으면 [ ]묶음입니다.

3

$27 \div 3 = 9$ ➡ [ ]개를 [ ]개씩 묶으면 [ ]묶음입니다.

개념 다지기 1

주어진 도형을 오른쪽 빈 곳에 똑같이 나누어 보고, 빈칸을 알맞게 채우세요. 붙임딱지

1

묶음의 개수 : 3

한 곳에 놓이는 개수 : ☐

2

묶음의 개수 : ☐

한 곳에 놓이는 개수 : ☐

3

묶음의 개수 : ☐

한 곳에 놓이는 개수 : ☐

4

묶음의 개수 : ☐

한 곳에 놓이는 개수 : ☐

▶ 정답 및 해설 9쪽

개념 다지기 2

은수는 딸기와 블루베리로 주스를 만들고, 청포도는 4명의 친구들에게 똑같이 나누어 주려고 합니다. 청포도를 알맞게 묶고, 몇 개씩 줄 수 있는지 쓰세요.

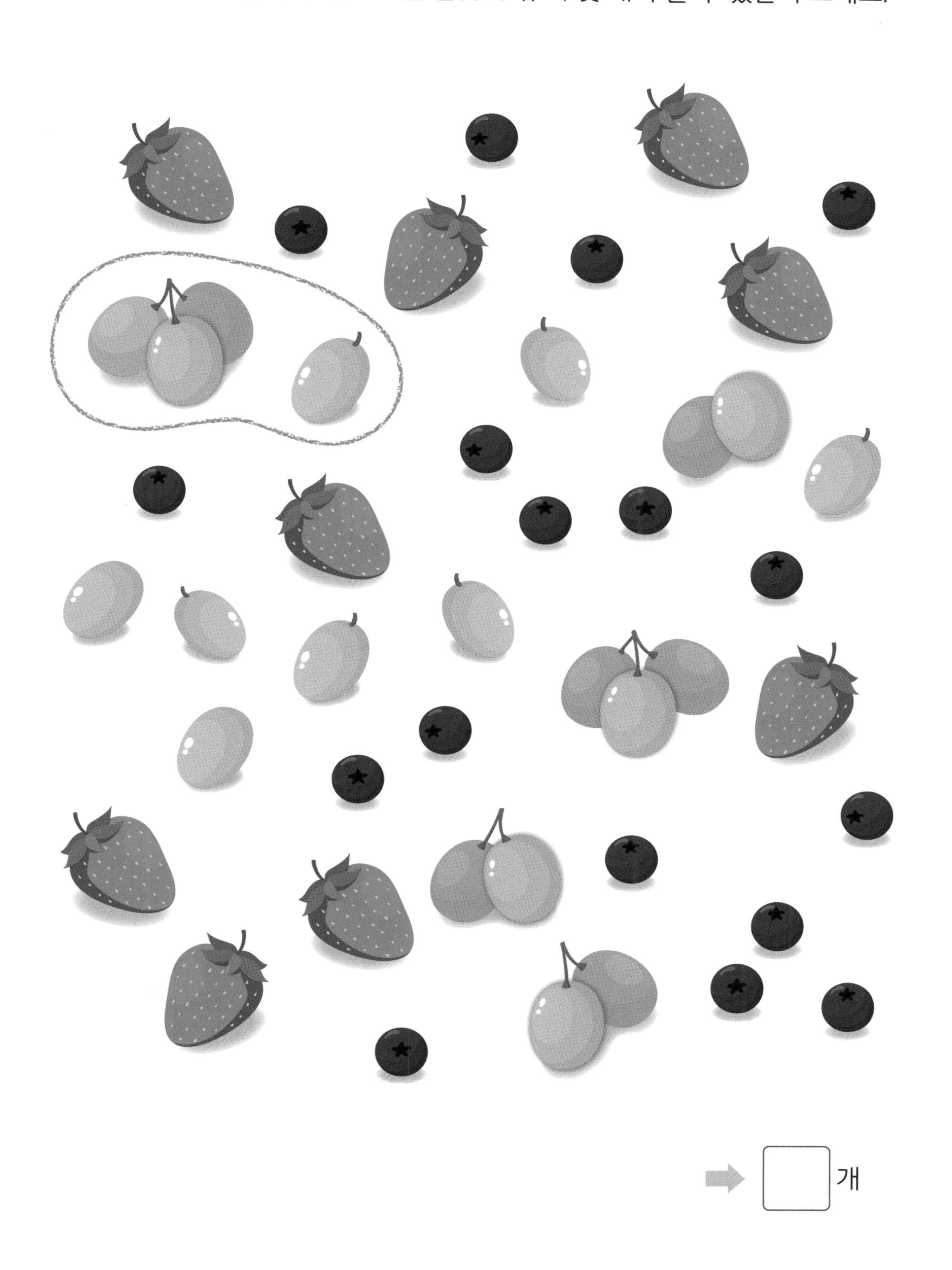

➡ [ ]개

개념 마무리 1

나눗셈식에 대한 설명으로 옳은 것에 ○표, 틀린 것에 ×표 하세요.

1

$30 \div 5 = 6$

- 구슬 30개를 5명에게 똑같이 나누어 주면 6개씩 줄 수 있습니다. (○)
- 몫은 5입니다. (   )
- 30을 5씩 묶으면 묶음이 6개입니다. (   )
- 30을 5씩 6번 덜어 내는 뺄셈식으로 바꾸어 쓸 수 있습니다. (   )

2

$28 \div 4 = 7$

- 전체는 28입니다. (   )
- 나누는 수는 7입니다. (   )
- 28 나누기 4는 7과 같습니다. (   )
- 28에서 4씩 빼면 7이 남습니다. (   )

3

$24 \div 8 = 3$

- 나누어지는 수는 8입니다. (   )
- 8을 3곳으로 똑같이 나누면 한 곳에 24씩 놓입니다. (   )
- 다음과 같은 그림으로 생각할 수 있습니다. (   )

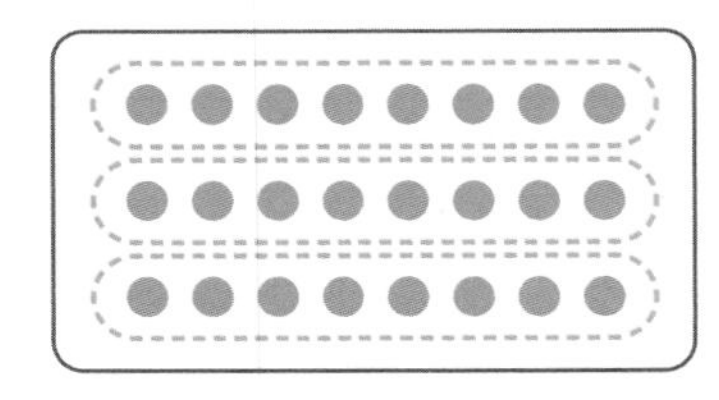

▶ 정답 및 해설 9쪽

개념 마무리 2

몫이 짝수가 되는 나눗셈식이 적힌 곳에 색칠해 보세요.

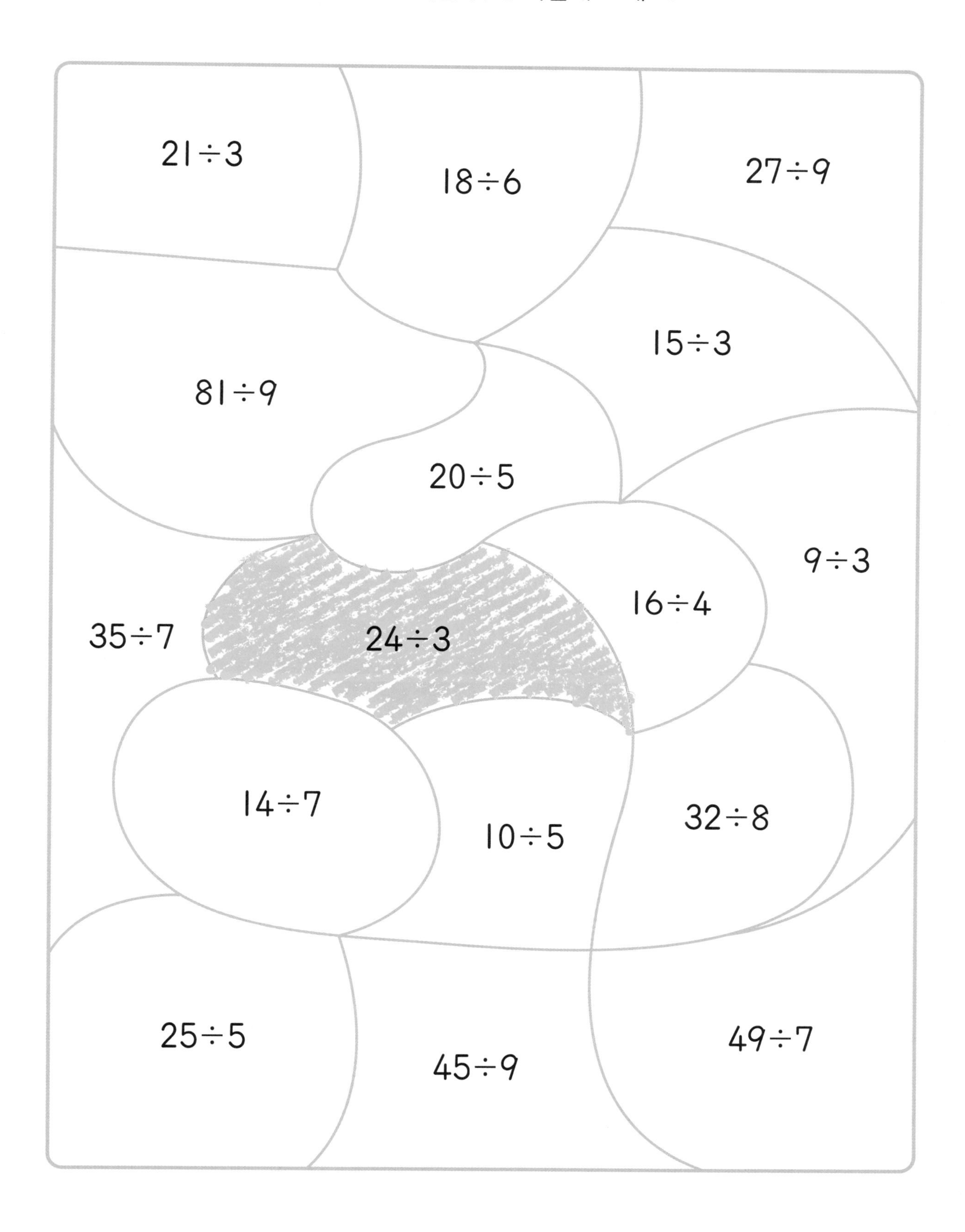

7 1로 나누기, 자신으로 나누기

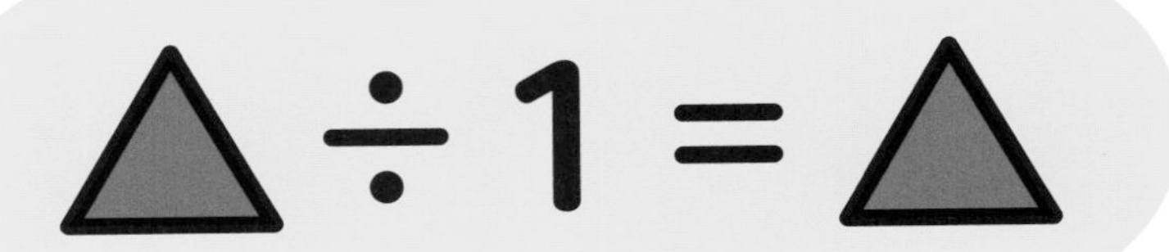

1로 나누면, 몫은 전체와 같아!

똑같이 나누는 나눗셈

$3 \div 1 = 3$

한 곳에 놓기!

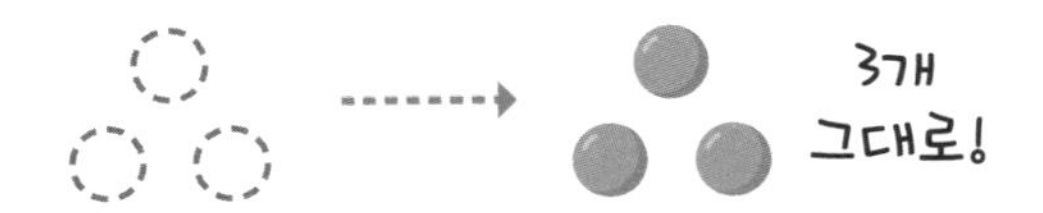

똑같은 크기로 묶는 나눗셈

$5 \div 1 = 5$

한 개씩 묶기!

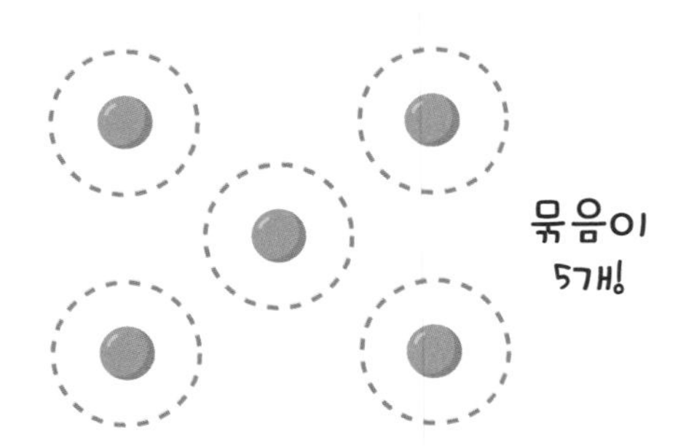

개념 익히기 1

빈칸을 알맞게 채우세요.

1

$20 \div 1 =$ [20]

2

$14 \div 1 =$ [ ]

3

$32 \div 1 =$ [ ]

▶ 정답 및 해설 10쪽

전체를 전체로 나누면 몫은 1

똑같이 나누는 나눗셈

$3 \div 3 = 1$

3개를 3곳으로 나누기!

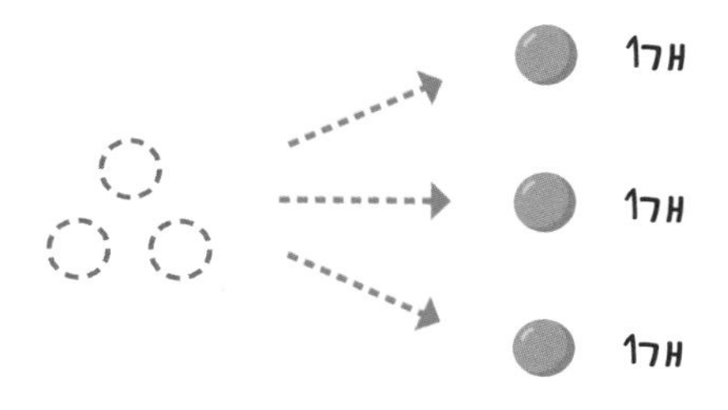

똑같은 크기로 묶는 나눗셈

$5 \div 5 = 1$

5개를 5개씩 묶기!

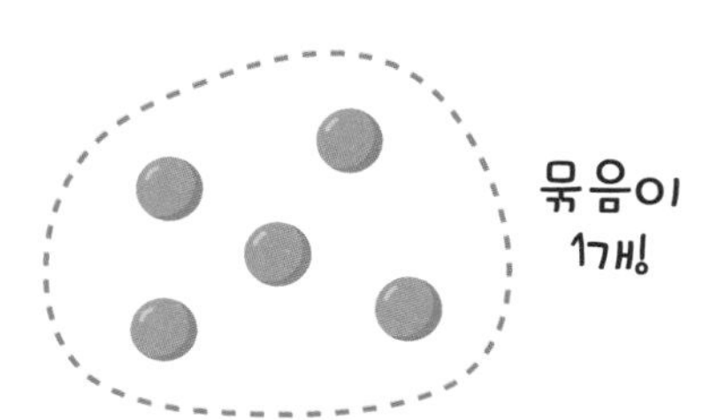

개념 익히기 2

빈칸을 알맞게 채우세요.

1

$59 \div 59 =$ [1]

2

$91 \div 91 =$ [ ]

3

$24 \div 24 =$ [ ]

개념 다지기 1

그림을 알맞게 묶고, 빈칸을 채우세요.

1

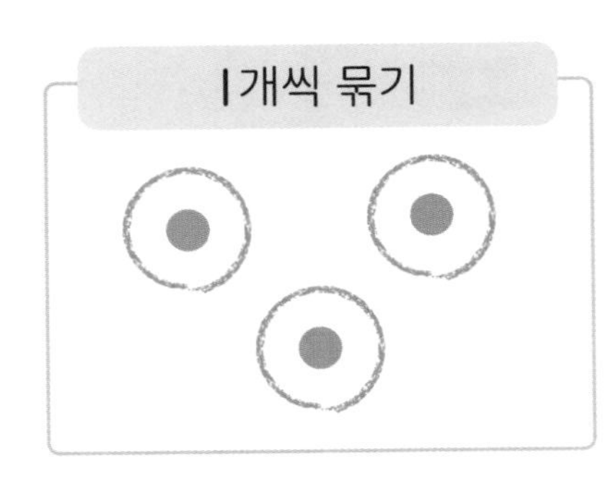

$\boxed{3} \div 1 = \boxed{3}$

2

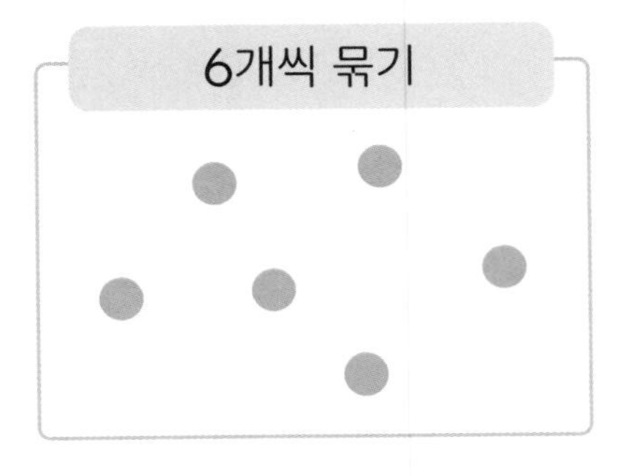

$\square \div 6 = \square$

3

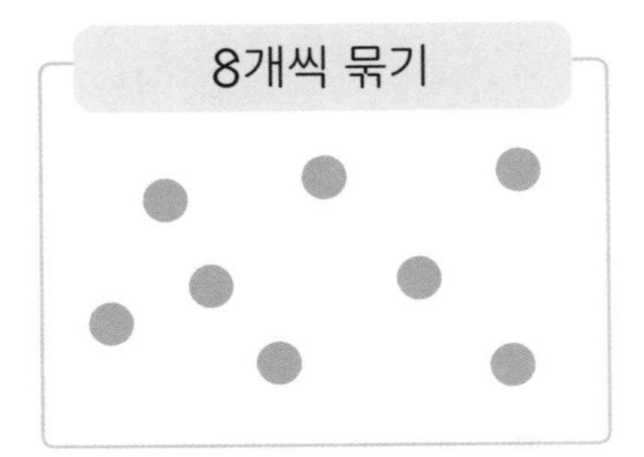

$\square \div 8 = \square$

4

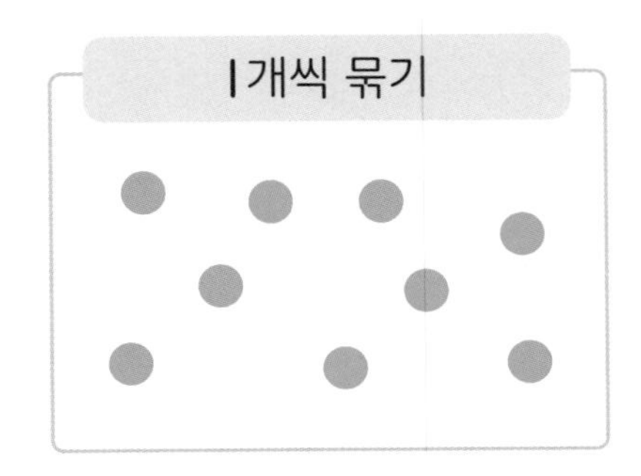

$\square \div 1 = \square$

5

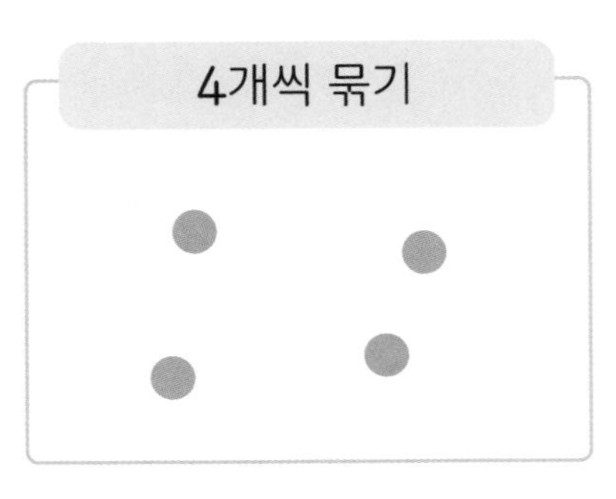

$\square \div 4 = \square$

6

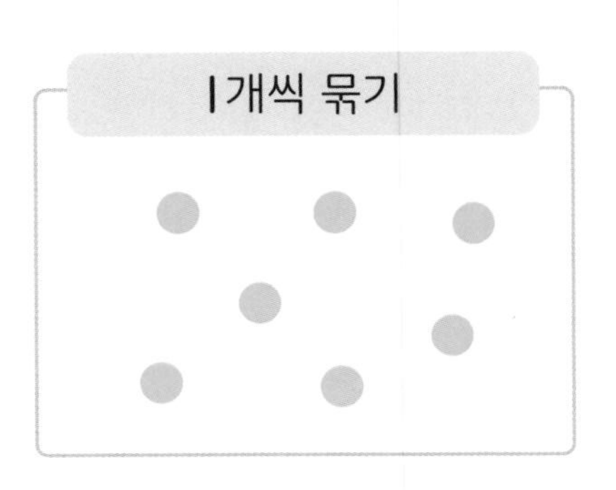

$\square \div 1 = \square$

▶ 정답 및 해설 10쪽

개념 다지기 2

문장을 나눗셈식으로 바르게 나타낸 것에 ○표 하세요.

1

5개를 한 곳에 놓으면 5개입니다.

$5 \div 1 = 5$ (○)　　$5 \div 5 = 1$

2

7개를 한 곳에 놓으면 7개입니다.

$7 \div 7 = 1$　　$7 \div 1 = 7$

3

10개를 10곳으로 똑같이 나누면 한 곳에 1개입니다.

$10 \div 10 = 1$　　$10 \div 1 = 10$

4

9개를 9개씩 묶으면 묶음은 1개입니다.

$9 \div 1 = 9$　　$9 \div 9 = 1$

5

13개를 한 곳에 놓으면 13개입니다.

$13 \div 1 = 13$　　$13 \div 13 = 1$

6

25개를 25곳으로 똑같이 나누면 한 곳에 1개입니다.

$25 \div 1 = 25$　　$25 \div 25 = 1$

개념 마무리 1

빈칸을 알맞게 채우세요.

1

$5 \div \boxed{5} = 1$

2

$8 \div \square = 8$

3

$\square \div 4 = 1$

4

$7 \div 7 = \square$

5

$\square \div 1 = 10$

6

$100 \div \square = 100$

▶ 정답 및 해설 11쪽

개념 마무리 2

나눗셈의 몫이 같은 것끼리 선으로 이으세요.

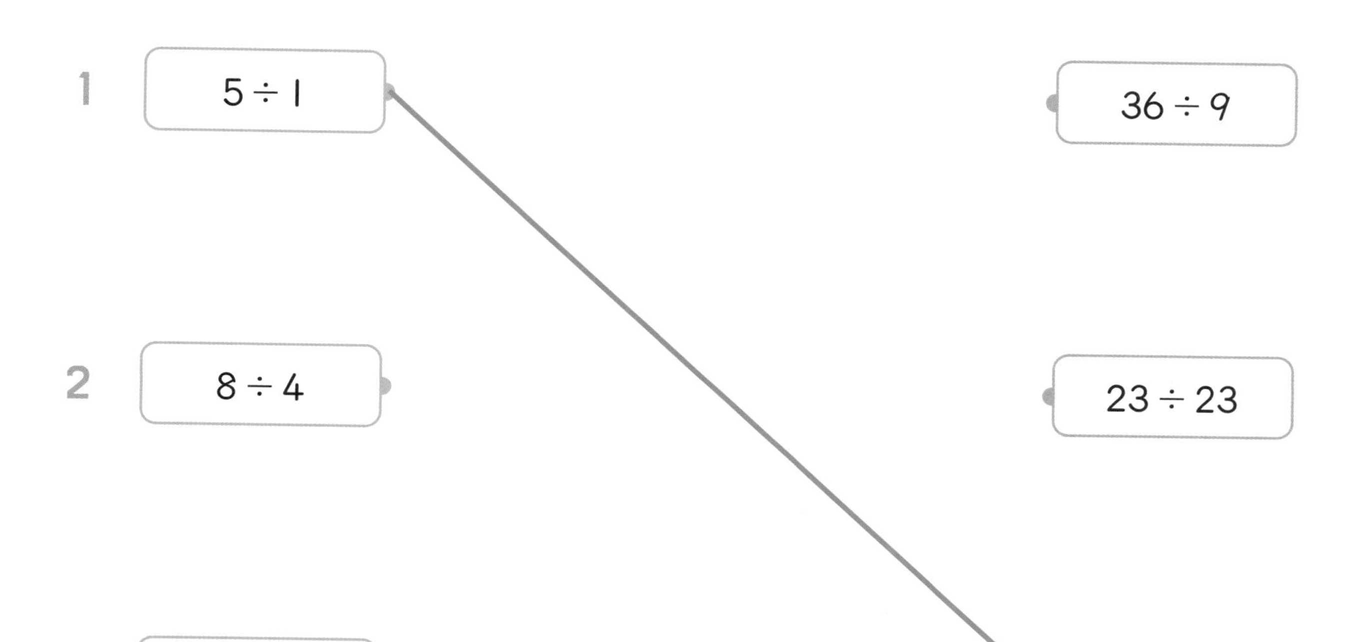

1	$5 \div 1$	$36 \div 9$
2	$8 \div 4$	$23 \div 23$
3	$6 \div 6$	$35 \div 7$
4	$12 \div 3$	$10 \div 5$
5	$10 \div 1$	$14 \div 2$
6	$56 \div 8$	$30 \div 3$

단원 마무리

지금까지 나눗셈의 의미에 대해 살펴보았습니다.
얼마나 제대로 이해했는지 확인해 봅시다.

1

귤 12개를 접시 3개에 똑같이 나누어 그리시오.

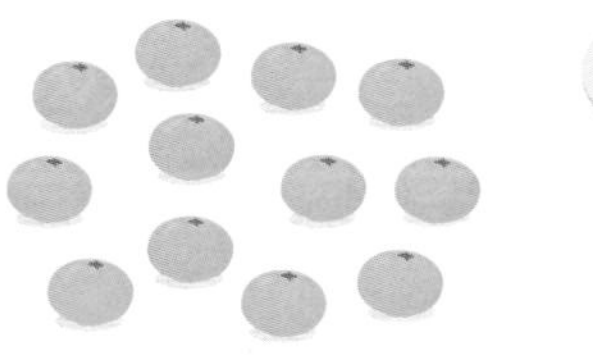

2

문장을 읽고 알맞은 나눗셈식을 찾아 ○표 하시오.

배구공 10개를 상자 2개에 똑같이 나누면 상자 하나에 5개씩 담을 수 있습니다.

$10-5=5$ 　 $10 \div 2=5$ 　 $10 \div 10=1$

3

나눗셈식 $35 \div 5=7$을 나타내는 문장입니다. 빈칸을 알맞게 채우시오.

캐러멜 □개를 한 사람에게 □개씩 주면 □명에게 줄 수 있습니다.

4

김밥을 4개씩 묶고, 나눗셈식을 완성하시오.

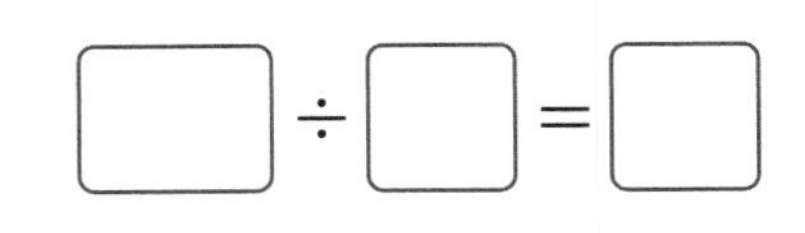

□ ÷ □ = □

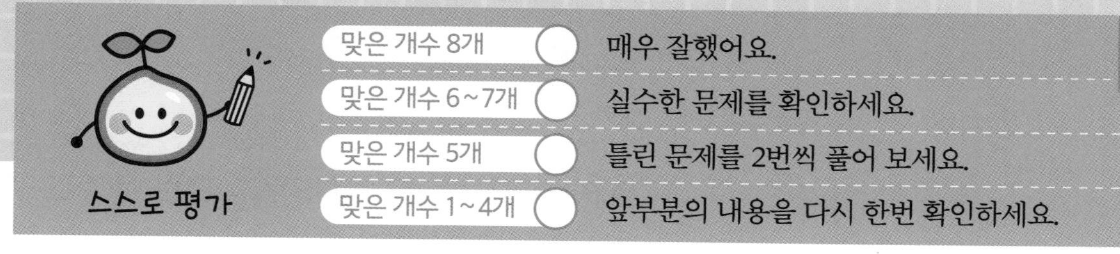

스스로 평가
맞은 개수 8개
매우 잘했어요.
맞은 개수 6~7개
실수한 문제를 확인하세요.
맞은 개수 5개
틀린 문제를 2번씩 풀어 보세요.
맞은 개수 1~4개
앞부분의 내용을 다시 한번 확인하세요.

▶ 정답 및 해설 11쪽

5

그림을 보고 뺄셈식과 나눗셈식을 쓰시오.

뺄셈식 ________________

나눗셈식 ________________

6

빈칸을 알맞게 채우시오.

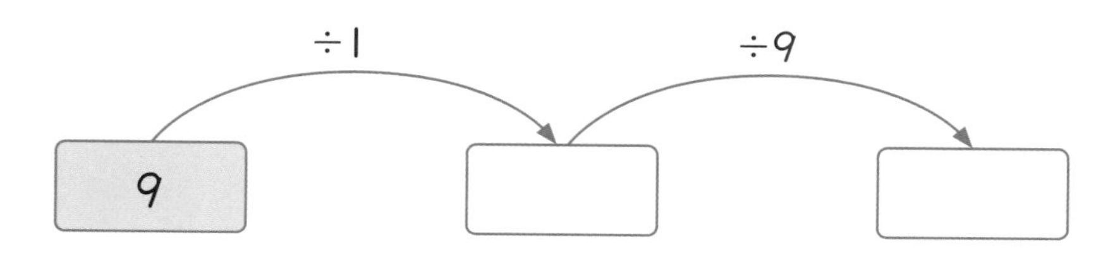

7

나눗셈식 $48 \div 6 = 8$에 대해 나눈 대화입니다. 틀린 부분을 모두 찾아 바르게 고치시오.

> 아영 : 6을 8씩 묶으면 묶음이 48개야.
>
> 선우 : 8을 48곳으로 똑같이 나누면 한 곳에 6씩 놓여.

8

학생 21명이 게임을 할 때, 3명씩 팀을 만들면 몇 팀이 됩니까?

식 ________________ 답 ________ 팀

서술형으로 확인

▶ 정답 및 해설 32쪽

1 수 카드 2, 8, 4 세 장을 모두 사용하여 나눗셈식을 만들고, 그 식에 알맞은 상황을 문장으로 써 보세요. (힌트 : 34, 35쪽)

2 $14 \div 7 = 2$의 의미를 3가지 방법으로 표현해 보세요. (힌트 : 34, 35쪽)

3 $4 \div 1$의 몫이 얼마인지 그림을 이용하여 설명해 보세요. (힌트 : 46쪽)

잠깐! 서술형으로 쓰기 어려워? 그럼 앞에서 배운 걸 떠올려 봐! 앞에서 찾아보고 적어도 좋아!

틀린 그림 찾기

곱셈이 똑같은 수를 여러 번 더하는 것을 나타낸 것이라면, 나눗셈은 어떤 수에서 똑같은 수를 몇 번 뺄 수 있는지를 말하지. 나눗셈 기호 ÷는 1659년 스위스의 수학자 요한 하인리히 란의 책 <대수학>에서 처음 사용됐어. 그전에는 $\overline{)\quad}$ 나) 을 나눗셈 기호로 사용했지. 수학을 연구 중인 요한 하인리히 란의 그림에서 틀린 곳 5군데를 찾아봐!

<수학자 요한 하인리히 란(1622~1676)의 방>

<정답>

①책장에 꽂혀 있는 책 ②테이블 위의 책

③외투 안 옷 색깔 ④머리카락의 길이 ⑤시계바늘

2

곱셈과 나눗셈은 친구

나누어 주고!
묶고!
덜어 내고!

나눗셈은 그림으로 어렵지 않게 계산할 수 있는데
그림 없이도 할 수 있을까?

나눗셈도 덧셈, 뺄셈, 곱셈처럼 그림 없이 계산할 수 있지!
그런데 놀라운 건, 나눗셈을 계산할 때 곱셈을 이용한다는 거야!
어때? 신기하지!
곱셈과 나눗셈을 그림으로 살펴보면 바로 알 수 있어.

자~ 그럼 덧셈, 뺄셈, 곱셈, 나눗셈을 그림으로 먼저 살펴보자~

1 그림으로 보는 사칙연산

+, −, ×, ÷ 를 그림으로~

6 + 3

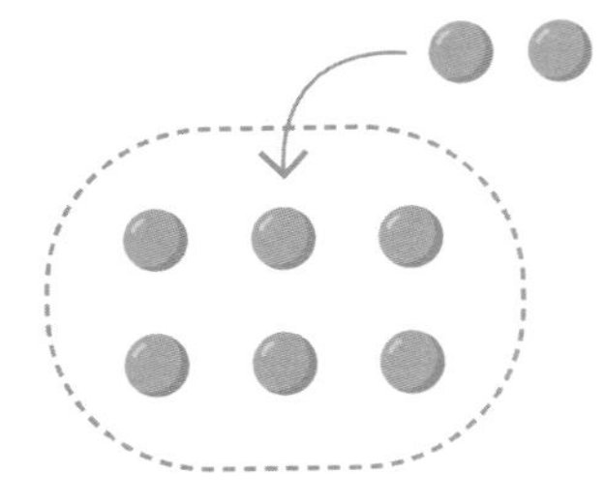

6 + 3

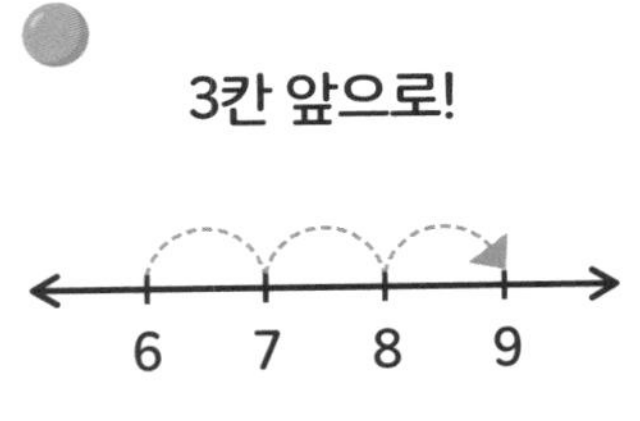

6 + 3

어떤 상황에서
어떤 연산을 사용하는지
잘 봐둬~

6 − 3

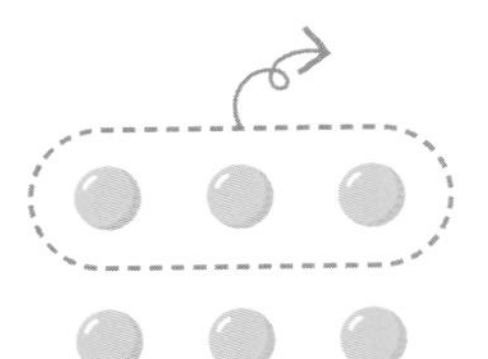

6 - 3

3칸 뒤로!

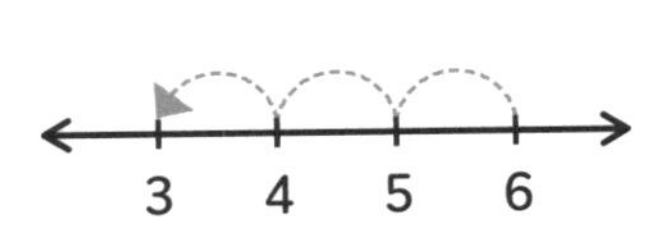

6 - 3

비교했을 때의 차이도 뺄셈!

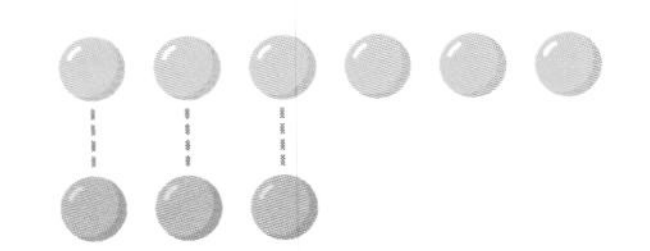

6 - 3

▶ 개념 익히기 1

그림에 알맞은 식에 ○표 하세요.

1

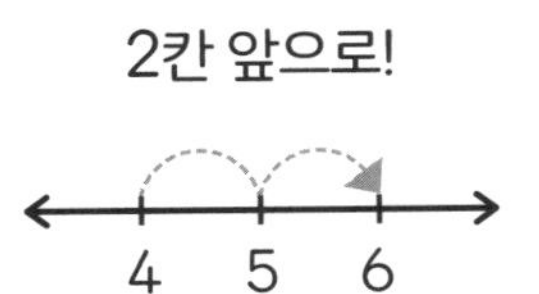

4 + 6 (　　)

4 + 2 (○)

2

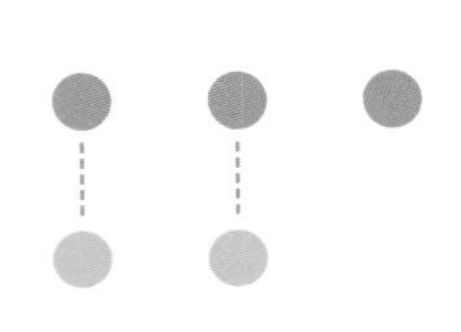

3 − 2 (　　)

3 − 3 (　　)

3

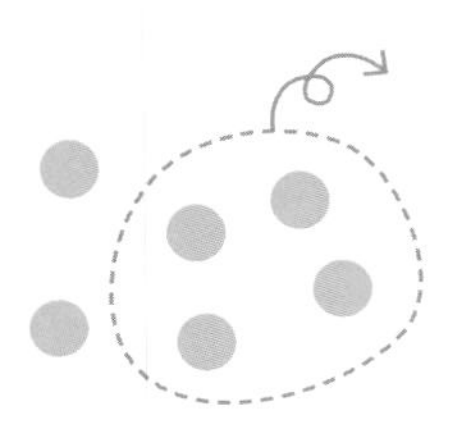

4 − 2 (　　)

6 − 4 (　　)

▶ 정답 및 해설 12쪽

6 × 3

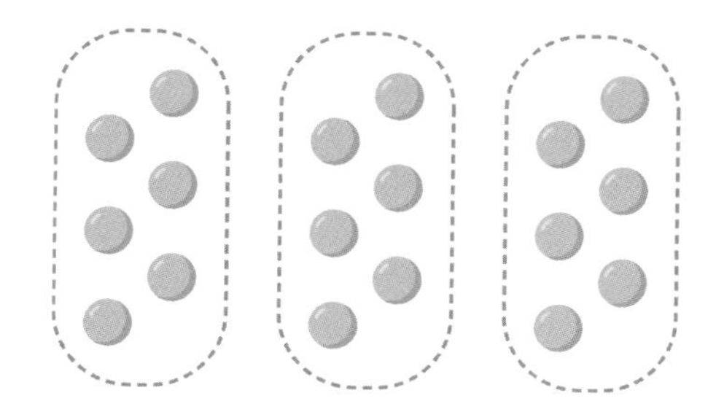

6개씩 3묶음

6 × 3

△개씩 □묶음!

➡ **곱셈**

6 ÷ 3

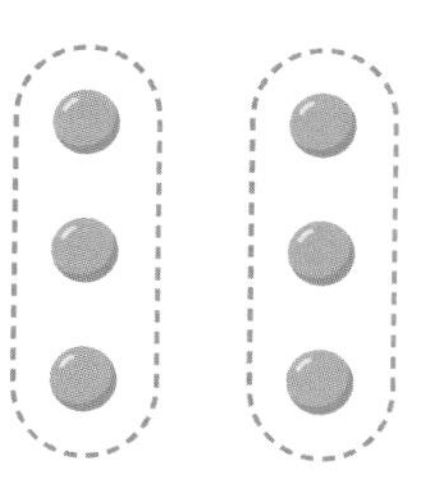

6개를
3개씩 묶기!

6 ÷ 3

6개를
3곳으로 똑같이 나누기!

6 ÷ 3

☆개를 묶거나 나누기!

➡ **나눗셈**

개념 익히기 2

빈칸을 알맞게 채우세요.

1

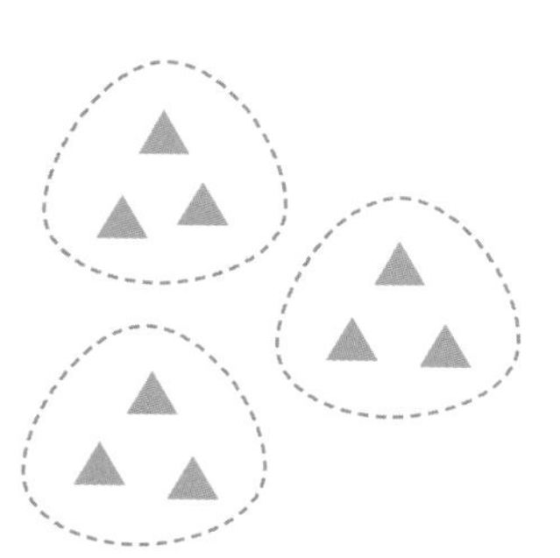

3개씩 [3] 묶음

➡ 3 × [3]

2

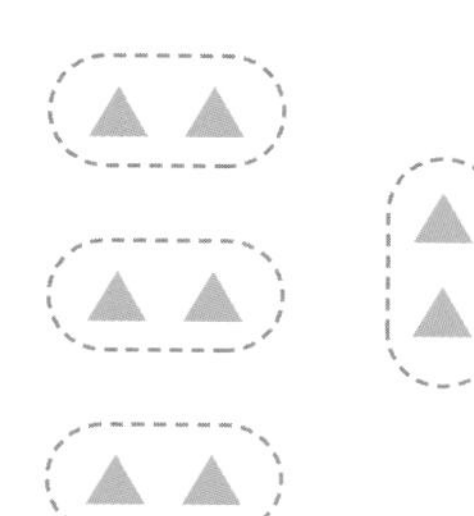

[ ] 개씩 4묶음

➡ [ ] × 4

3

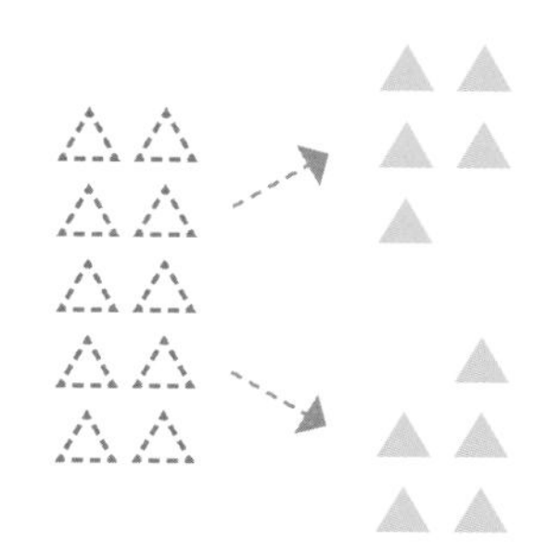

[ ] 개를 [ ] 곳으로
똑같이 나누기

➡ [ ] ÷ [ ]

개념 다지기 1

그림을 보고 ○ 안에 어울리는 연산 기호를 쓰세요.

1

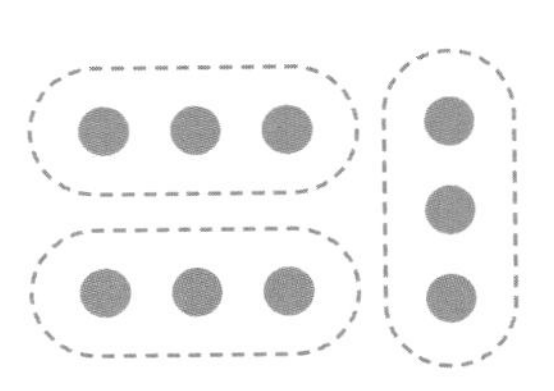

3 (×) 3

9 (÷) 3

2

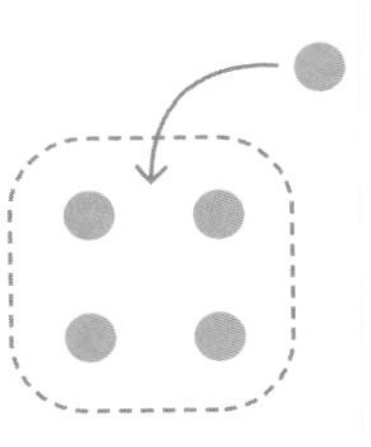

4 ○ 1

3

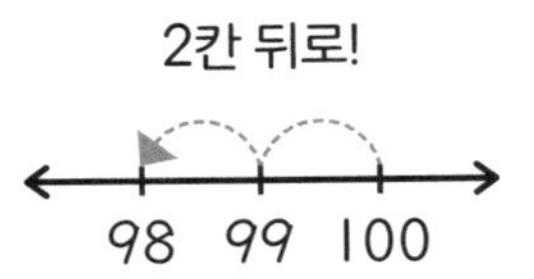

100 ○ 2

4

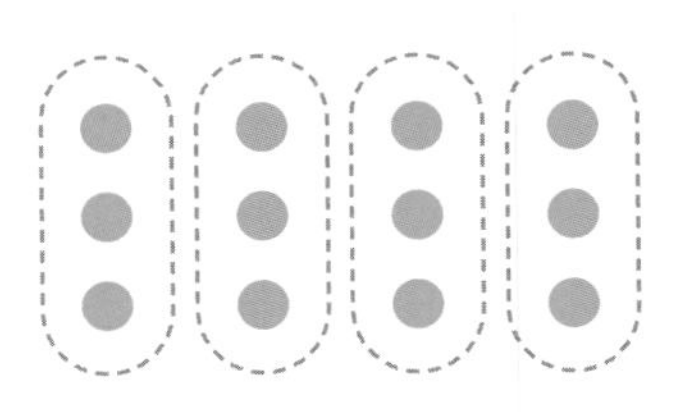

3 ○ 4

12 ○ 3

5

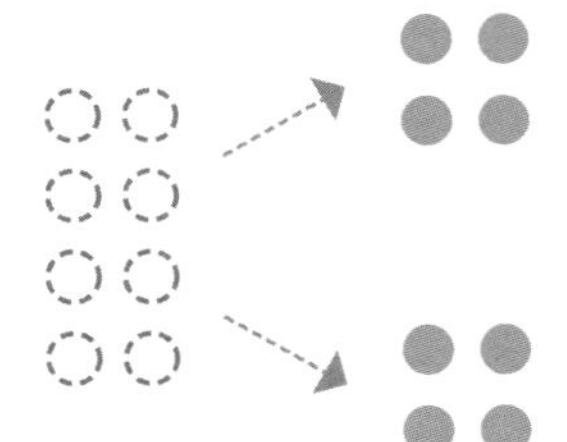

8 ○ 2

6

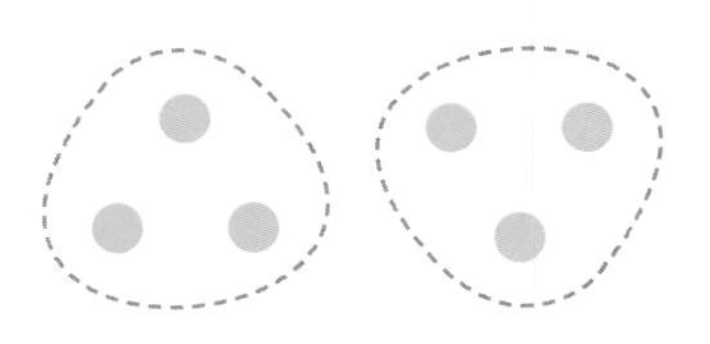

3 ○ 2

6 ○ 3

▶ 정답 및 해설 12쪽

개념 다지기 2

문장에 어울리는 식을 완성하고 계산하세요.

1

20개를 4개씩 묶기

➡ 식 : [20] (÷) [4] = [5]

2

10개를 5개씩 묶기

➡ 식 : [ ] ( ) [ ] = [ ]

3

6개씩 3묶음

➡ 식 : [ ] ( ) [ ] = [ ]

4

8개를 4곳으로 똑같이 나누기

➡ 식 : [ ] ( ) [ ] = [ ]

5

5개씩 6묶음

➡ 식 : [ ] ( ) [ ] = [ ]

6

12개를 3개씩 묶기

➡ 식 : [ ] ( ) [ ] = [ ]

개념 마무리 1

상황에 알맞은 식을 찾아 선으로 이으세요.

1 고구마 18개 중에서 6개로 샐러드를 만들었다. 남은 고구마는 몇 개일까? •　　　　• $15+3$

2 칭찬 스티커 15개가 있었는데 오늘 3개를 더 받았다. 칭찬 스티커는 모두 몇 개일까? •　　　　• $18-6$

3 사탕을 18개씩 포장했더니 6묶음이 되었다. 사탕은 모두 몇 개일까? •　　　　• 15×3

4 오렌지 15개를 바구니 3개에 똑같이 나누어 담았다. 한 바구니에 있는 오렌지는 몇 개일까? •　　　　• $18 \div 6$

5 꿀떡을 15개씩 접시에 담았더니 3접시가 되었다. 꿀떡은 모두 몇 개일까? •　　　　• 18×6

6 학생 18명이 있는데 한 모둠에 6명씩 모여 앉았다. 모둠은 몇 개일까? •　　　　• $15 \div 3$

▶ 정답 및 해설 13쪽

3112

개념 마무리 2

물음에 답하세요.

1

달걀 45개를 하루에 5개씩 먹으면 며칠 동안 먹을 수 있을까요?

식 $45 \div 5 = 9$ 답 9 일

2

책꽂이에 책 26권이 있었는데 8권을 더 꽂았습니다. 책꽂이에 있는 책은 모두 몇 권일까요?

식 ______ 답 ______ 권

3

피자 12조각을 4명이 똑같이 나누어 먹으면 한 사람이 몇 조각을 먹게 될까요?

식 ______ 답 ______ 조각

4

크레파스 24자루 중에서 3자루를 잃어버렸다면 남은 크레파스는 몇 자루일까요?

식 ______ 답 ______ 자루

5

딸기가 9개씩 들어있는 상자가 2개 있습니다. 딸기는 모두 몇 개일까요?

식 ______ 답 ______ 개

6

쿠키 35개를 한 봉지에 7개씩 담았습니다. 쿠키는 모두 몇 봉지일까요?

식 ______ 답 ______ 봉지

2 곱셈과 나눗셈의 관계

×와 ÷는 같은 그림

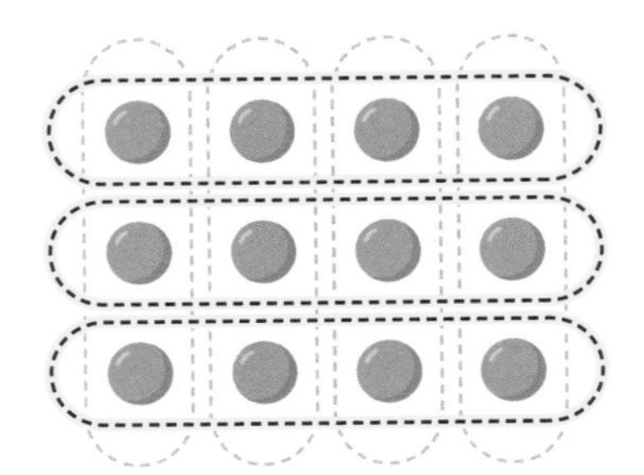

4개씩 3묶음은 12개

곱셈 $4 \times 3 = 12$

나눗셈 $12 \div 4 = 3$

12개를 4개씩 묶으면 3묶음

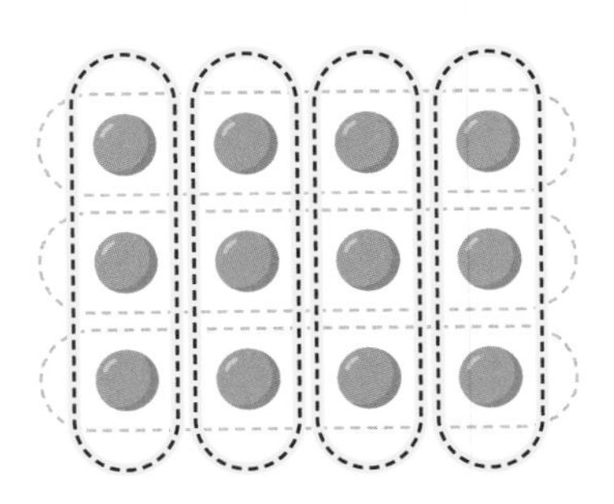

3개씩 4묶음은 12개

곱셈 $3 \times 4 = 12$

나눗셈 $12 \div 3 = 4$

12개를 3개씩 묶으면 4묶음

개념 익히기 1

그림을 보고 빈칸을 알맞게 채우세요.

1

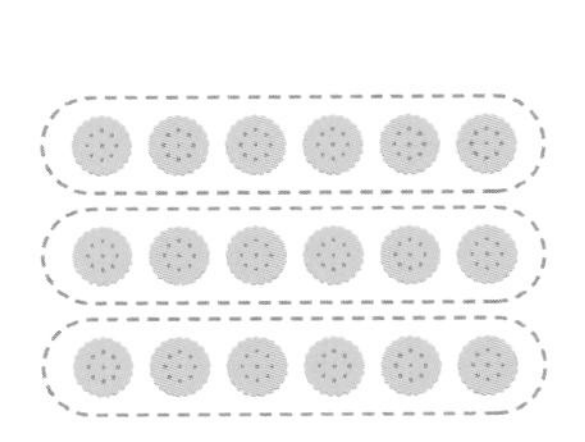

6개씩 3묶음

곱셈식 [6] × 3 = [18]

나눗셈식 [18] ÷ 6 = [3]

2

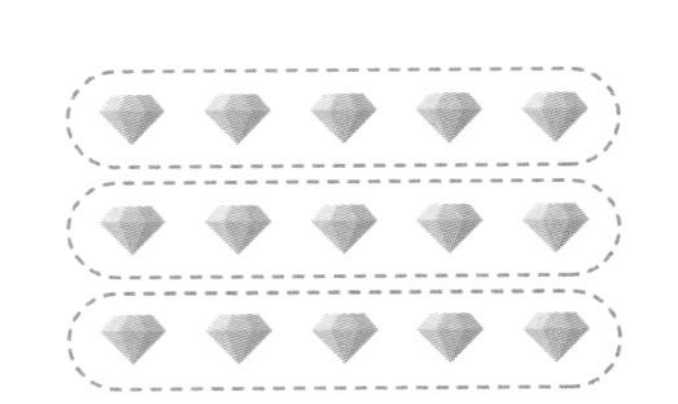

5개씩 3묶음

곱셈식 [ ] × 3 = [ ]

나눗셈식 [ ] ÷ 5 = [ ]

3

4개씩 5묶음

곱셈식 4 × [ ] = [ ]

나눗셈식 [ ] ÷ 4 = [ ]

▶ 정답 및 해설 13쪽

부분에서 ⤳ 전체로!

4개씩 3묶음 → 전체는 12개

3개씩 4묶음 → 전체는 12개

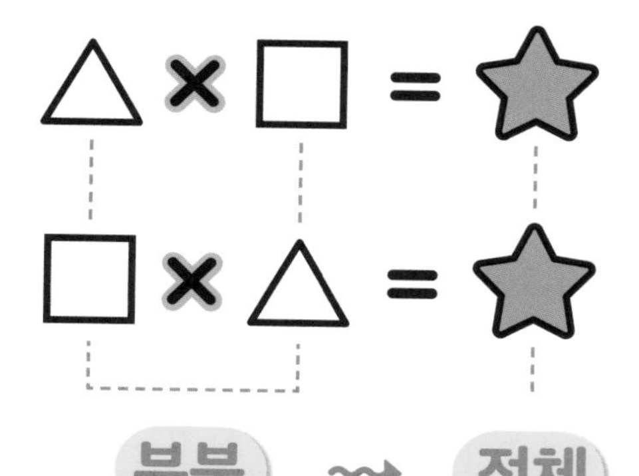

전체에서 ⤳ 부분으로!

전체 12개를 → 4개씩 묶으면 3묶음

전체 12개를 → 3개씩 묶으면 4묶음

☆ ÷ △ = □

☆ ÷ □ = △

전체 ⤳ 부분

개념 익히기 2

문장을 읽고 '전체'와 '부분'을 구분하여 빈칸에 알맞게 쓰세요.

1

마카롱 16개를 4개씩 봉지에 담으면 모두 4봉지가 됩니다.

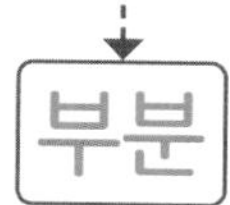

2

바나나가 5개씩 5묶음이면 25개입니다.

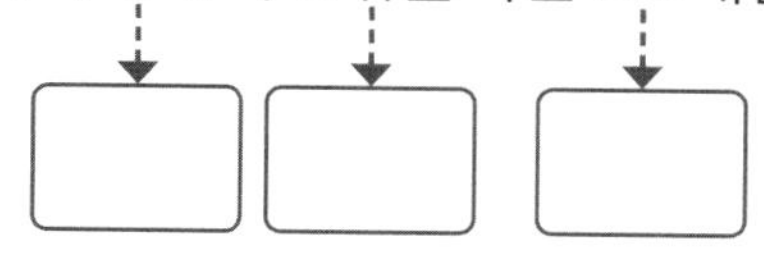

3

메추리알 32개를 8개씩 접시에 담으면 4접시입니다.

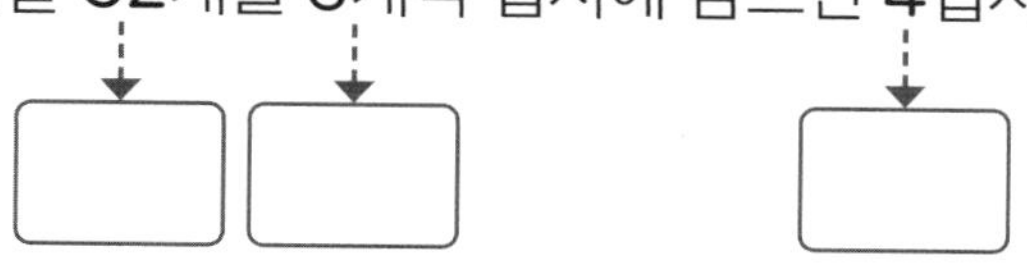

개념 다지기 1

그림에 알맞은 곱셈식이나 나눗셈식을 2개씩 쓰세요.

1

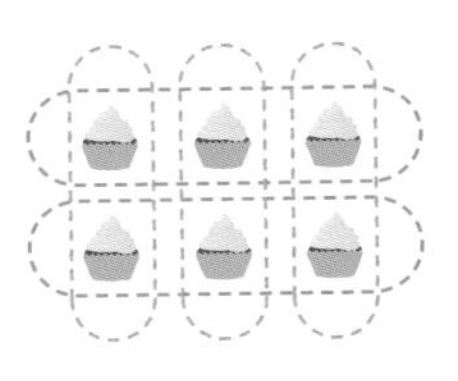

$\boxed{3} \times \boxed{2} = 6$

$\boxed{2} \times \boxed{3} = 6$

2

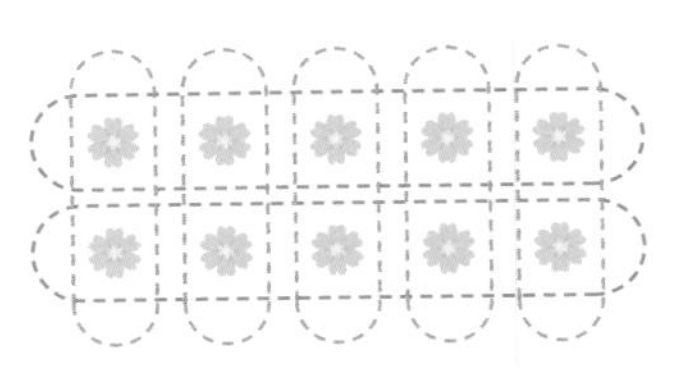

$10 \div \square = \square$

$10 \div \square = \square$

3

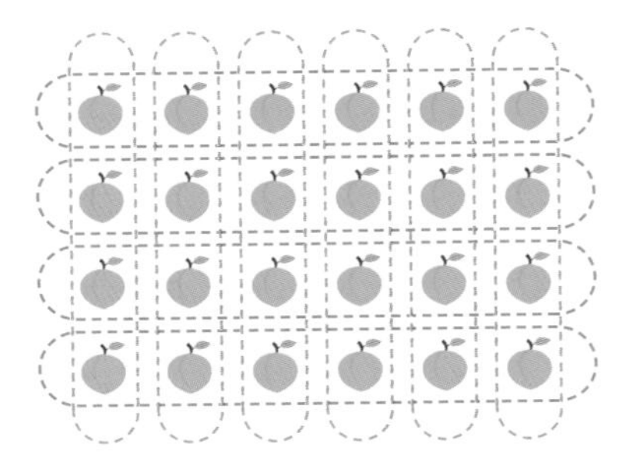

$\square \times \square = 24$

$\square \times \square = 24$

4

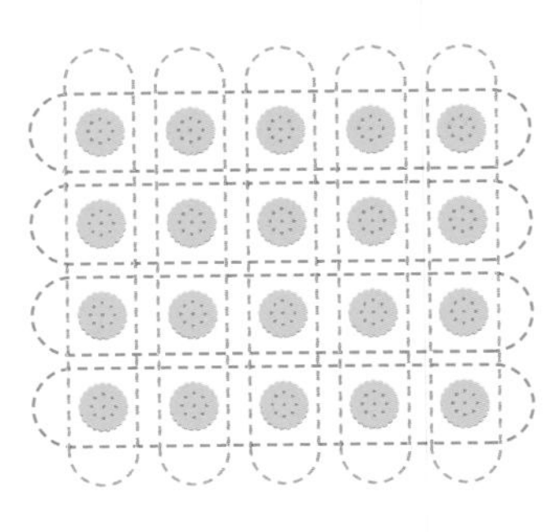

$20 \div \square = \square$

$20 \div \square = \square$

5

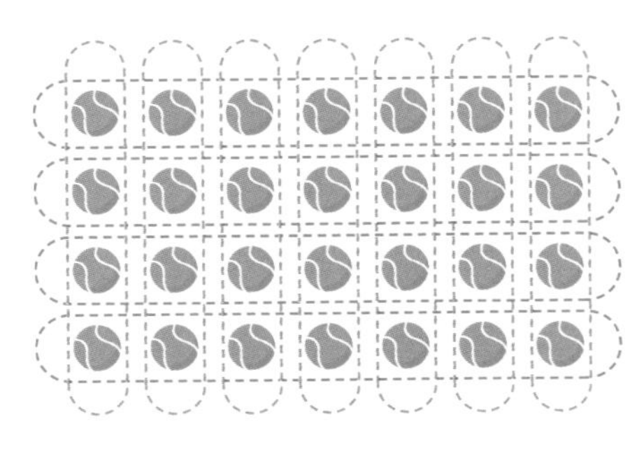

$\square \times \square = 28$

$\square \times \square = 28$

6

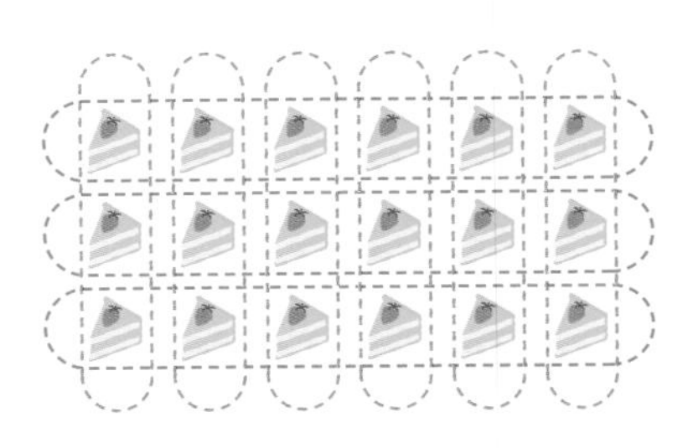

$18 \div \square = \square$

$18 \div \square = \square$

▶ 정답 및 해설 14쪽

개념 다지기 2

그림을 보고 빈칸을 알맞게 채우세요.

1

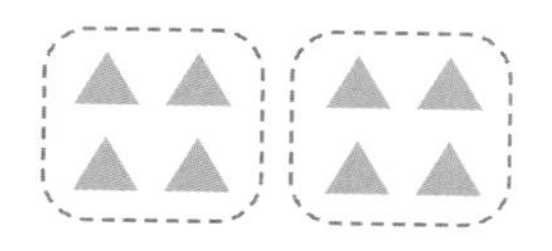

전체 [8]개

$4 \times 2 = 8$

$8 \div [4] = [2]$

$8 \div [2] = [4]$

2

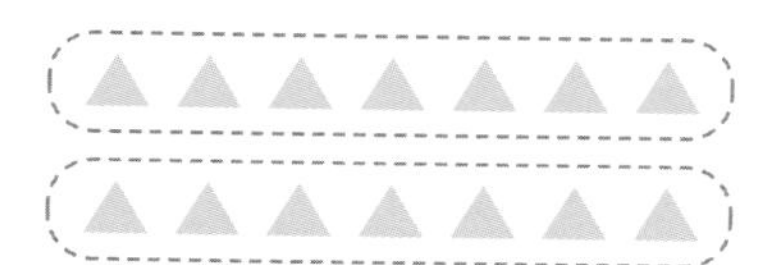

전체 [ ]개

$14 \div 7 = 2$

$[\ ] \times [\ ] = 14$

$[\ ] \times [\ ] = 14$

3

전체 [ ]개

$3 \times 5 = 15$

$15 \div [\ ] = [\ ]$

$15 \div [\ ] = [\ ]$

4

전체 [ ]개

$32 \div 8 = 4$

$[\ ] \times [\ ] = 32$

$[\ ] \times [\ ] = 32$

5

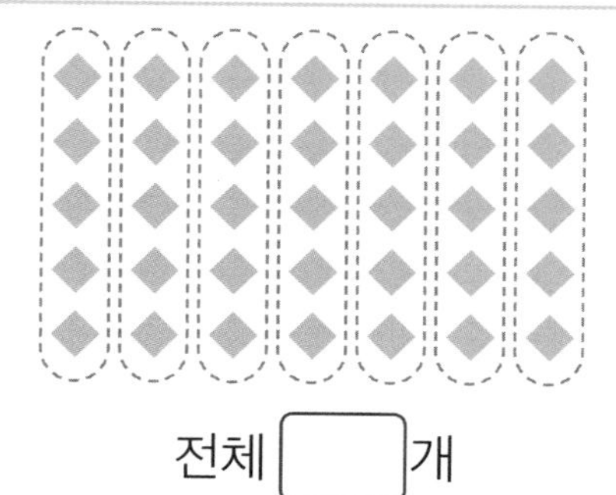

전체 [ ]개

$5 \times 7 = 35$

$35 \div [\ ] = [\ ]$

$35 \div [\ ] = [\ ]$

6

전체 [ ]개

$36 \div 4 = 9$

$[\ ] \times [\ ] = 36$

$[\ ] \times [\ ] = 36$

개념 마무리 1

주어진 식에서 전체 개수에 ○표 하고, 곱셈식은 나눗셈식으로, 나눗셈식은 곱셈식으로 바꾸어 쓰세요.

1 $2 \times 5 = 10$ (10에 ○표)

➡ $10 \div 2 = 5$

➡ $10 \div 5 = 2$

2 $3 \times 7 = 21$

➡ $\square \div \square = \square$

➡ $\square \div \square = \square$

3 $18 \div 2 = 9$

➡ $\square \times \square = \square$

➡ $\square \times \square = \square$

4 $24 \div 3 = 8$

➡ $\square \times \square = \square$

➡ $\square \times \square = \square$

5 $5 \times 6 = 30$

➡ $\square \div \square = \square$

➡ $\square \div \square = \square$

6 $42 \div 7 = 6$

➡ $\square \times \square = \square$

➡ $\square \times \square = \square$

▶ 정답 및 해설 14쪽

개념 마무리 2

주어진 식을 보고 3개의 식으로 바꾸어 쓰세요.

1 $6 \times 9 = 54$

➡ 9 × 6 = 54
➡ 54 ÷ ___ = ___
➡ ___ ÷ ___ = ___

2 $27 \div 3 = 9$

➡ ___ ÷ ___ = ___
➡ ___ × ___ = ___
➡ ___ × ___ = ___

3 $4 \times 7 = 28$

➡ ___ × ___ = ___
➡ ___ ÷ ___ = ___
➡ ___ ÷ ___ = ___

4 $40 \div 5 = 8$

➡ ___ ÷ ___ = ___
➡ ___ × ___ = ___
➡ ___ × ___ = ___

5 $7 \times 8 = 56$

➡ ___ × ___ = ___
➡ ___ ÷ ___ = ___
➡ ___ ÷ ___ = ___

6 $20 \div 4 = 5$

➡ ___ ÷ ___ = ___
➡ ___ × ___ = ___
➡ ___ × ___ = ___

3 곱셈으로 나눗셈의 몫 찾기

÷식 은 ⤳ ×식 으로 쓸 수 있어!

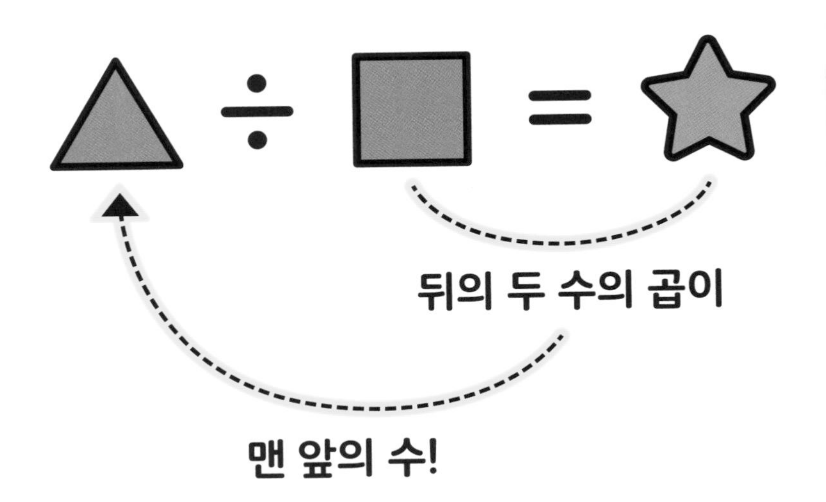

➡ □ × ☆ = △

▶ 개념 익히기 1

나눗셈식을 곱셈식으로 바꿀 때, 곱하는 두 수를 선으로 이으세요.

1

42 ÷ 6 = 7

2

36 ÷ 4 = 9

3

24 ÷ 8 = 3

▶ 정답 및 해설 15쪽

곱셈구구로 나눗셈의 몫 찾기!

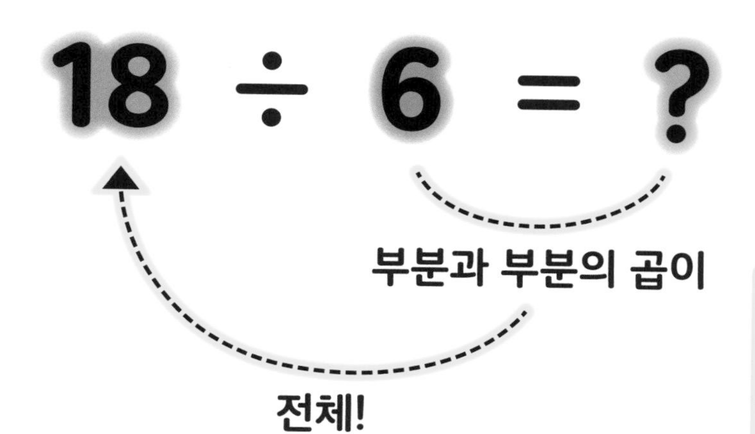

$6 \times ? = 18$

➡ $? = 3$

6에 무엇을 곱해야 18이 될까?

6단 곱셈구구를 떠올려 봐!

$6 \times 1 = 6$

$6 \times 2 = 12$

$6 \times 3 = 18$

⋮

개념 익히기 2

나눗셈식에 선을 긋고, 몫을 구하기 위해 필요한 곱셈구구가 몇 단인지 쓰세요.

1

$40 \div 8 = ?$ ➡ 필요한 곱셈구구는 [8]단

2

$35 \div 7 = ?$ ➡ 필요한 곱셈구구는 [ ]단

3

$21 \div 3 = ?$ ➡ 필요한 곱셈구구는 [ ]단

개념 다지기 1

나눗셈식에 선을 긋고, 몫을 구하기 위해 필요한 곱셈식과 몫을 쓰세요.

1 $54 \div 6 = \boxed{9}$

곱셈식 $6 \times 9 = 54$

2 $40 \div 5 = \square$

곱셈식 ______

3 $63 \div 9 = \square$

곱셈식 ______

4 $32 \div 8 = \square$

곱셈식 ______

5 $49 \div 7 = \square$

곱셈식 ______

6 $72 \div 9 = \square$

곱셈식 ______

▶ 정답 및 해설 15쪽

개념 다지기 2

관계있는 것끼리 선으로 이으세요.

1	$36 \div 4$	$5 \times \square = 35$	몫 = 5
2	$25 \div 5$	$4 \times \square = 36$	몫 = 7
3	$35 \div 5$	$5 \times \square = 25$	몫 = 8
4	$48 \div 8$	$7 \times \square = 21$	몫 = 3
5	$21 \div 7$	$7 \times \square = 56$	몫 = 9
6	$56 \div 7$	$8 \times \square = 48$	몫 = 6

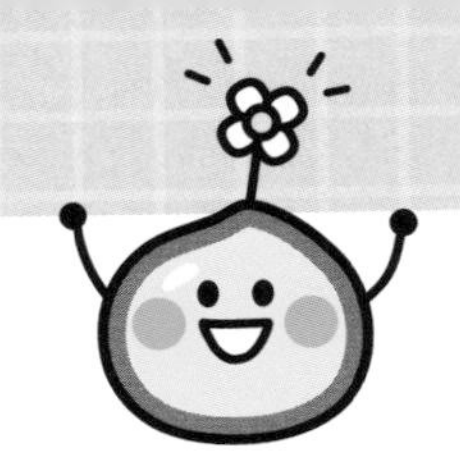

개념 마무리 1

문장에 어울리는 나눗셈식과 몫을 구하기 위한 곱셈식을 쓰고,
답을 구하세요.

1

수아네 반 학생 24명을 6개의 모둠으로 똑같이 나누려고 합니다.
한 모둠은 몇 명일까요?

나눗셈식 $24 \div 6 = 4$

곱셈식 $6 \times 4 = 24$

➡ 답 : 4 명

2

젤리 30개를 한 봉지에 5개씩 담아 포장하려고 합니다.
필요한 봉지는 몇 개일까요?

나눗셈식 ______

곱셈식 ______

➡ 답 : ☐ 개

3

포크 14개를 한 사람에게 2개씩 나누어 주려고 합니다.
포크를 몇 명에게 줄 수 있을까요?

나눗셈식 ______

곱셈식 ______

➡ 답 : ☐ 명

4

책 54권을 책꽂이 9칸에 똑같이 나누어 꽂았습니다.
한 칸에 꽂은 책은 몇 권일까요?

나눗셈식 ______

곱셈식 ______

➡ 답 : ☐ 권

▶ 정답 및 해설 16쪽

개념 마무리 2

계산해 보세요.

1

$42 \div 6 = 7$

2

$45 \div 5 =$

3

$27 \div 9 =$

4

$28 \div 7 =$

5

$81 \div 9 =$

6

$56 \div 8 =$

4 0과 나눗셈

0 으로는 나눌 수 없어!

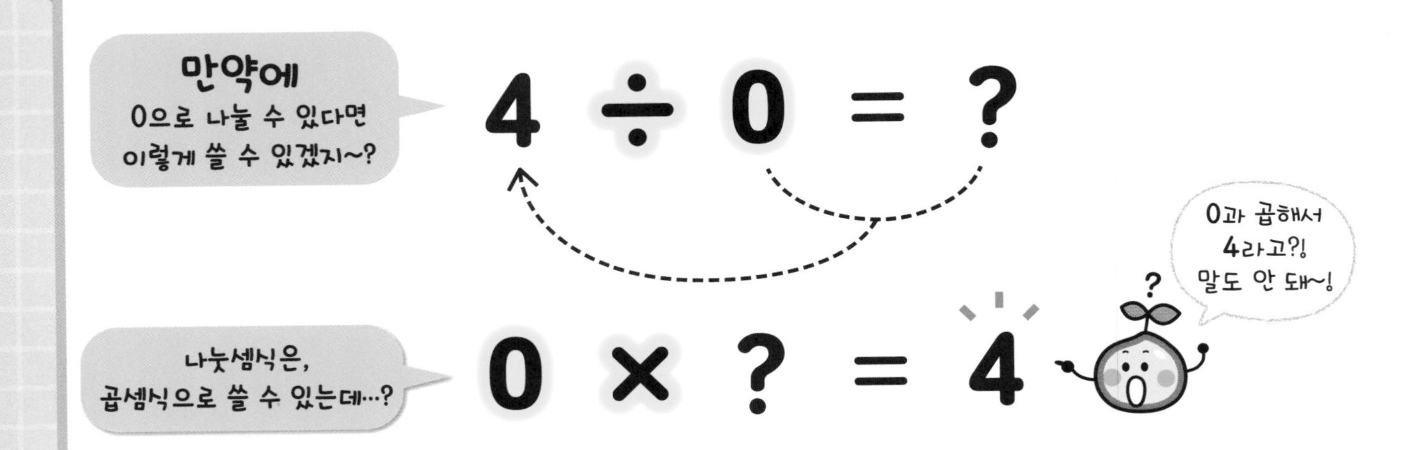

만약에
0으로 나눌 수 있다면
이렇게 쓸 수 있겠지~?
4 ÷ 0 = ?
0과 곱해서
4라고?!
말도 안 돼~!
?
나눗셈식은,
곱셈식으로 쓸 수 있는데…?
0 × ? = 4

➡ 0으로 나누어 봤더니 잘못된 곱셈식이 나왔네?

결론 **0으로는 나눌 수 없다!**

개념 익히기 1

잘못된 나눗셈식에 ×표 하세요.

1

$4 \div 2$

(　　　)

$4 \div 0$

(×)

2

$6 \div 0$

(　　　)

$6 \div 3$

(　　　)

3

$12 \div 3$

(　　　)

$12 \div 0$

(　　　)

▶ 정답 및 해설 16쪽

하지만, 0을 나눌 수는 있지!

$$0 \div \square = 0$$

똑같이 나누는 나눗셈

$0 \div 2 = 0$

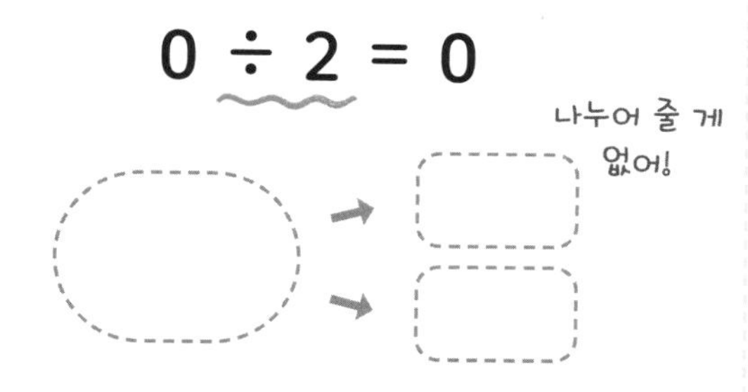

몇 곳으로 나누어도
결국 0

똑같이 묶는 나눗셈

$0 \div 2 = 0$

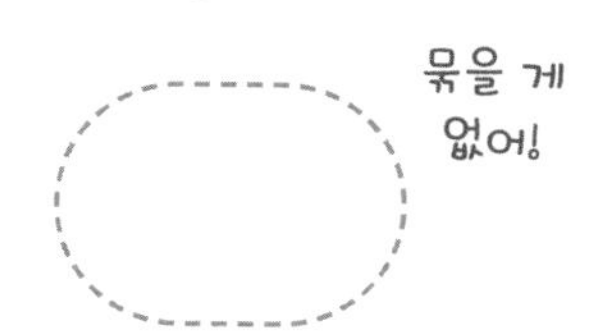

몇 개씩 묶어도
결국 0

개념 익히기 2

계산해 보세요.

1 $0 \div 5 = \boxed{0}$

2 $0 \div 3 = \square$

3 $0 \div 8 = \square$

개념 다지기 1

나눗셈의 몫을 구하고, 몫을 구할 수 없는 식에는 ×표 하세요.

1

$0 \div 9 = \boxed{0}$

2

$16 \div 0 = \square$

3

$0 \div 8 = \square$

4

$20 \div 0 = \square$

5

$49 \div 0 = \square$

6

$0 \div 7 = \square$

▶ 정답 및 해설 17쪽

개념 다지기 2

주어진 식을 계산하고, 계산할 수 없는 식에는 ×표 하세요.

1

$4 + 0 = $ [4]

$4 - 0 = $ [ ]

$4 \div 0 = $ [ ]

2

$0 + 8 = $ [ ]

$0 \times 8 = $ [ ]

$0 \div 8 = $ [ ]

3

$9 - 0 = $ [ ]

$9 \times 0 = $ [ ]

$9 \div 0 = $ [ ]

4

$0 + 7 = $ [ ]

$0 \div 7 = $ [ ]

$0 \times 7 = $ [ ]

5

$0 \div 3 = $ [ ]

$0 + 3 = $ [ ]

$0 \times 3 = $ [ ]

6

$5 - 0 = $ [ ]

$5 \times 0 = $ [ ]

$5 \div 0 = $ [ ]

개념 마무리 1

빈칸을 알맞게 채우세요.

1

$\boxed{25} \div 5 = 5$

2

$9 \div \square = 9$

3

$\square \div 2 = 0$

4

$7 \div \square = 1$

5

$0 \div 3 = \square$

6

$81 \div \square = 9$

▶ 정답 및 해설 17쪽

개념 마무리 2

계산 결과가 0이 되는 것에 ○표 하고, 몇 개인지 쓰세요.

➡ □개

5 곱셈표에서 몫 찾기

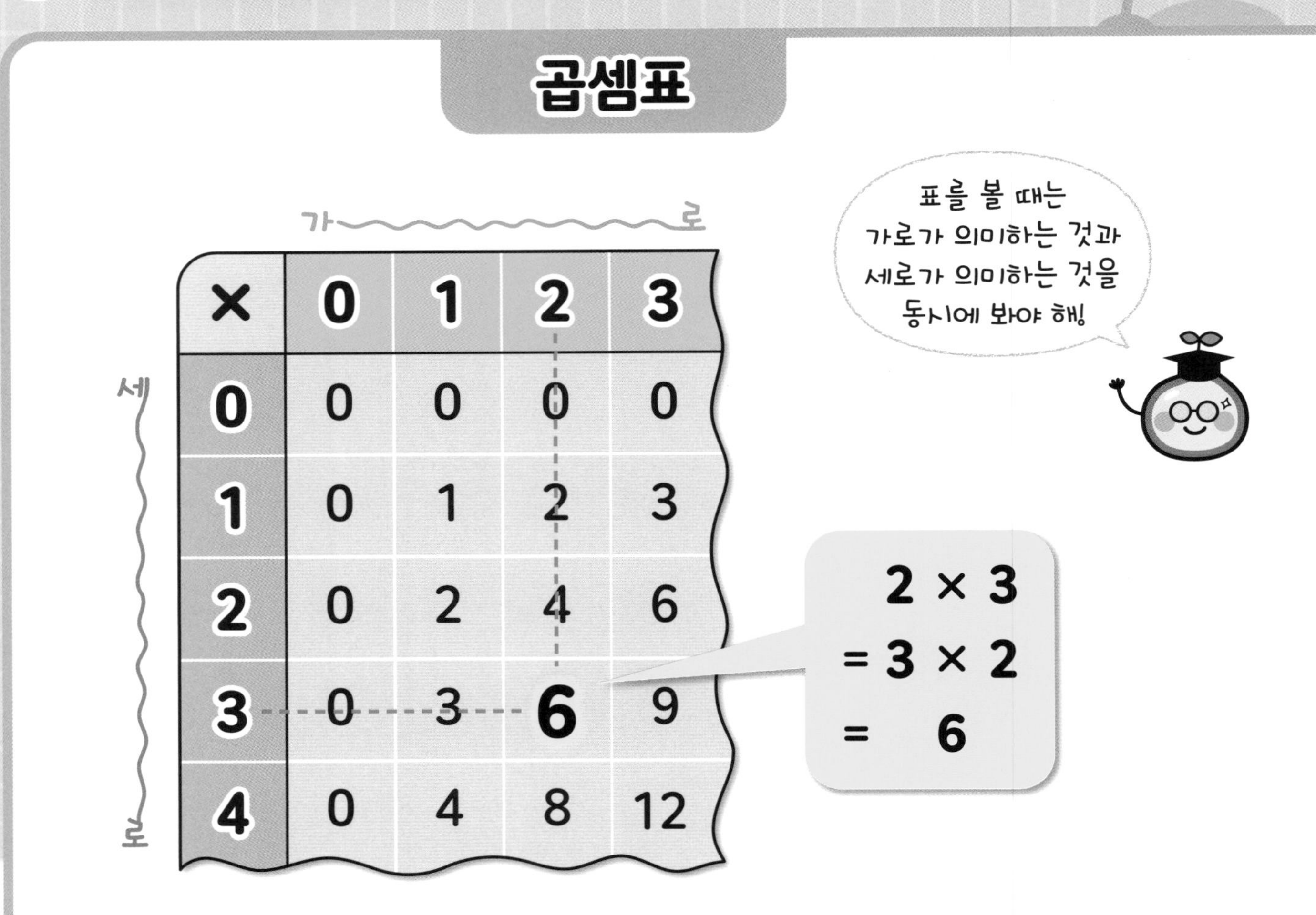

곱셈표
가로
세로
× 0 1 2 3
0 0 0 0 0
1 0 1 2 3
2 0 2 4 6
3 0 3 6 9
4 0 4 8 12
2 × 3
= 3 × 2
= 6
표를 볼 때는 가로가 의미하는 것과 세로가 의미하는 것을 동시에 봐야 해!

개념 익히기 1

곱셈 결과를 곱셈표에서 찾아 선으로 표시하세요.

1

3 × 5 = 15

×	1	2	3	4	5	6
1	1	2	3	4	5	6
2	2	4	6	8	10	12
3	3	6	9	12	15	18
4	4	8	12	16	20	24
5	5	10	15	20	25	30
6	6	12	18	24	30	36

2

2 × 4 = 8

×	1	2	3	4	5	6
1	1	2	3	4	5	6
2	2	4	6	8	10	12
3	3	6	9	12	15	18
4	4	8	12	16	20	24
5	5	10	15	20	25	30
6	6	12	18	24	30	36

3

5 × 6 = 30

×	1	2	3	4	5	6
1	1	2	3	4	5	6
2	2	4	6	8	10	12
3	3	6	9	12	15	18
4	4	8	12	16	20	24
5	5	10	15	20	25	30
6	6	12	18	24	30	36

▶ 정답 및 해설 18쪽

$$12 \div 3 = \boxed{?} \rightarrow 3 \times \boxed{?} = 12$$

곱셈구구 3단에서 12가 나오는 곱셈식 찾기!

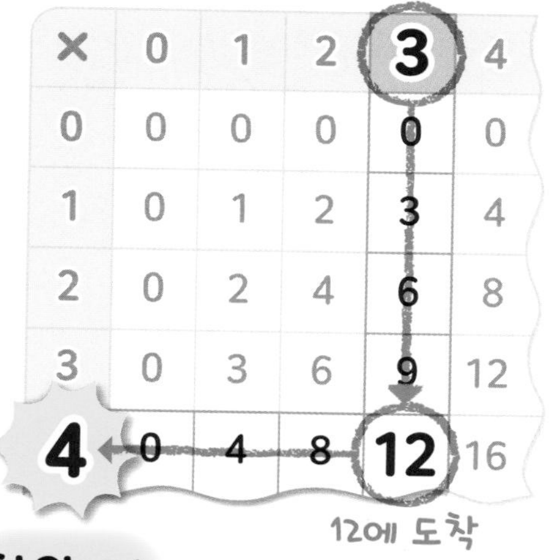

$\boxed{?} = 4$

옆에서 출발해도 돼!

×	0	1	2	3	4
0	0	0	0	0	0
1	0	1	2	3	4
2	0	2	4	6	8
3	0	3	6	9	12
4	0	4	8	12	16

12에 도착

4 찾았다!

$\boxed{?} = 4$

위에서 출발해도, 옆에서 출발해도,
몫을 찾을 수 있어!

개념 익히기 2

나눗셈의 몫을 구하기 위한 곱셈식을 곱셈표에 표시하세요.

1

$6 \div 2 = \boxed{?}$

×	1	2	3	4	5	6
1	1	2	3	4	5	6
2	2	4	6	8	10	12
3	3	6	9	12	15	18
4	4	8	12	16	20	24
5	5	10	15	20	25	30
6	6	12	18	24	30	36

2

$9 \div 3 = \boxed{?}$

×	1	2	3	4	5	6
1	1	2	3	4	5	6
2	2	4	6	8	10	12
3	3	6	9	12	15	18
4	4	8	12	16	20	24
5	5	10	15	20	25	30
6	6	12	18	24	30	36

3

$10 \div 5 = \boxed{?}$

×	1	2	3	4	5	6
1	1	2	3	4	5	6
2	2	4	6	8	10	12
3	3	6	9	12	15	18
4	4	8	12	16	20	24
5	5	10	15	20	25	30
6	6	12	18	24	30	36

개념 다지기 1

곱셈표에 표시된 것을 보고 알맞은 곱셈식을 쓰고, 나눗셈식으로 바꾸어 쓰세요.

1

×	1	2	3	4	5	6	7
1	1	2	3	4	5	6	7
2	2	4	6	8	10	12	14
3	3	6	9	12	15	18	21
4	4	8	12	16	20	24	28
5	5	10	15	20	25	30	35
6	6	12	18	24	30	36	42
7	7	14	21	28	35	42	49

곱셈식 $6 \times 3 = 18$ (또는 $3 \times 6 = 18$)

나눗셈식 $18 \div 6 = 3$ (또는 $18 \div 3 = 6$)

2

×	1	2	3	4	5	6	7
1	1	2	3	4	5	6	7
2	2	4	6	8	10	12	14
3	3	6	9	12	15	18	21
4	4	8	12	16	20	24	28
5	5	10	15	20	25	30	35
6	6	12	18	24	30	36	42
7	7	14	21	28	35	42	49

곱셈식 ______

나눗셈식 ______

3

×	1	2	3	4	5	6	7
1	1	2	3	4	5	6	7
2	2	4	6	8	10	12	14
3	3	6	9	12	15	18	21
4	4	8	12	16	20	24	28
5	5	10	15	20	25	30	35
6	6	12	18	24	30	36	42
7	7	14	21	28	35	42	49

곱셈식 ______

나눗셈식 ______

▶ 정답 및 해설 19쪽

개념 다지기 2

곱셈표에 표시된 것을 보고 알맞은 나눗셈식을 2개 쓰세요.

1

×	1	2	3	4	5	6	7
1	1	2	3	4	5	6	7
2	2	4	6	8	10	12	14
3	3	6	9	12	15	18	21
4	4	8	12	16	20	24	28
5	5	10	15	20	25	30	35
6	6	12	18	24	30	36	42
7	7	14	21	28	35	42	49

나눗셈식 $21 \div 3 = 7$

$21 \div 7 = 3$

2

×	1	2	3	4	5	6	7
1	1	2	3	4	5	6	7
2	2	4	6	8	10	12	14
3	3	6	9	12	15	18	21
4	4	8	12	16	20	24	28
5	5	10	15	20	25	30	35
6	6	12	18	24	30	36	42
7	7	14	21	28	35	42	49

나눗셈식 ____________

____

3

×	1	2	3	4	5	6	7
1	1	2	3	4	5	6	7
2	2	4	6	8	10	12	14
3	3	6	9	12	15	18	21
4	4	8	12	16	20	24	28
5	5	10	15	20	25	30	35
6	6	12	18	24	30	36	42
7	7	14	21	28	35	42	49

나눗셈식 ____________

____

개념 마무리 1

곱셈표에 표시된 것을 보고 알맞은 나눗셈식을 쓰고, 빈칸을 채우세요.

1

×	1	2	3	4	5	6	7
1	1	2	3	4	5	6	7
2	2	4	6	8	10	12	14
3	3	6	9	12	15	18	21
4	4	8	12	16	20	24	28
5	5	10	15	20	25	30	35
6	6	12	18	24	30	36	42
7	7	14	21	28	35	42	49

나눗셈식 $35 \div 5 = 7$

식빵 35장을 한 명에게 5장씩 나누어 주면 [7] 명에게 줄 수 있습니다.

2

×	1	2	3	4	5	6	7
1	1	2	3	4	5	6	7
2	2	4	6	8	10	12	14
3	3	6	9	12	15	18	21
4	4	8	12	16	20	24	28
5	5	10	15	20	25	30	35
6	6	12	18	24	30	36	42
7	7	14	21	28	35	42	49

나눗셈식 ____________

장미 24송이를 꽃병 4개에 똑같이 나누어 꽂으면 꽃병 하나에 [ ] 송이씩 꽂을 수 있습니다.

3

×	1	2	3	4	5	6	7
1	1	2	3	4	5	6	7
2	2	4	6	8	10	12	14
3	3	6	9	12	15	18	21
4	4	8	12	16	20	24	28
5	5	10	15	20	25	30	35
6	6	12	18	24	30	36	42
7	7	14	21	28	35	42	49
8	8	16	24	32	40	48	56

나눗셈식 ____________

붕어빵 32개를 한 접시에 4개씩 담으려면 접시는 [ ] 개 필요합니다.

▶ 정답 및 해설 19쪽

3117

개념 마무리 2

곱셈표에 표시된 것을 보고 알맞은 나눗셈식을 쓰고, 빈칸을 채우세요.

1

×	1	2	3	4	5	6	7	8	9
1	1	2	3	4	5	6	7	8	9
2	2	4	6	8	10	12	14	16	18
3	3	6	9	12	15	18	21	24	27
4	4	8	12	16	20	24	28	32	36
5	5	10	15	20	25	30	35	40	45
6	6	12	18	24	30	36	42	48	54
7	7	14	21	28	35	42	49	56	63
8	8	16	24	32	40	48	56	64	72

나눗셈식 $54 \div 6 = 9$

사탕 [54]개를 한 명에게 [6]개씩 나누어 주면 [ ]명에게 줄 수 있습니다.

2

×	1	2	3	4	5	6	7	8	9
1	1	2	3	4	5	6	7	8	9
2	2	4	6	8	10	12	14	16	18
3	3	6	9	12	15	18	21	24	27
4	4	8	12	16	20	24	28	32	36
5	5	10	15	20	25	30	35	40	45
6	6	12	18	24	30	36	42	48	54
7	7	14	21	28	35	42	49	56	63
8	8	16	24	32	40	48	56	64	72

나눗셈식 ____________

색연필 [ ]자루를 [ ]개의 모둠에 똑같이 나누어 주면 한 모둠에 [ ]자루씩 줄 수 있습니다.

3

×	1	2	3	4	5	6	7	8	9
1	1	2	3	4	5	6	7	8	9
2	2	4	6	8	10	12	14	16	18
3	3	6	9	12	15	18	21	24	27
4	4	8	12	16	20	24	28	32	36
5	5	10	15	20	25	30	35	40	45
6	6	12	18	24	30	36	42	48	54
7	7	14	21	28	35	42	49	56	63
8	8	16	24	32	40	48	56	64	72
9	9	18	27	36	45	54	63	72	81

나눗셈식 ____________

감자 [ ]개를 한 상자에 [ ]개씩 담으면 [ ]상자가 됩니다.

지금까지 곱셈과 나눗셈의 관계에 대해 살펴보았습니다.
얼마나 제대로 이해했는지 확인해 봅시다.

1

그림에 어울리지 않는 식을 모두 찾아 ×표 하시오.

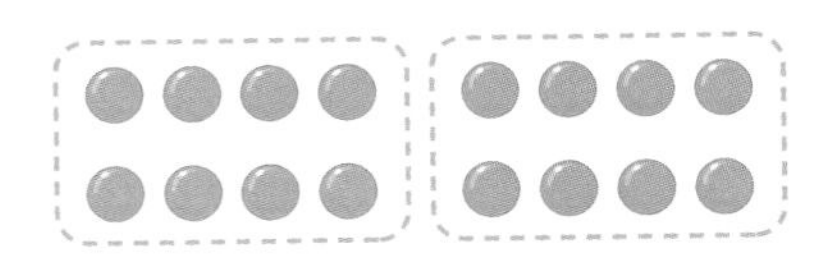

$10 \div 5$ $16 \div 8$ 8×2 $16 \div 4$ 8×8

2

곱셈식을 나눗셈식 2개로 바꾸어 쓰시오.

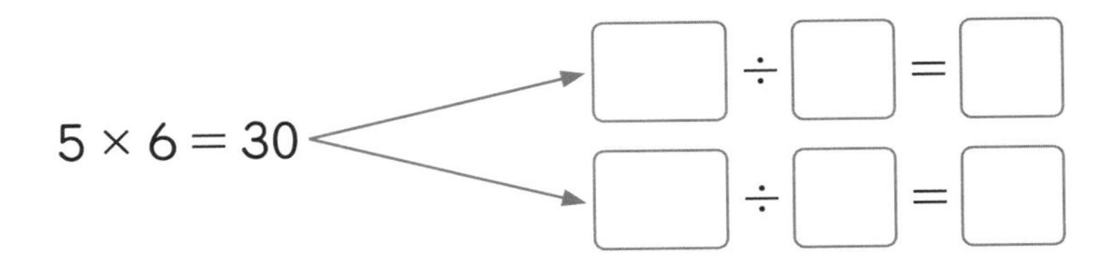

3

문장을 읽고 만들 수 있는 곱셈식 2개와 나눗셈식 2개를 쓰시오.

알밤 72개를 한 봉지에 8개씩 담으면 9봉지가 됩니다.

곱셈식 ________
____

나눗셈식 ________
____

4

몫의 크기를 비교하여 ○ 안에 >, =, <를 알맞게 쓰시오.

$63 \div 9$ ○ $56 \div 7$

맞은 개수 8개 ◯	매우 잘했어요.
맞은 개수 6~7개 ◯	실수한 문제를 확인하세요.
맞은 개수 5개 ◯	틀린 문제를 2번씩 풀어 보세요.
맞은 개수 1~4개 ◯	앞부분의 내용을 다시 한번 확인하세요.

▶ 정답 및 해설 20쪽

5

귤 36개를 4명에게 똑같이 나누어 주려고 합니다. 한 사람에게 몇 개씩 줄 수 있는지 구하시오.

6

잘못 나타낸 식을 찾아 기호를 쓰시오.

㉠ $0 \div 3 = 0$
㉡ $4 \times 0 = 0$
㉢ $7 \div 0 = 0$

[7~8] 물음에 답하시오.

7 주어진 나눗셈식을 계산하기 위해 필요한 곱셈식을 곱셈표에 표시하고, 몫을 구하시오.

$54 \div 6$

×	1	2	3	4	5	6	7	8	9
1	1	2	3	4	5	6	7	8	9
2	2	4	6	8	10	12	14	16	18
3	3	6	9	12	15	18	21	24	27
4	4	8	12	16	20	24	28	32	36
5	5	10	15	20	25	30	35	40	45
6	6	12	18	24	30	36	42	48	54
7	7	14	21	28	35	42	49	56	63
8	8	16	24	32	40	48	56	64	72
9	9	18	27	36	45	54	63	72	81

8 곱셈표에 표시된 48이 나누어지는 수일 때, 만들 수 있는 나눗셈식 2개를 쓰시오.

서술형으로 확인

▶ 정답 및 해설 32쪽

1 연필이 7자루씩 3묶음 있습니다. 이것을 곱셈식 2개와 나눗셈식 2개로 나타내어 보세요. (힌트 : 64쪽)

곱셈식

나눗셈식

2 나눗셈식 ▲ ÷ ■ = ★을 곱셈식으로 바꾸는 방법을 설명해 보세요. (힌트 : 70, 71쪽)

3 $5 \div 0$이 잘못된 이유를 쓰세요. (힌트 : 76쪽)

잠깐! 서술형으로 쓰기 어려워? 그럼 앞에서 배운 걸 떠올려 봐! 앞에서 찾아보고 적어도 좋아!

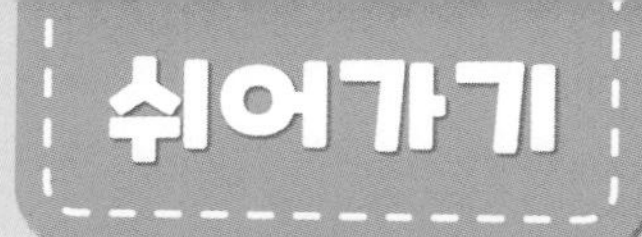

수 3개로 식 만들기

덧셈과 뺄셈이 같은 그림에 대한 다른 식이었던 것처럼,

곱셈과 나눗셈도 같은 그림에 대한 다른 식이야.

그래서, 덧셈식에 나오는 세 수를 가지고 뺄셈식을 만들 수 있고,

곱셈식에 나온 세 수를 가지고 나눗셈식을 만들 수 있어.

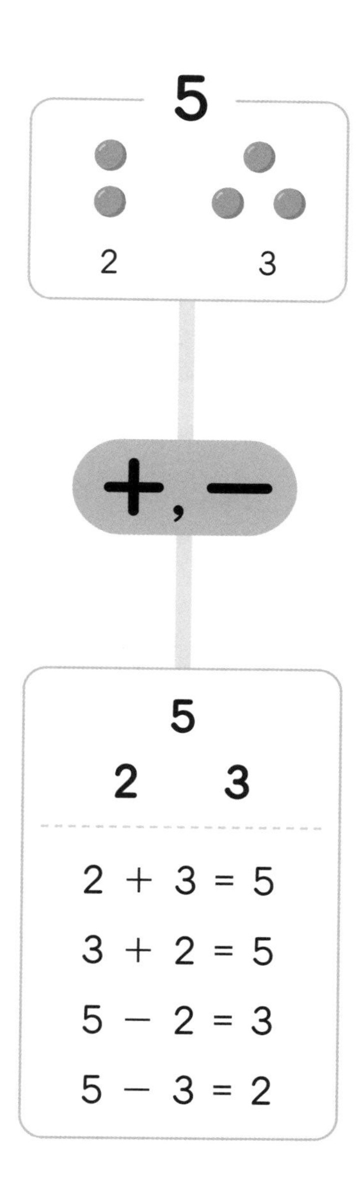

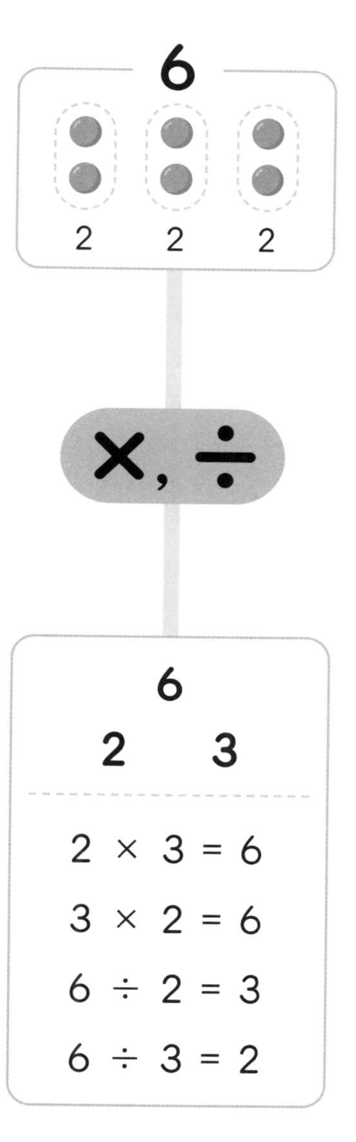

나머지가 있는 나눗셈

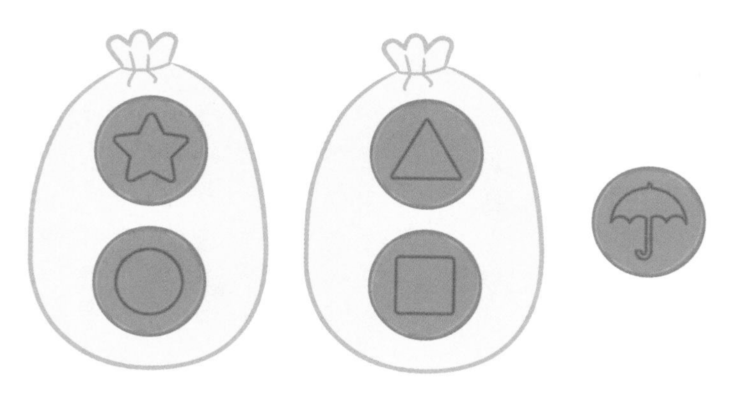

$5 \div 2 = ?$

달고나 5개를 한 봉지에 2개씩 담아서 팔려고 해.

그러면 2봉지가 나오고 1개가 남는데...

2봉지가 나오고, 1개가 남았다!

이것은 수학에서 어떻게 쓸까?

이번 단원에서는 이러한 나눗셈을 어떻게 계산하고,

계산한 것을 어떻게 쓰는지 알려줄게~

지금부터 시작!

1 나누고 남는 나눗셈

7 ÷ 2

똑같이 묶는 나눗셈

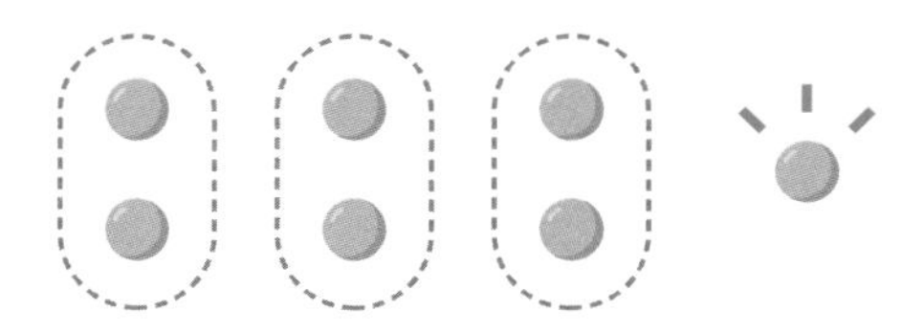

2개씩 묶으면
3묶음! 그리고
1이 남네~

똑같이 나누는 나눗셈

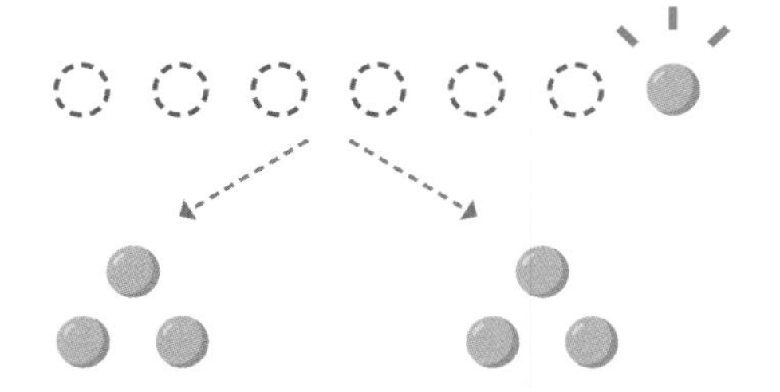

2곳으로 나누면
3개씩! 그리고
1이 남네~

나누고, 남는 것이 있을 수 있어!

개념 익히기 1

나누고 남는 것에 V표 하세요.

1 $8 \div 3$

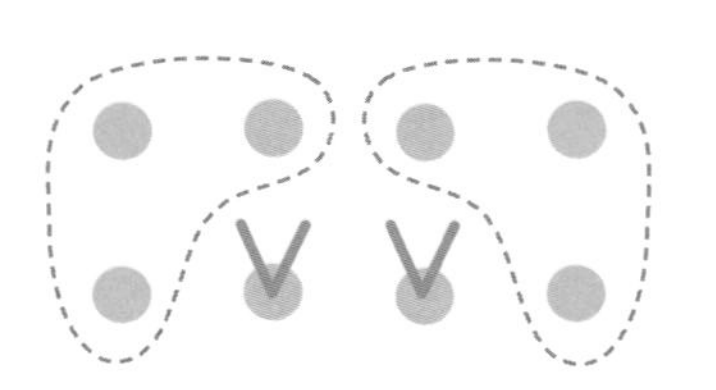

2 $9 \div 4$

3 $5 \div 2$

▶ 정답 및 해설 20쪽

3118

나누고 남는 것을 나머지라고 해!

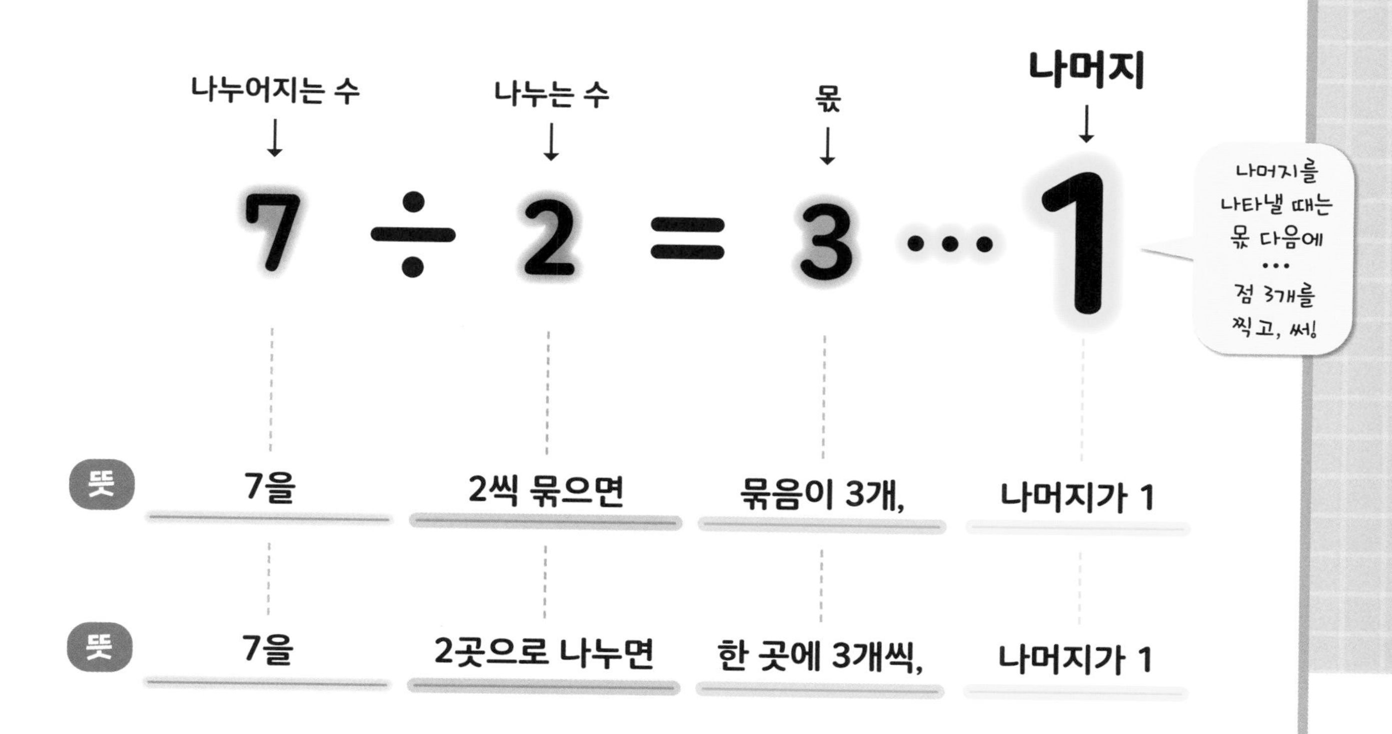
나누어지는 수
나누는 수
몫
나머지
7 ÷ 2 = 3 ··· 1
나머지를 나타낼 때는 몫 다음에 ··· 점 3개를 찍고, 써!
뜻 7을 2씩 묶으면 묶음이 3개, 나머지가 1
뜻 7을 2곳으로 나누면 한 곳에 3개씩, 나머지가 1

개념 익히기 2

나눗셈식을 보고 몫과 나머지를 쓰세요.

1

$27 \div 6 = 4 \cdots 3$ 몫 : 4 나머지 : 3

2

$16 \div 5 = 3 \cdots 1$ 몫 : ☐ 나머지 : ☐

3

$21 \div 8 = 2 \cdots 5$ 몫 : ☐ 나머지 : ☐

개념 다지기 1

나눗셈식의 일부가 지워졌습니다. 그림을 보고 나눗셈식을 완성하세요.

1

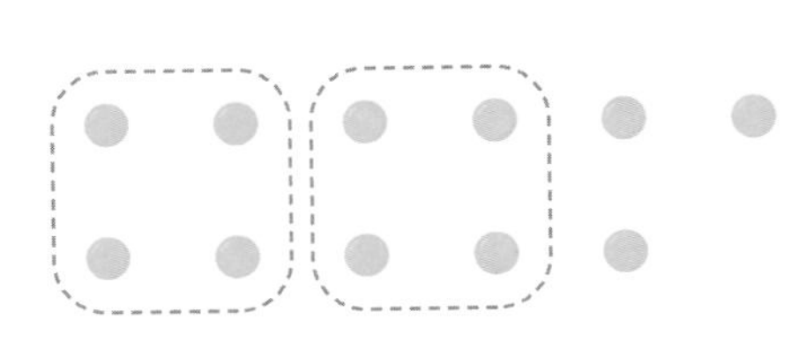

➡ $11 \div 4 = 2 \cdots 3$

2

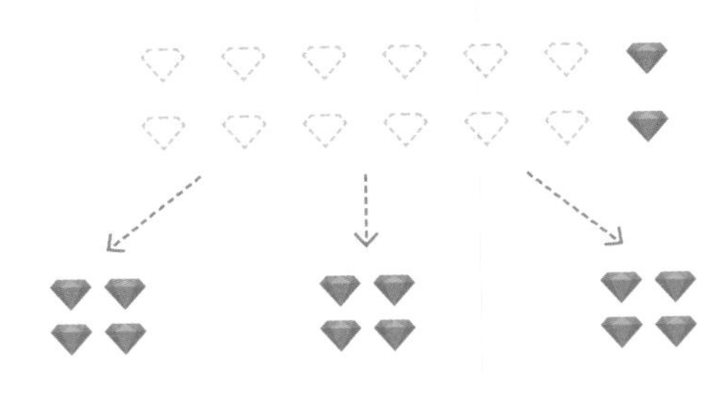

➡ $14 \div 3 = 4$

3

➡ $10 \div 3 =$

4

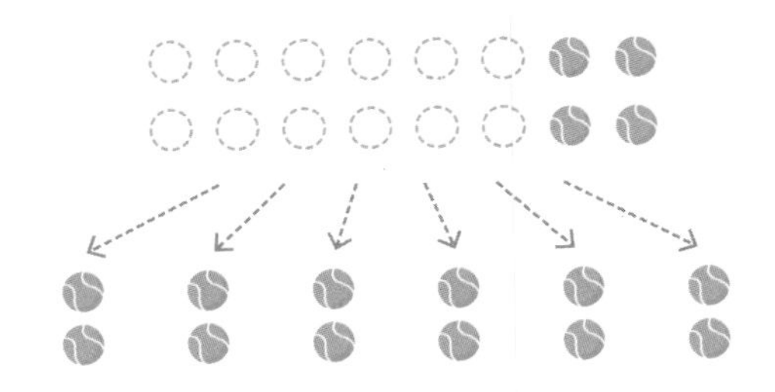

➡ $16 \div 6 =$

5

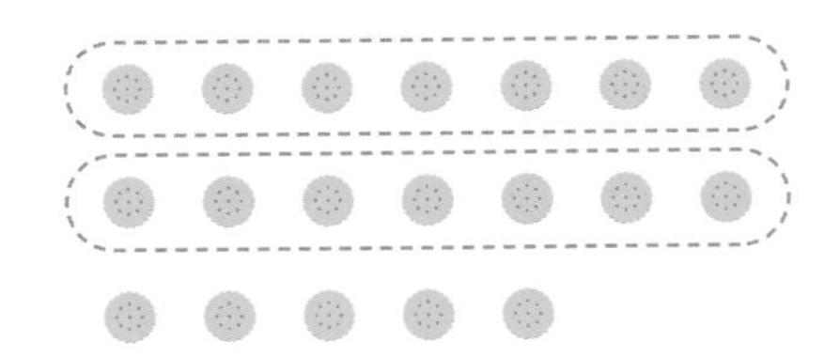

➡ $19 \div 7 =$

6

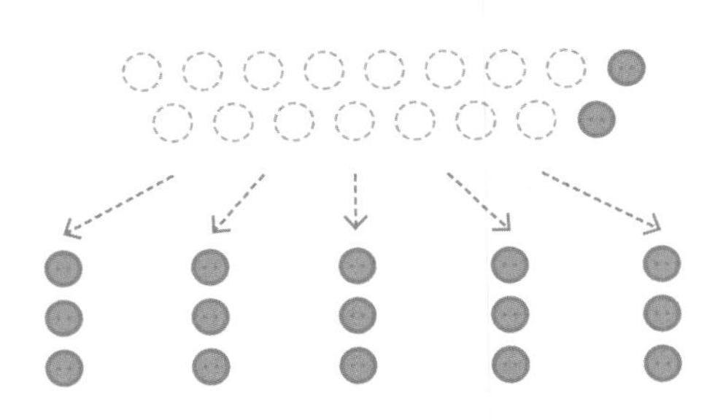

➡ $17 \div 5 =$

▶ 정답 및 해설 21쪽

개념 다지기 2

그림을 알맞게 묶고, 몫과 나머지를 쓰세요.

1 $18 \div 4$

몫 : 4

나머지 : 2

2 $13 \div 2$

몫 : ______

나머지 : ______

3 $20 \div 3$

몫 : ______

나머지 : ______

4 $15 \div 6$

몫 : ______

나머지 : ______

5 $23 \div 5$

몫 : ______

나머지 : ______

6 $25 \div 7$

몫 : ______

나머지 : ______

개념 마무리 1

관계있는 것끼리 선으로 연결하고, 빈칸을 알맞게 채우세요.

1

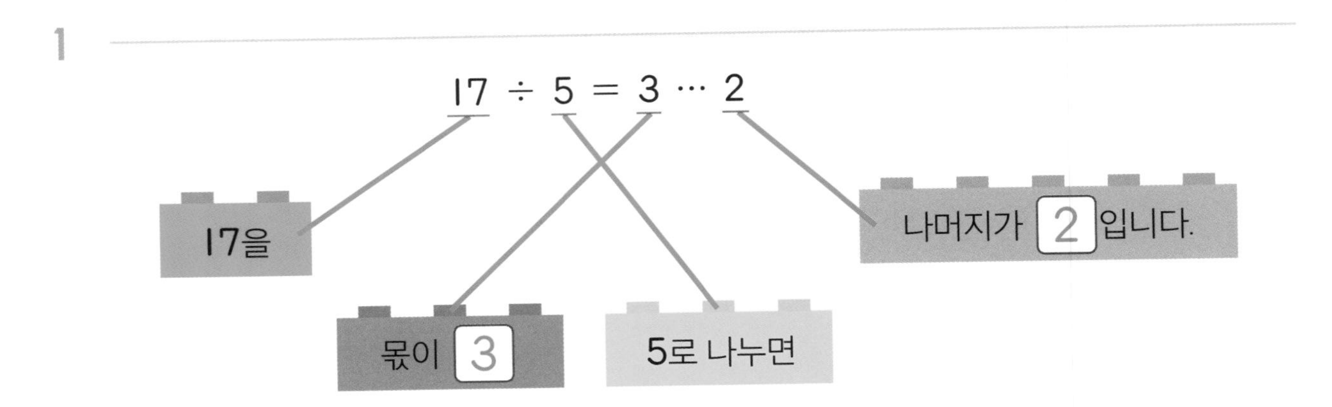

2

19 ÷ 4 = 4 ⋯ 3

몫이 ☐

4로 나누면

19를

나머지가 ☐ 입니다.

3

21 ÷ 8 = 2 ⋯ 5

21을

몫이 ☐

나머지가 ☐ 입니다.

8로 나누면

4

26 ÷ 6 = 4 ⋯ 2

6으로 나누면

몫이 ☐

26을

나머지가 ☐ 입니다.

▶ 정답 및 해설 21쪽

개념 마무리 2

문장에 알맞은 나눗셈식을 쓰세요.

1

50을 7로 나누면 몫이 7이고, 나머지가 1입니다.

➡ $50 \div 7 = 7 \cdots 1$

2

34를 5로 나누면 몫이 6이고, 나머지가 4입니다.

3

46을 8로 나누면 몫이 5이고, 나머지가 6입니다.

4

39를 4로 나누면 몫이 9이고, 나머지가 3입니다.

5

53을 6으로 나누면 몫이 8이고, 나머지가 5입니다.

6

64를 9로 나누면 몫이 7이고, 나머지가 1입니다.

2 나머지가 없는 나눗셈

나머지가 없는 나눗셈 과 **나머지가 있는 나눗셈** 을 비교해 보자~

$7 \div 3 = 2 \cdots 1$

곱셈식으로
바꿀 수 있지요~
3×2=6

3단을 외워서
7이 안 나오니까
곱셈식으로 못 바꿔!

그러니까
나머지가 있는
나눗셈!

개념 익히기 1

나눗셈식에 선을 그리고, 곱셈식으로 쓸 수 있는 것에 ○표, 아닌 것에 ×표 하세요.

1

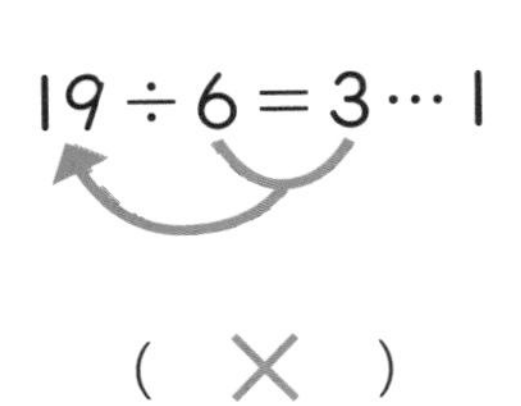

(×)

2

$10 \div 5 = 2$

( )

3

$33 \div 7 = 4 \cdots 5$

( )

▶ 정답 및 해설 22쪽

$6 \div 3 = 2$ ← 나머지가 없는 나눗셈은,

$6 \div 3 = 2 \cdots 0$ ← 나머지가 0인 나눗셈과 같지!

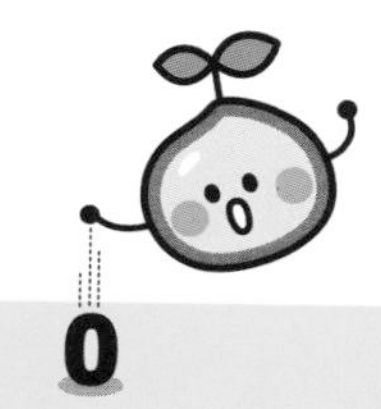

나머지가 0일 때

"나누어떨어진다"라고 해~

개념 익히기 2

나눗셈식을 보고 알맞은 말에 V표 하세요.

1

$19 \div 6 = 3 \cdots 1$

- 나누어떨어집니다. ☐
- 나누어떨어지지 않습니다. ☑

2

$10 \div 5 = 2$

- 나누어떨어집니다. ☐
- 나누어떨어지지 않습니다. ☐

3

$33 \div 7 = 4 \cdots 5$

- 나누어떨어집니다. ☐
- 나누어떨어지지 않습니다. ☐

개념 다지기 1

그림을 보고 나눗셈식을 완성한 후, 알맞은 말에 ○표 하세요.

1

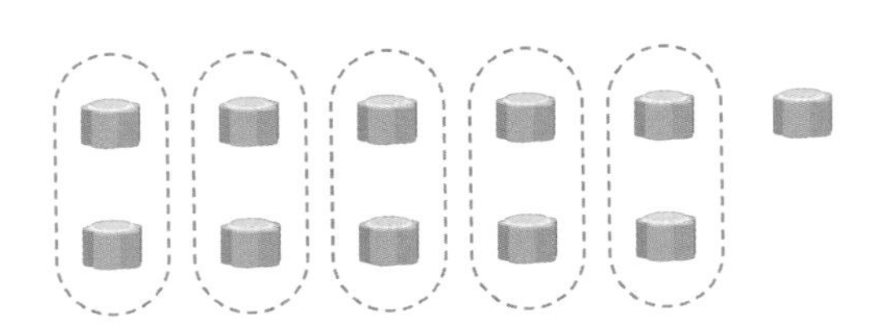

$11 \div 2 =$ 5 ⋯ 1

나누어떨어집니다. (   )
나누어떨어지지 않습니다. (○)

2

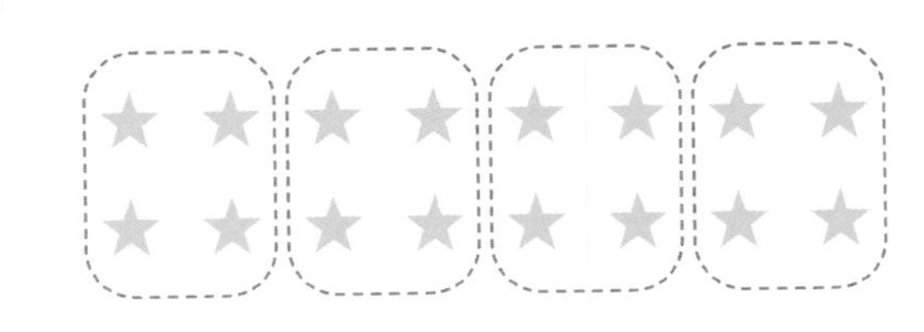

$16 \div 4 =$ ______

나누어떨어집니다. (   )
나누어떨어지지 않습니다. (   )

3

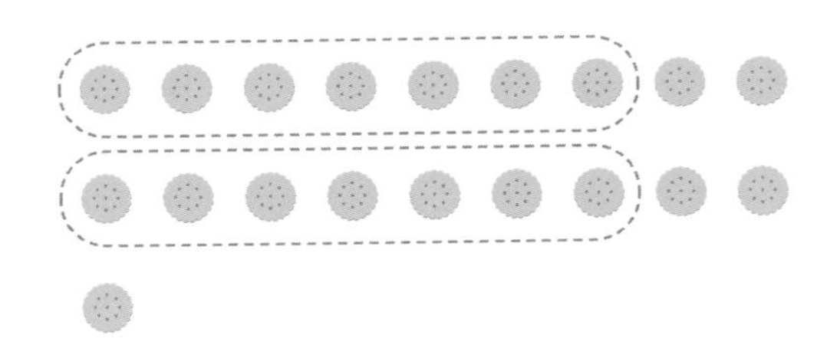

$19 \div 7 =$ ______

나누어떨어집니다. (   )
나누어떨어지지 않습니다. (   )

4

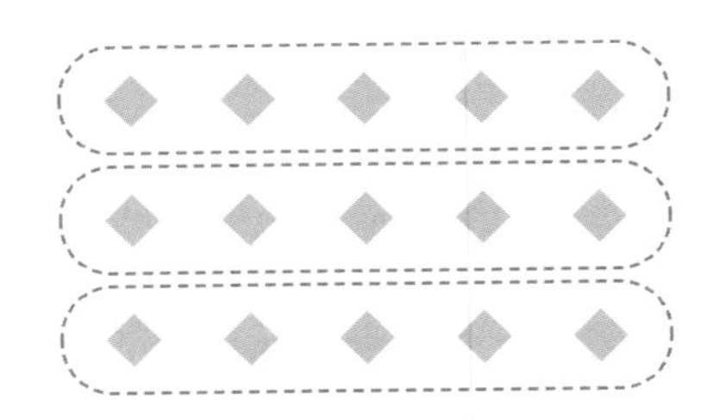

$15 \div 5 =$ ______

나누어떨어집니다. (   )
나누어떨어지지 않습니다. (   )

5

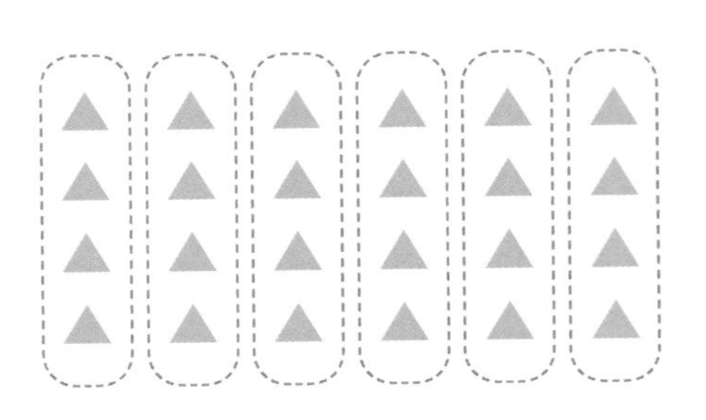

$24 \div 4 =$ ______

나누어떨어집니다. (   )
나누어떨어지지 않습니다. (   )

6

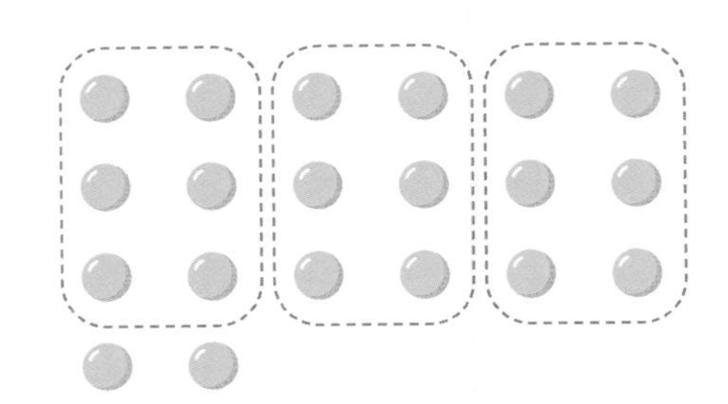

$20 \div 6 =$ ______

나누어떨어집니다. (   )
나누어떨어지지 않습니다. (   )

▶ 정답 및 해설 22쪽

개념 다지기 2

나누어떨어지는 나눗셈식에 모두 ○표 하고, 몇 개인지 쓰세요.

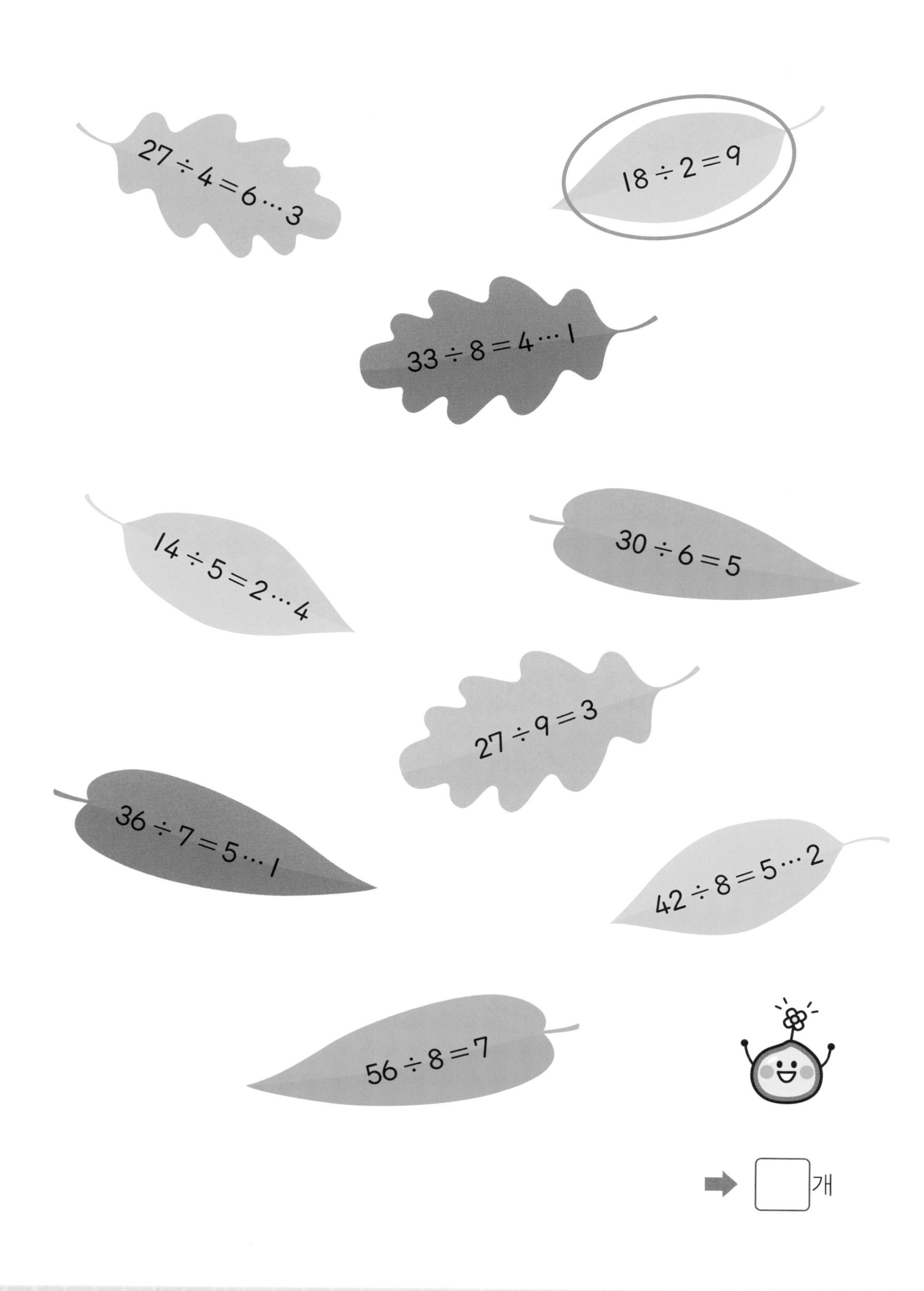

➡ □개

▶ 개념 마무리 1

나눗셈식을 보고 알맞은 말에 V표 하세요.

1

$70 \div 8$

- 나누어떨어집니다. ☐
- 나누어떨어지지 않습니다. ☑

2

$54 \div 9$

- 나누어떨어집니다. ☐
- 나누어떨어지지 않습니다. ☐

3

$34 \div 4$

- 나누어떨어집니다. ☐
- 나누어떨어지지 않습니다. ☐

4

$63 \div 7$

- 나누어떨어집니다. ☐
- 나누어떨어지지 않습니다. ☐

5

$40 \div 6$

- 나누어떨어집니다. ☐
- 나누어떨어지지 않습니다. ☐

6

$59 \div 8$

- 나누어떨어집니다. ☐
- 나누어떨어지지 않습니다. ☐

▶ 정답 및 해설 23쪽

개념 마무리 2

주어진 나눗셈식에 대한 설명으로 옳은 것에 ○표, 틀린 것에 ×표 하세요.

1

$17 \div 5 = 3 \cdots 2$

- 나머지는 3입니다. (×)
- 나누어떨어지지 않습니다. (○)
- 곱셈식으로 바꿀 수 있습니다. (×)

2

$22 \div 8 = 2 \cdots 6$

- 나머지는 6입니다. (　　)
- 나누어떨어집니다. (　　)
- 곱셈식으로 바꿀 수 있습니다. (　　)

3

$35 \div 7 = 5$

- 몫은 7입니다. (　　)
- 나머지는 5입니다. (　　)
- 나머지가 없는 나눗셈입니다. (　　)

4

$29 \div 6 = 4 \cdots 5$

- 나누는 수는 4입니다. (　　)
- 나머지는 0입니다. (　　)
- 곱셈식으로 바꿀 수 없습니다. (　　)

5

$57 \div 9 = 6 \cdots 3$

- 나머지가 없는 나눗셈입니다. (　　)
- 나누어떨어지지 않습니다. (　　)
- 곱셈식으로 바꿀 수 있습니다. (　　)

6

$72 \div 8 = 9$

- 나누어지는 수는 8입니다. (　　)
- 나머지가 있는 나눗셈입니다. (　　)
- 나머지는 0입니다. (　　)

3 나머지의 조건

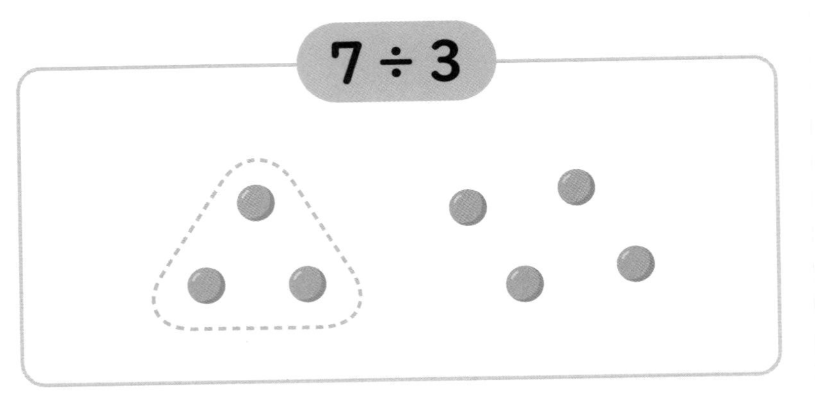

$7 \div 3 = 1 \cdots 4$

3으로 나누면?

나머지는 3보다 작아야 해!

3으로 더 묶을 수 있으니까~

개념 익히기 1

나머지가 잘못된 것에 ×표 하세요.

1

$7 \div 3 = 1 \cdots 4$ (×)

$7 \div 3 = 2 \cdots 1$ (   )

2

$10 \div 4 = 2 \cdots 2$ (   )

$10 \div 4 = 1 \cdots 6$ (   )

3

$15 \div 6 = 1 \cdots 9$ (   )

$15 \div 6 = 2 \cdots 3$ (   )

▶ 정답 및 해설 23쪽

$5 \div 2 = 1 \cdots 3$

$5 \div 2 = 2 \cdots 1$

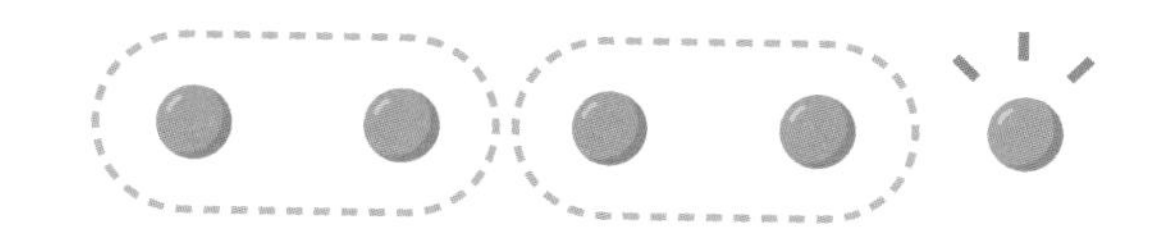

△ ÷ □ = ☆ … ○

(나누는 수) > (나머지)

개념 익히기 2

나눗셈의 나머지가 될 수 있는 수에 ○표 하세요.

1

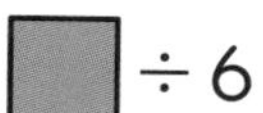 ÷ 6

(5) 7 9

2

 ÷ 4

2 4 5

3

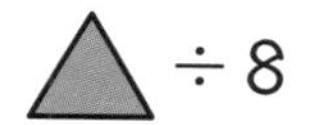 ÷ 8

6 8 9

개념 다지기 1

그림을 알맞게 더 묶거나 나누고, 나눗셈식을 바르게 고치세요.

1

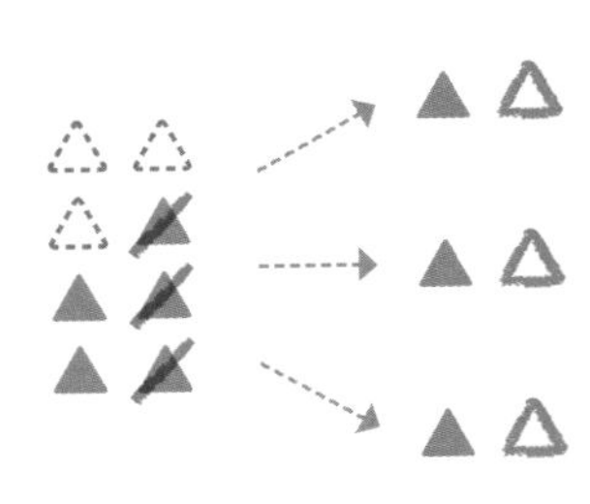

$8 \div 3 = 1 \cdots 5$

➡ $8 \div 3 = 2 \cdots 2$

2

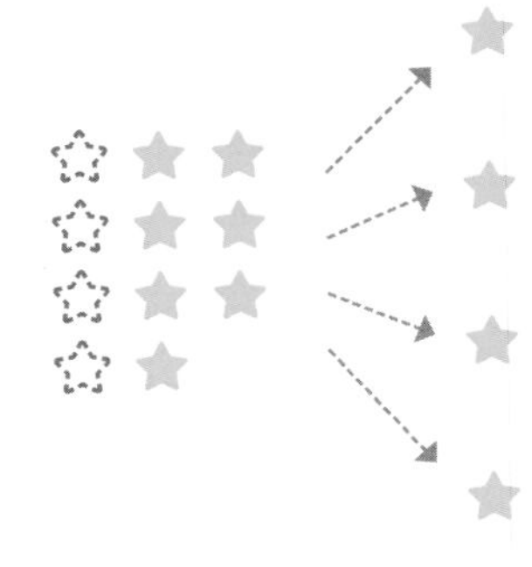

$11 \div 4 = 1 \cdots 7$

➡ ______________________

3

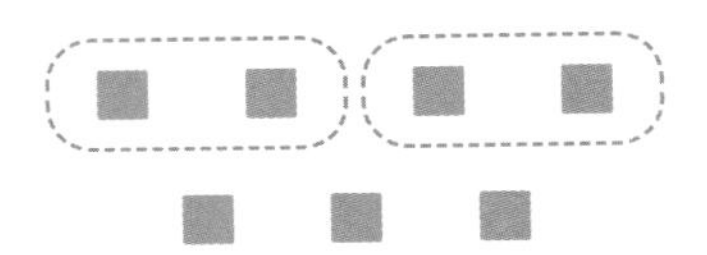

$7 \div 2 = 2 \cdots 3$

➡ ______________________

4

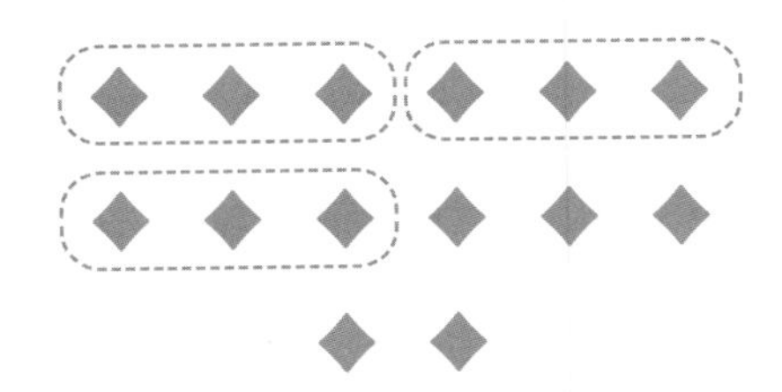

$14 \div 3 = 3 \cdots 5$

➡ ______________________

5

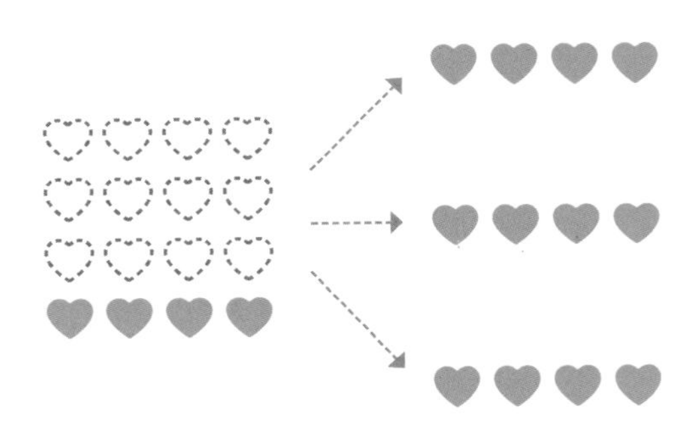

$16 \div 3 = 4 \cdots 4$

➡ ______________________

6

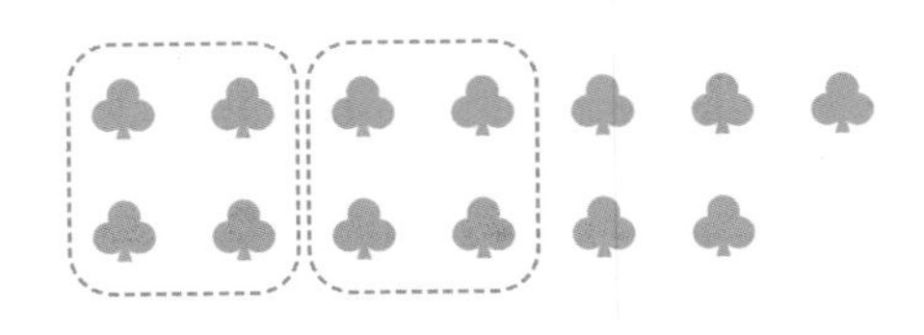

$13 \div 4 = 2 \cdots 5$

➡ ______________________

▶ 정답 및 해설 24쪽

개념 다지기 2

나머지가 잘못된 나눗셈식에 V표 하세요.

1

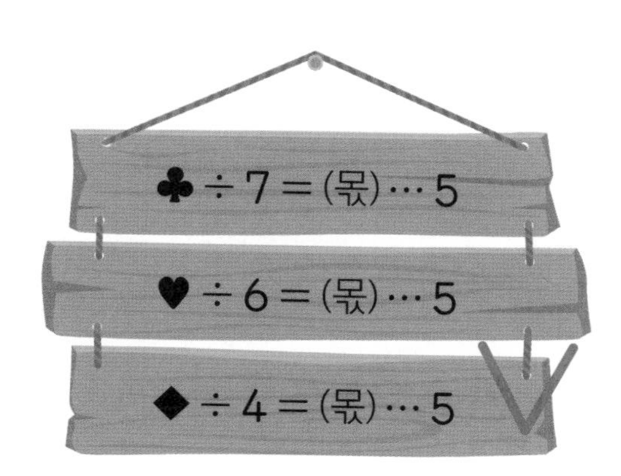

2

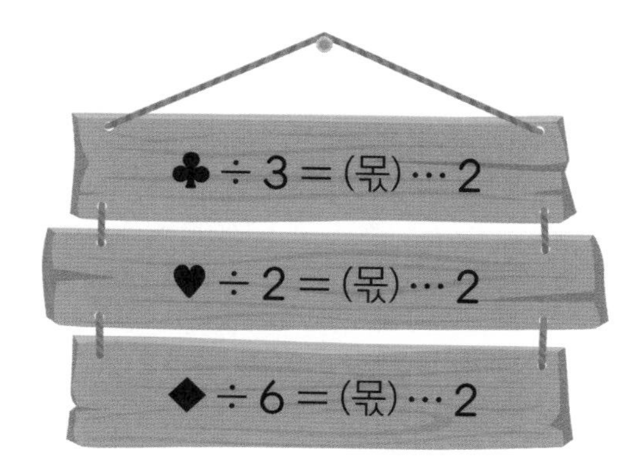

3

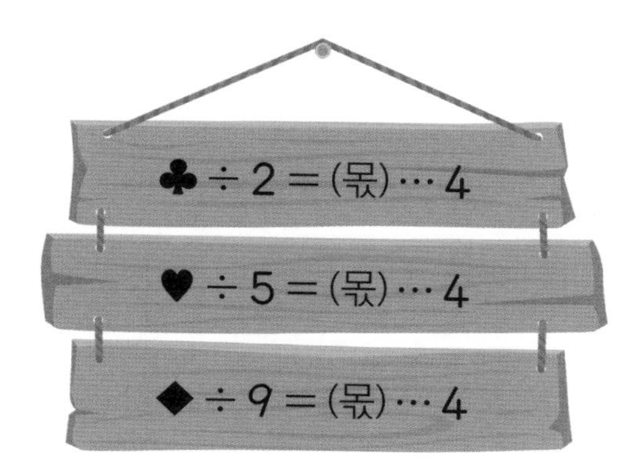

4

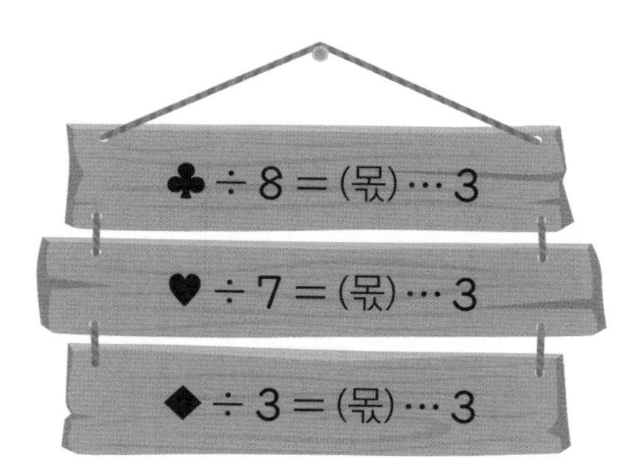

5

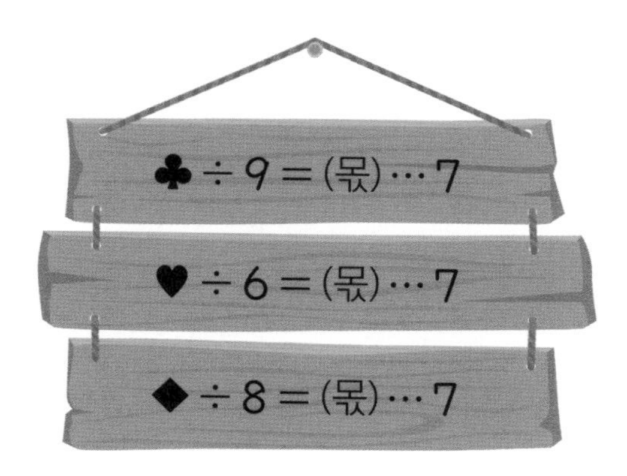

6

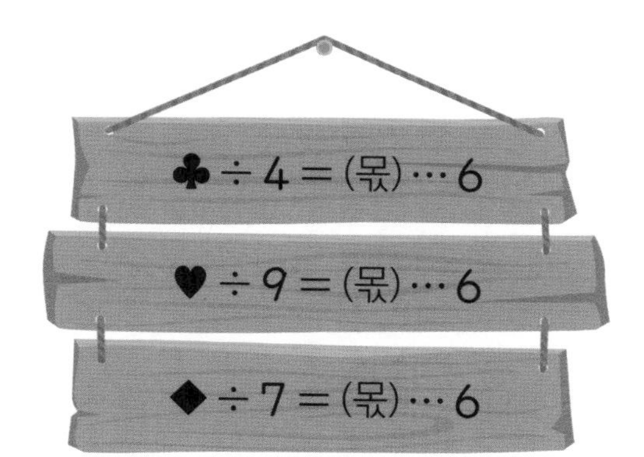

개념 마무리 1

나눗셈의 나머지가 될 수 있는 수를 모두 쓰고, 그중 가장 큰 수에 ○표 하세요.

1

★ ÷ 8 나머지가 될 수 있는 수 : 0, 1, 2, 3, 4, 5, 6, (7)

2

♥ ÷ 5 나머지가 될 수 있는 수 : ____________

3

▲ ÷ 7 나머지가 될 수 있는 수 : ____________

4

● ÷ 4 나머지가 될 수 있는 수 : ____________

5

♣ ÷ 6 나머지가 될 수 있는 수 : ____________

6

◆ ÷ 9 나머지가 될 수 있는 수 : ____________

▶ 정답 및 해설 24쪽

개념 마무리 2

계산이 잘못된 이유를 설명하려고 합니다. 빈칸을 알맞게 채우세요.

1

$32 \div 6 = 4 \cdots 8$

이유 나머지 [8]이 나누는 수 [6]보다 크기 때문입니다.

2

$19 \div 4 = 3 \cdots 7$

이유 나머지 [ ]이 나누는 수 [ ]보다 크기 때문입니다.

3

$51 \div 7 = 6 \cdots 9$

이유 [ ] 9가 [ ] 7보다 크기 때문입니다.

4

$27 \div 3 = 7 \cdots 6$

이유 [ ] 6이 [ ] 3보다 크기 때문입니다.

5

$45 \div 5 = 8 \cdots 5$

이유 나머지 [ ]가 나누는 수 [ ]와 같기 때문입니다.

6

$81 \div 9 = 8 \cdots 9$

이유 [ ] 9가 [ ] 9와 같기 때문입니다.

4 몫과 나머지 찾기

몫과 나머지는 어떻게 찾을까?

$7 \div 3 = ?$

7을 3씩 묶으면 몇 묶음?

몫을 찾을 때 기억해!

중요 1 $7 \div 3 = ?$

➡ 7 안에 3이 들어가는 횟수가 몫!

중요 2 $7 \div 3 = ?$

➡ 몫을 찾기 위해 필요한 곱셈구구는 **3단!**

개념 익히기 1

나눗셈을 계산하기 위해 필요한 곱셈구구는 몇 단인지 쓰세요.

1

$16 \div 5$ ➡ 필요한 곱셈구구는 [5]단

2

$19 \div 4$ ➡ 필요한 곱셈구구는 [ ]단

3

$21 \div 8$ ➡ 필요한 곱셈구구는 [ ]단

▶ 정답 및 해설 25쪽

7 ÷ 3 계산하기

1단계 3단을 외워 봐!

$3 \times 1 = 3$

$3 \times 2 = 6$

$3 \times 3 = 9$

2단계 멈춰!

곱해서 나온 수가 전체보다 커지면 멈추기

3단계 곱셈식 찾기

멈춘 곳 바로 위의 곱셈식을 봐~

$3 \times 2 = 6$

몫 (2)

전체에서 이 수를 뺀 것이 나머지! (6)

4단계 나머지 구하기

$7 - 6 = 1$ 나머지 : 1

➡ $7 \div 3 = 2 \cdots 1$

개념 익히기 2

나눗셈을 계산하기 위해 곱셈구구를 생각할 때, 멈춰야 하는 곱셈식에 밑줄을 그으세요.

1 16 ÷ 5

$5 \times 1 = 5$

$5 \times 2 = 10$

$5 \times 3 = 15$

$5 \times 4 = 20$

$5 \times 5 = 25$

$5 \times 6 = 30$

2 19 ÷ 4

$4 \times 1 = 4$

$4 \times 2 = 8$

$4 \times 3 = 12$

$4 \times 4 = 16$

$4 \times 5 = 20$

$4 \times 6 = 24$

3 21 ÷ 8

$8 \times 1 = 8$

$8 \times 2 = 16$

$8 \times 3 = 24$

$8 \times 4 = 32$

$8 \times 5 = 40$

$8 \times 6 = 48$

개념 다지기 1

나눗셈의 몫을 찾을 수 있는 곱셈식에 V표 하고, 몫이 되는 수에 ○표 하세요.

1

$24 \div 7$

$7 \times 1 = 7$ (　)
$7 \times 2 = 14$ (　)
$7 \times 3 = 21$ (V)
$7 \times 4 = 28$ (　)
$7 \times 5 = 35$ (　)
$7 \times 6 = 42$ (　)
$7 \times 7 = 49$ (　)
$7 \times 8 = 56$ (　)
$7 \times 9 = 63$ (　)

2

$36 \div 8$

$8 \times 1 = 8$ (　)
$8 \times 2 = 16$ (　)
$8 \times 3 = 24$ (　)
$8 \times 4 = 32$ (　)
$8 \times 5 = 40$ (　)
$8 \times 6 = 48$ (　)
$8 \times 7 = 56$ (　)
$8 \times 8 = 64$ (　)
$8 \times 9 = 72$ (　)

3

$50 \div 6$

$6 \times 1 = 6$ (　)
$6 \times 2 = 12$ (　)
$6 \times 3 = 18$ (　)
$6 \times 4 = 24$ (　)
$6 \times 5 = 30$ (　)
$6 \times 6 = 36$ (　)
$6 \times 7 = 42$ (　)
$6 \times 8 = 48$ (　)
$6 \times 9 = 54$ (　)

4

$29 \div 4$

$4 \times 1 = 4$ (　)
$4 \times 2 = 8$ (　)
$4 \times 3 = 12$ (　)
$4 \times 4 = 16$ (　)
$4 \times 5 = 20$ (　)
$4 \times 6 = 24$ (　)
$4 \times 7 = 28$ (　)
$4 \times 8 = 32$ (　)
$4 \times 9 = 36$ (　)

5

$43 \div 5$

$5 \times 1 = 5$ (　)
$5 \times 2 = 10$ (　)
$5 \times 3 = 15$ (　)
$5 \times 4 = 20$ (　)
$5 \times 5 = 25$ (　)
$5 \times 6 = 30$ (　)
$5 \times 7 = 35$ (　)
$5 \times 8 = 40$ (　)
$5 \times 9 = 45$ (　)

6

$67 \div 9$

$9 \times 1 = 9$ (　)
$9 \times 2 = 18$ (　)
$9 \times 3 = 27$ (　)
$9 \times 4 = 36$ (　)
$9 \times 5 = 45$ (　)
$9 \times 6 = 54$ (　)
$9 \times 7 = 63$ (　)
$9 \times 8 = 72$ (　)
$9 \times 9 = 81$ (　)

▶ 정답 및 해설 25쪽

개념 다지기 2

곱셈식을 이용하여 나눗셈의 몫과 나머지를 구하세요.

1

$32 \div 6$

- 필요한 곱셈식 : $6 \times 5 = 30$
- 몫 : 5
- 나머지 : $32 - 30 = 2$

➡ $32 \div 6 = \square \cdots \square$

2

$57 \div 9$

- 필요한 곱셈식 : $9 \times 6 = 54$
- 몫 : $\square$
- 나머지 : $57 - \square = \square$

➡ $57 \div 9 = \square \cdots \square$

3

$29 \div 4$

- 필요한 곱셈식 : $4 \times 7 = 28$
- 몫 : $\square$
- 나머지 : $29 - \square = \square$

➡ $29 \div 4 = \square \cdots \square$

4

$61 \div 7$

- 필요한 곱셈식 : $7 \times 8 = 56$
- 몫 : $\square$
- 나머지 : $61 - \square = \square$

➡ $61 \div 7 = \square \cdots \square$

5

$38 \div 5$

- 필요한 곱셈식 : $5 \times 7 = 35$
- 몫 : $\square$
- 나머지 : $38 - \square = \square$

➡ $38 \div 5 = \square \cdots \square$

6

$58 \div 8$

- 필요한 곱셈식 : $8 \times 7 = 56$
- 몫 : $\square$
- 나머지 : $58 - \square = \square$

➡ $58 \div 8 = \square \cdots \square$

개념 마무리 1

나눗셈을 계산하기 위한 곱셈식을 완성하고, 나눗셈식을 계산하세요.

1

$20 \div 3 =$ 6 ⋯ 2

3×1
3×2
3×3
3×4
3×5
$3 \times 6 = 18$
3×7
3×8
3×9

2

$37 \div 5 =$ ______

5×1
5×2
5×3
5×4
5×5
5×6
5×7
5×8
5×9

3

$49 \div 8 =$ ______

8×1
8×2
8×3
8×4
8×5
8×6
8×7
8×8
8×9

4

$28 \div 6 =$ ______

6×1
6×2
6×3
6×4
6×5
6×6
6×7
6×8
6×9

5

$52 \div 7 =$ ______

7×1
7×2
7×3
7×4
7×5
7×6
7×7
7×8
7×9

6

$70 \div 9 =$ ______

9×1
9×2
9×3
9×4
9×5
9×6
9×7
9×8
9×9

▶ 정답 및 해설 26쪽

개념 마무리 2

계산해 보세요.

1

$31 \div 7 = 4 \cdots 3$

2

$23 \div 3 =$

3

$40 \div 6 =$

4

$48 \div 7 =$

5

$71 \div 8 =$

6

$75 \div 9 =$

5 나눗셈 확인하기

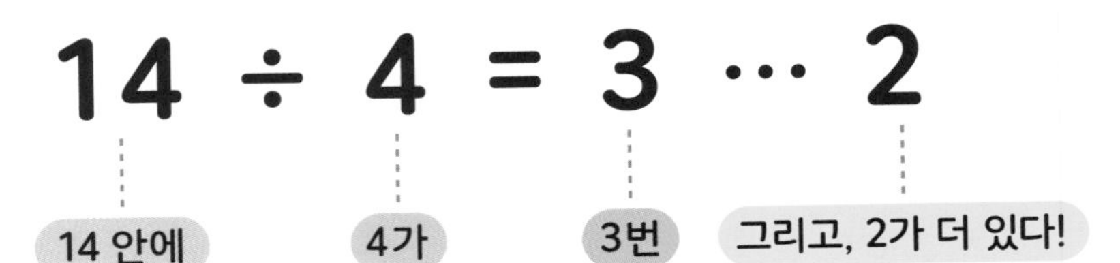

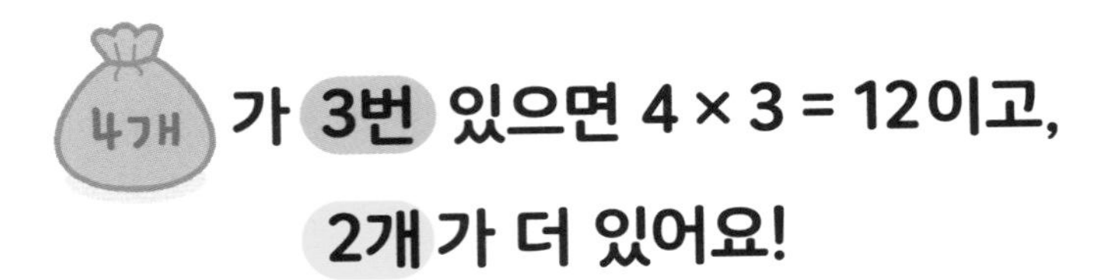

4개
가 3번 있으면 4 × 3 = 12이고,
2개가 더 있어요!

개념 익히기 1

빈칸을 알맞게 채우세요.

1

25 ÷ 7 = 3 ··· 4 ➡ [25] 안에 7이 [3]번 있고, [4]가 더 있습니다.

2

16 ÷ 3 = 5 ··· 1 ➡ [ ] 안에 3이 [ ]번 있고, [ ]이 더 있습니다.

3

39 ÷ 6 = 6 ··· 3 ➡ [ ] 안에 6이 [ ]번 있고, [ ]이 더 있습니다.

3123

▶ 정답 및 해설 26쪽

$14 \div 4 = 3 \cdots 2$ **의미** → 14를 4씩 묶으면 3번 묶이고, 2가 남아요.

↓

4가 3번 있고, 2가 더 있으면 14예요. **식으로** →

나눗셈을 확인하는 방법

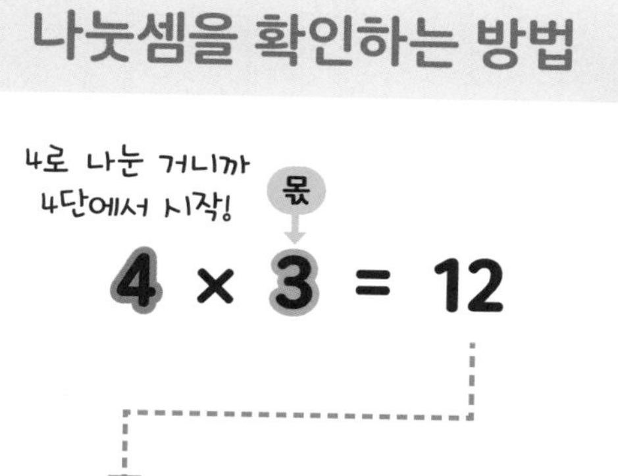
4로 나눈 거니까
4단에서 시작!
몫
4 × 3 = 12
12 + 2 = 14
나머지
전체

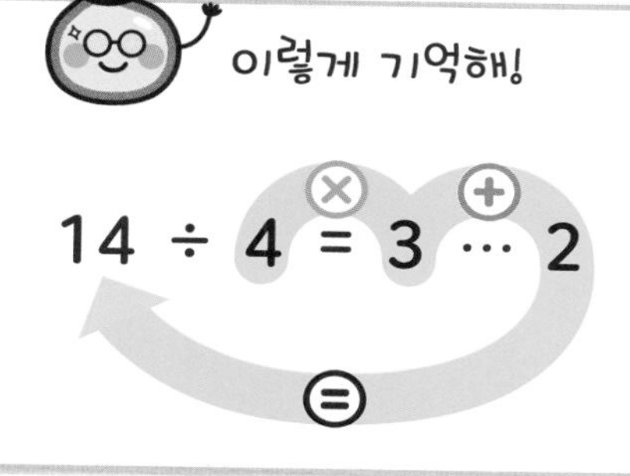
이렇게 기억해!
14 ÷ 4 = 3 ··· 2

개념 익히기 2

나눗셈을 확인하는 방법입니다. 빈칸을 알맞게 채우세요.

1

$17 \div 5 = 3 \cdots 2$

$5 \times 3 = 15$

15 $+ 2 = 17$

2

$24 \div 9 = 2 \cdots 6$

$9 \times 2 = 18$

☐ $+ 6 = 24$

3

$38 \div 7 = 5 \cdots 3$

$7 \times 5 = 35$

☐ $+ 3 = 38$

개념 다지기 1

나눗셈을 확인하는 방법입니다. 선을 따라 그리고, 빈칸을 알맞게 채우세요.

1

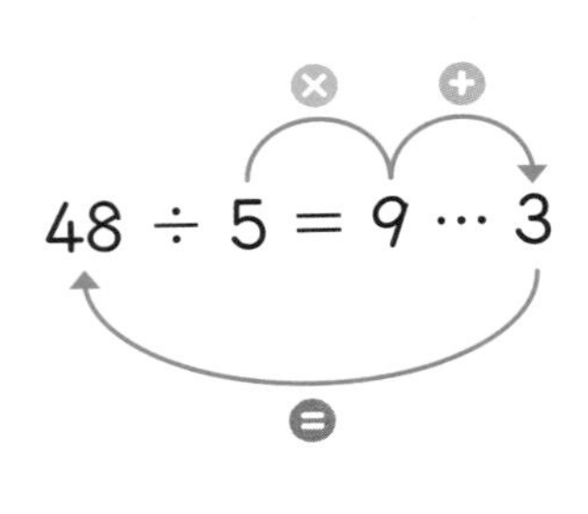

확인 $\boxed{5} \times \boxed{9} = 45$,

$\boxed{45} + 3 = \boxed{48}$

2

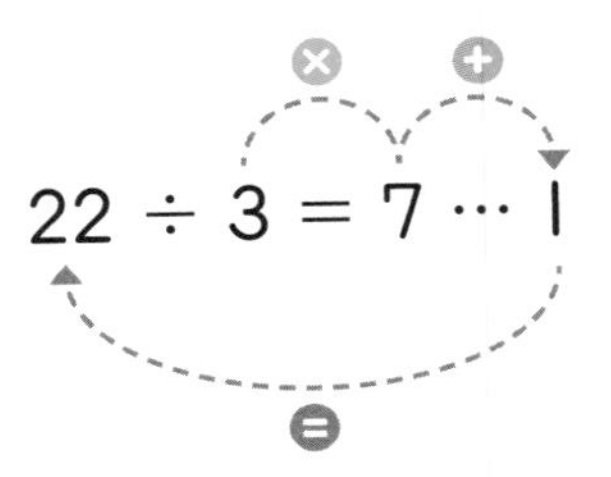

확인 $3 \times \square = \square$,

$\square + 1 = \square$

3

$50 \div 6 = 8 \cdots 2$

확인 $6 \times \square = \square$,

$\square + 2 = \square$

4

$34 \div 7 = 4 \cdots 6$

확인

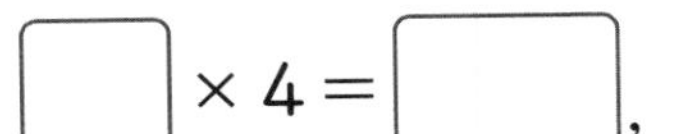

$\square + 6 = \square$

5

$19 \div 4 = 4 \cdots 3$

확인 $\square \times 4 = \square$,

$\square + \square = \square$

6

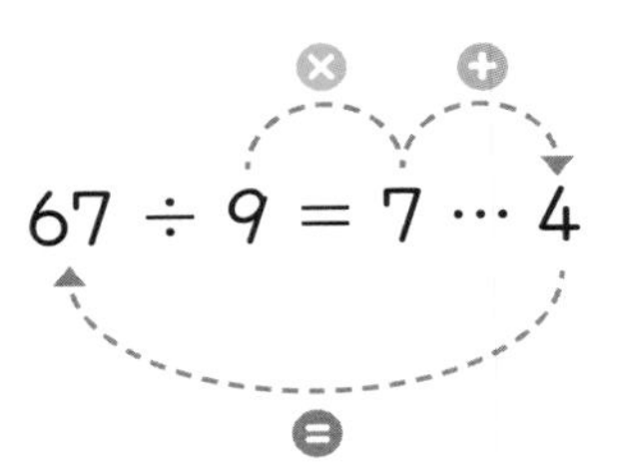

확인 $9 \times \square = \square$,

$\square + \square = \square$

▶ 정답 및 해설 27쪽

개념 다지기 2

나눗셈식과 확인하는 식을 알맞게 쓰세요.

1

39를 5씩 묶으면 7묶음이고, 4가 남습니다.

나눗셈식 $39 \div 5 = 7 \cdots 4$ 확인 $5 \times 7 = 35$, $35 + 4 = 39$

2

41을 6씩 묶으면 6묶음이고, 5가 남습니다.

나눗셈식 ______ 확인 ______

3

58을 7씩 묶으면 8묶음이고, 2가 남습니다.

나눗셈식 ______ 확인 ______

4

37을 4씩 묶으면 9묶음이고, 1이 남습니다.

나눗셈식 ______ 확인 ______

5

54를 8씩 묶으면 6묶음이고, 6이 남습니다.

나눗셈식 ______ 확인 ______

6

79를 9씩 묶으면 8묶음이고, 7이 남습니다.

나눗셈식 ______ 확인 ______

개념 마무리 1

알맞은 식을 세워 계산하고, 문장을 완성하세요.

1

문구점에서 연필 28자루를 5자루씩 묶어서 팔려고 합니다. 팔 수 있는 연필은 몇 묶음이고, 남는 연필은 몇 자루인지 구하세요.

나눗셈식 $28 \div 5 = 5 \cdots 3$ 　 확인 $5 \times 5 = 25,\ 25 + 3 = 28$

➡ 답 [5] 묶음 팔 수 있고, [3] 자루 남습니다.

2

사탕 37개를 8명에게 똑같이 나누어 주려고 합니다. 한 명에게 사탕을 몇 개씩 줄 수 있고, 남는 사탕은 몇 개인지 구하세요.

나눗셈식 ______ 　 확인 ______

➡ 답 한 명에게 [ ] 개씩 줄 수 있고, 남는 사탕은 [ ] 개입니다.

3

학생 51명이 한 줄에 6명씩 줄을 맞춰 서려고 합니다. 모두 몇 줄이 만들어지고, 몇 명이 남는지 구하세요.

나눗셈식 ______ 　 확인 ______

➡ 답 [ ] 줄이 만들어지고, [ ] 명이 남습니다.

4

색종이 68장을 한 사람에게 9장씩 나누어 주려고 합니다. 몇 명에게 줄 수 있고, 남는 색종이는 몇 장인지 구하세요.

나눗셈식 ______ 　 확인 ______

➡ 답 [ ] 명에게 줄 수 있고, [ ] 장이 남습니다.

▶ 정답 및 해설 27쪽

3124

개념 마무리 2

수학책에 물감이 떨어졌어요. 물감으로 가려진 곳의 수를 쓰세요.

1

39 ÷ 5 = 7 ⋯ 4

2

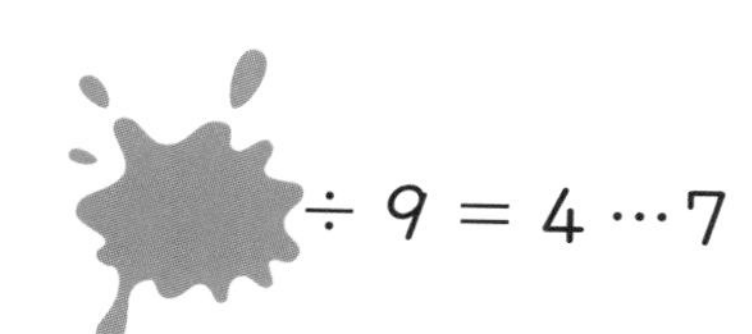
÷ 9 = 4 ⋯ 7

3

÷ 8 = 6 ⋯ 7

4

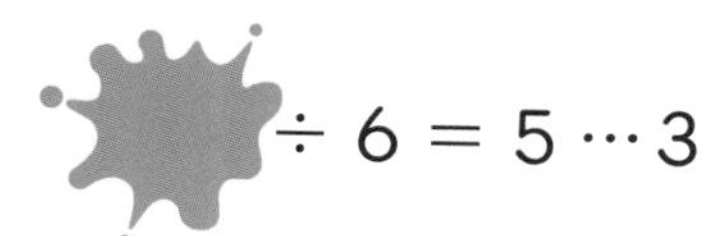
÷ 6 = 5 ⋯ 3

5

÷ 6 = 9 ⋯ 4

6

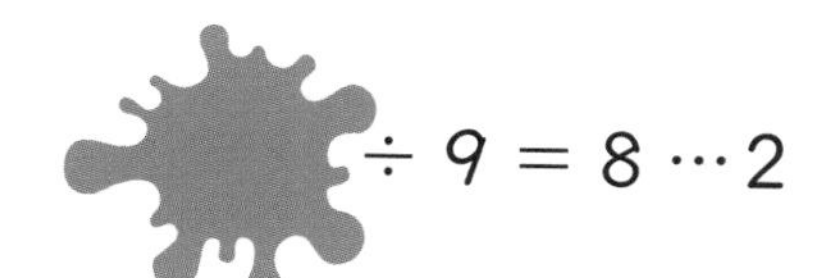
÷ 9 = 8 ⋯ 2

6 응용 문제

유형① 잘못 계산한 문제

응용 문제도
같이 해보자!

문제

어떤 수를 5로 나누어야 할 것을 잘못하여 6으로 나누었더니 몫이 3이 되고, 나누어떨어졌습니다. 바르게 계산했을 때의 몫과 나머지를 구하세요.

1단계 | 어떤 수를 □로 두기

2단계 | 잘못 계산한 식으로 □값 찾기

➡ □ ÷ 6 = 3

□ = 18

3단계 | 바르게 계산하기

➡ 18 ÷ 5 = 3 ⋯ 3

답 몫 : 3, 나머지 : 3

개념 익히기 1

어떤 수를 □로 나타내어, 주어진 문장을 식으로 쓰세요.

1

어떤 수에 7을 더했더니 11이 되었습니다.

➡ □ + 7 = 11

2

어떤 수를 5로 나누었더니 몫이 9입니다.

➡

3

어떤 수를 3으로 나누었더니 몫이 8이고, 나머지가 2입니다.

➡

▶ 정답 및 해설 28쪽

유형② 전체(나누어지는 수) 찾기

문제

□ ÷ 5 = 7 ⋯ △

나눗셈의 나머지를 모를 때, □ 안에 들어갈 수 있는 수 중에서 가장 큰 수를 구하세요.

1단계 나눗셈에 모르는 수가 있으면 **확인하는 식**으로 쓰기

□ ÷ 5 = 7 ⋯ △

→ $5 \times 7 = 35$,

35 + △ = □

2단계 모르는 수 중에서 **알 수 있는 것부터** 찾기

35 + △ = □

5로 나누었을 때의 나머지

→ △ : 0, 1, 2, 3, 4

3단계 **조건**에 맞는 답 찾기

35 + △ = □

가장 큰 수가 되려면, △가 가장 클 때!

△ = 4

→ □ = 39

답 39

개념 익히기 2

나눗셈식을 보고, 확인하는 식을 쓰세요.

1

㉠ ÷ 5 = 8 ⋯ ㉡

→ $5 \times 8 = 40$,

40 + ㉡ = ㉠

2

㉢ ÷ 7 = 3 ⋯ ㉣

→

3

㉤ ÷ 6 = 4 ⋯ ㉥

→

개념 다지기 1

어떤 수를 □로 나타내어, 잘못 계산한 식을 쓰고 어떤 수를 구하세요.

1 어떤 수를 3으로 나누어야 할 것을 잘못하여 4로 나누었더니 몫이 4가 되고, 나누어떨어졌습니다.

잘못 계산한 식 $\square \div 4 = 4$

어떤 수 16

2 어떤 수를 5로 나누어야 할 것을 잘못하여 8로 나누었더니 몫이 3이고, 나머지가 3이 되었습니다.

잘못 계산한 식 ______

어떤 수 ______

3 어떤 수를 6으로 나누어야 할 것을 잘못하여 9로 나누었더니 몫이 2가 되고, 나누어떨어졌습니다.

잘못 계산한 식 ______

어떤 수 ______

4 어떤 수를 7로 나누어야 할 것을 잘못하여 5로 나누었더니 몫이 6이고, 나머지가 1이 되었습니다.

잘못 계산한 식 ______

어떤 수 ______

5 어떤 수를 4로 나누어야 할 것을 잘못하여 3으로 나누었더니 몫이 8이고, 나머지가 2가 되었습니다.

잘못 계산한 식 ______

어떤 수 ______

6 어떤 수를 8로 나누어야 할 것을 잘못하여 7로 나누었더니 몫이 5가 되고, 나누어떨어졌습니다.

잘못 계산한 식 ______

어떤 수 ______

▶ 정답 및 해설 28~29쪽

3127

개념 다지기 2

0부터 9까지의 수 중에서 알맞은 수를 모두 찾아 ○표 하세요.

1

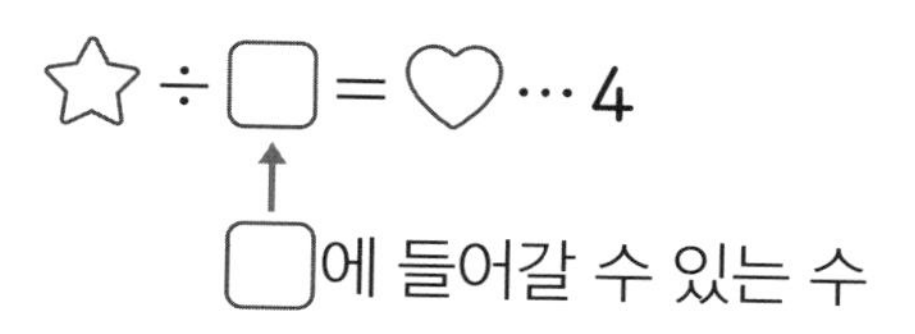

0 1 2 3 4
(5) (6) (7) (8) (9)

2

☆ ÷ 6 = 5 ⋯ △

△에 들어갈 수 있는 수

0 1 2 3 4
5 6 7 8 9

3

☆ ÷ □ = ♡ ⋯ 7

□에 들어갈 수 있는 수

0 1 2 3 4
5 6 7 8 9

4

☆ ÷ 4 = 9 ⋯ △

△에 들어갈 수 있는 수

0 1 2 3 4
5 6 7 8 9

5

☆ ÷ 3 = 8 ⋯ △

△에 들어갈 수 있는 수

0 1 2 3 4
5 6 7 8 9

6

☆ ÷ □ = ♡ ⋯ 5

□에 들어갈 수 있는 수

0 1 2 3 4
5 6 7 8 9

개념 마무리 1

어떤 수를 구하고, 바르게 계산했을 때의 몫과 나머지를 구하세요.

1 어떤 수를 2로 나누어야 할 것을 잘못 하여 5로 나누었더니 몫은 3이 되고, 나누어떨어졌습니다.

1단계 어떤 수를 □로 두기

2단계 잘못 계산한 식으로 □값 찾기

$\square \div 5 = 3$

$\square = 5 \times 3 = 15$

3단계 바르게 계산하기

$15 \div 2 = 7 \cdots 1$

몫 : 7 , 나머지 : 1

2 어떤 수를 4로 나누어야 할 것을 잘못 하여 3으로 나누었더니 몫은 6이 되고, 나누어떨어졌습니다.

1단계 어떤 수를 □로 두기

2단계 잘못 계산한 식으로 □값 찾기

3단계 바르게 계산하기

몫 : , 나머지 :

3 어떤 수를 7로 나누어야 할 것을 잘못 하여 9로 나누었더니 몫이 4이고, 나머지가 5가 되었습니다.

1단계 어떤 수를 □로 두기

2단계 잘못 계산한 식으로 □값 찾기

3단계 바르게 계산하기

몫 : , 나머지 :

4 어떤 수를 6으로 나누어야 할 것을 잘못하여 8로 나누었더니 몫이 5이고, 나머지가 6이 되었습니다.

1단계 어떤 수를 □로 두기

2단계 잘못 계산한 식으로 □값 찾기

3단계 바르게 계산하기

몫 : , 나머지 :

▶ 정답 및 해설 29~30쪽

3129

개념 마무리 2

나눗셈의 나머지를 모를 때, 물음에 답하세요.

1 $\square \div 5 = 3 \cdots \triangle$

들어갈 수 있는 가장 **큰** 수

➡ 19

2 $\square \div 4 = 5 \cdots \triangle$

들어갈 수 있는 가장 **큰** 수

➡

3 $\square \div 7 = 4 \cdots \triangle$

들어갈 수 있는 가장 **작은** 수

➡

4 $\square \div 6 = 6 \cdots \triangle$

들어갈 수 있는 가장 **큰** 수

➡

5 $\square \div 8 = 3 \cdots \triangle$

들어갈 수 있는 가장 **작은** 수

➡

6 $\square \div 9 = 7 \cdots \triangle$

들어갈 수 있는 가장 **큰** 수

➡

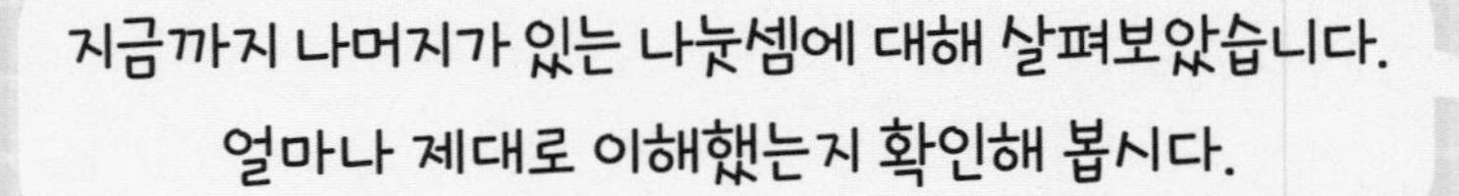

1

그림을 보고 알맞은 나눗셈식을 쓰시오.

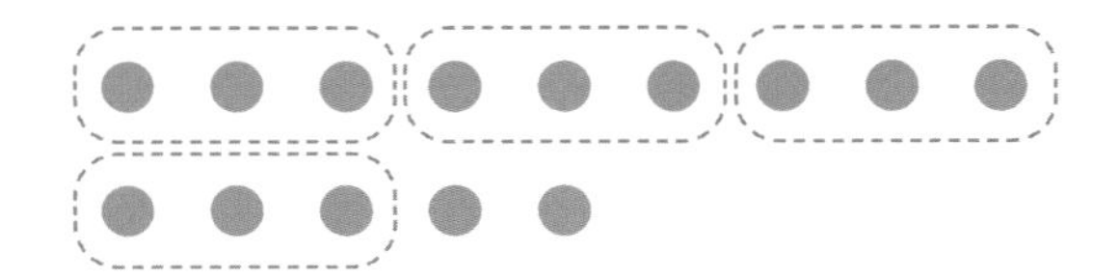

2

나누어떨어지는 나눗셈을 모두 찾아 ○표 하시오.

$11 \div 4$	$26 \div 6$	$42 \div 7$	$32 \div 9$	$25 \div 5$

3

주어진 나눗셈식에 대한 설명으로 옳지 않은 것을 찾아 바르게 고치시오.

$$29 \div 8 = 3 \cdots 5$$

- 나누어떨어지지 않습니다.
- 곱셈식으로 바꿀 수 있습니다.
- 나머지가 있는 나눗셈입니다.

4

나눗셈의 나머지가 될 수 있는 수 중에서 가장 큰 수를 구하시오.

♥ ÷ 7

맞은 개수 8개	매우 잘했어요.
맞은 개수 6~7개	실수한 문제를 확인하세요.
맞은 개수 5개	틀린 문제를 2번씩 풀어 보세요.
맞은 개수 1~4개	앞부분의 내용을 다시 한번 확인하세요.

▶ 정답 및 해설 31쪽

5

나눗셈의 몫과 나머지를 찾아 선으로 이으시오.

$29 \div 4$ •	• 몫 : 5 •	• 나머지 : 1
$27 \div 4$ •	• 몫 : 6 •	• 나머지 : 2
$27 \div 5$ •	• 몫 : 7 •	• 나머지 : 3

6

빈칸에 들어갈 수가 더 큰 것의 기호를 쓰시오.

㉠ $\div 7 = 5 \cdots 6$

㉡ $\div 5 = 8 \cdots 3$

7

문장을 읽고 나눗셈식과 확인하는 식을 쓰시오.

> 쿠키 30개를 한 봉지에 4개씩 넣어 포장했더니,
> 포장된 봉지가 7개이고 남은 쿠키는 2개입니다.

나눗셈식 ______________ 확인 ______________

8

어떤 수를 3으로 나누어야 할 것을 잘못하여 8로 나누었더니 몫이 2가 되고, 나누어 떨어졌습니다. 바르게 계산했을 때의 몫과 나머지를 구하시오.

서술형으로 확인

▶ 정답 및 해설 32쪽

1 나눗셈에서 '나누어떨어진다'의 의미를 설명해 보세요. (힌트 : 101쪽)

2 나머지가 3이 되는 나눗셈식을 2개 쓰세요. (힌트 : 106, 107쪽)

3 $50 \div 7 = 6 \cdots 8$에서 계산이 잘못된 이유를 설명하고, 바르게 고쳐 쓰세요. (힌트 : 111쪽)

잠깐! 서술형으로 쓰기 어려워? 그럼 앞에서 배운 걸 떠올려 봐! 앞에서 찾아보고 적어도 좋아!

▶ 정답 및 해설 32쪽

어떤 수가 나올까?

수를 넣으면 다음과 같은 규칙에 따라 수가 나오는 기계가 있습니다.

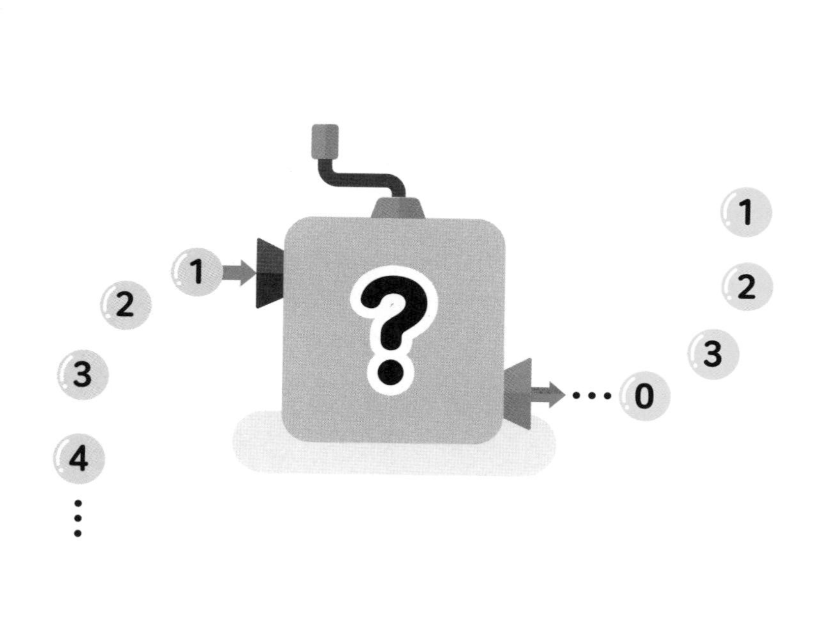

규 칙

넣은 수		나오는 수
1	→	1
2	→	2
3	→	3
4	→	0
5	→	1
6	→	2
⋮		

문제) 이 기계에 15를 넣었을 때 나오는 수는?

....

MEMO

MEMO

MEMO

정답 및 해설은 키출판사 홈페이지
(www.keymedia.co.kr)에서도
볼 수 있습니다.

개념이 먼저다

정답 및 해설

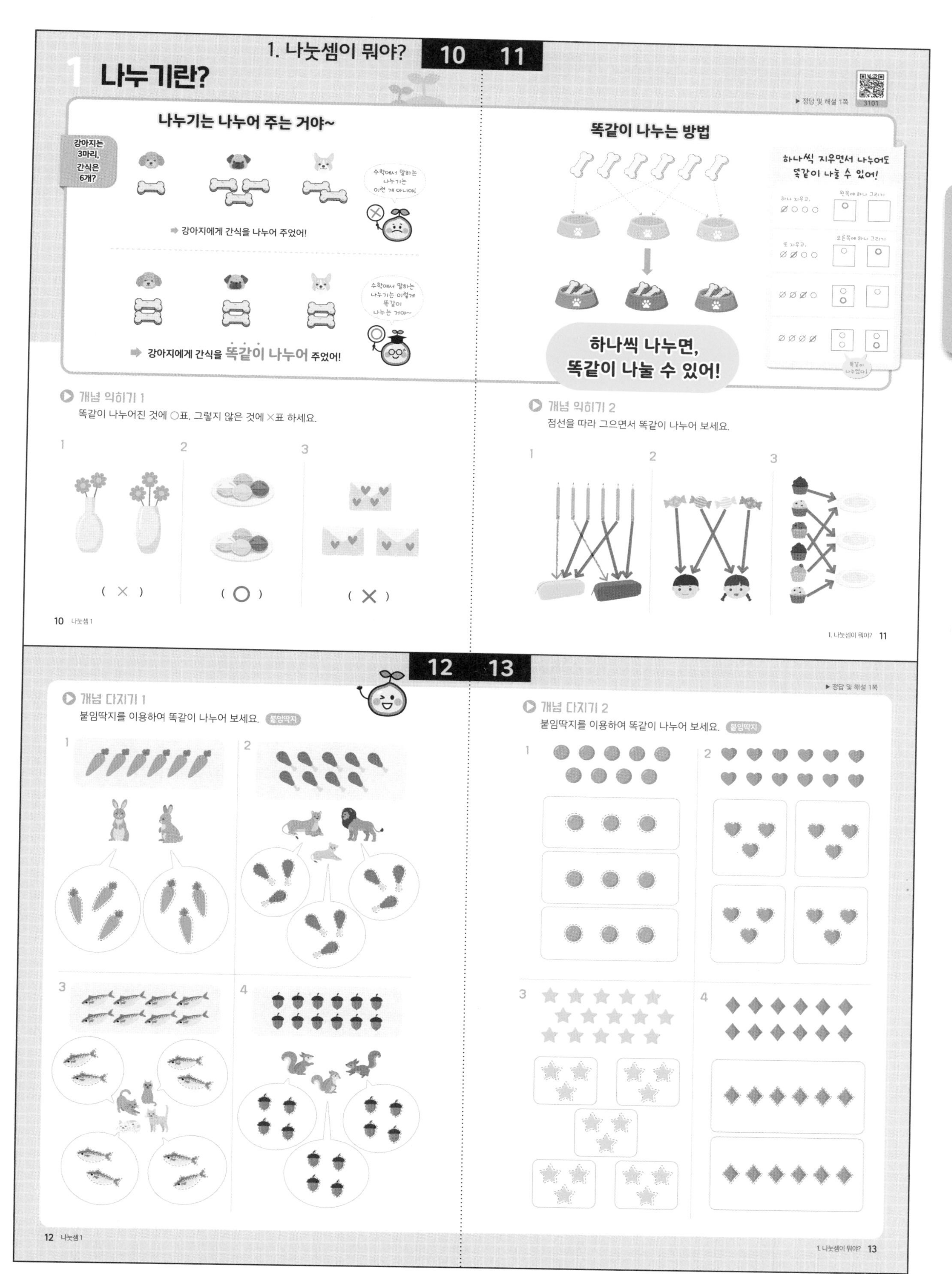
1. 나눗셈이 뭐야?
10 11
1 나누기란?
나누기는 나누어 주는 거야~
강아지는 3마리, 간식은 6개?
강아지에게 간식을 나누어 주었어!
강아지에게 간식을 똑같이 나누어 주었어!
똑같이 나누는 방법
하나씩 나누면, 똑같이 나눌 수 있어!
하나씩 지우면서 나누어도 똑같이 나눌 수 있어!
개념 익히기 1
똑같이 나누어진 것에 ○표, 그렇지 않은 것에 ×표 하세요.
(×)
(○)
(×)
개념 익히기 2
점선을 따라 그으면서 똑같이 나누어 보세요.
10 나눗셈 1
1. 나눗셈이 뭐야? 11
12 13
개념 다지기 1
붙임딱지를 이용하여 똑같이 나누어 보세요.
개념 다지기 2
붙임딱지를 이용하여 똑같이 나누어 보세요.
12 나눗셈 1
1. 나눗셈이 뭐야? 13

1. 나눗셈이 뭐야?

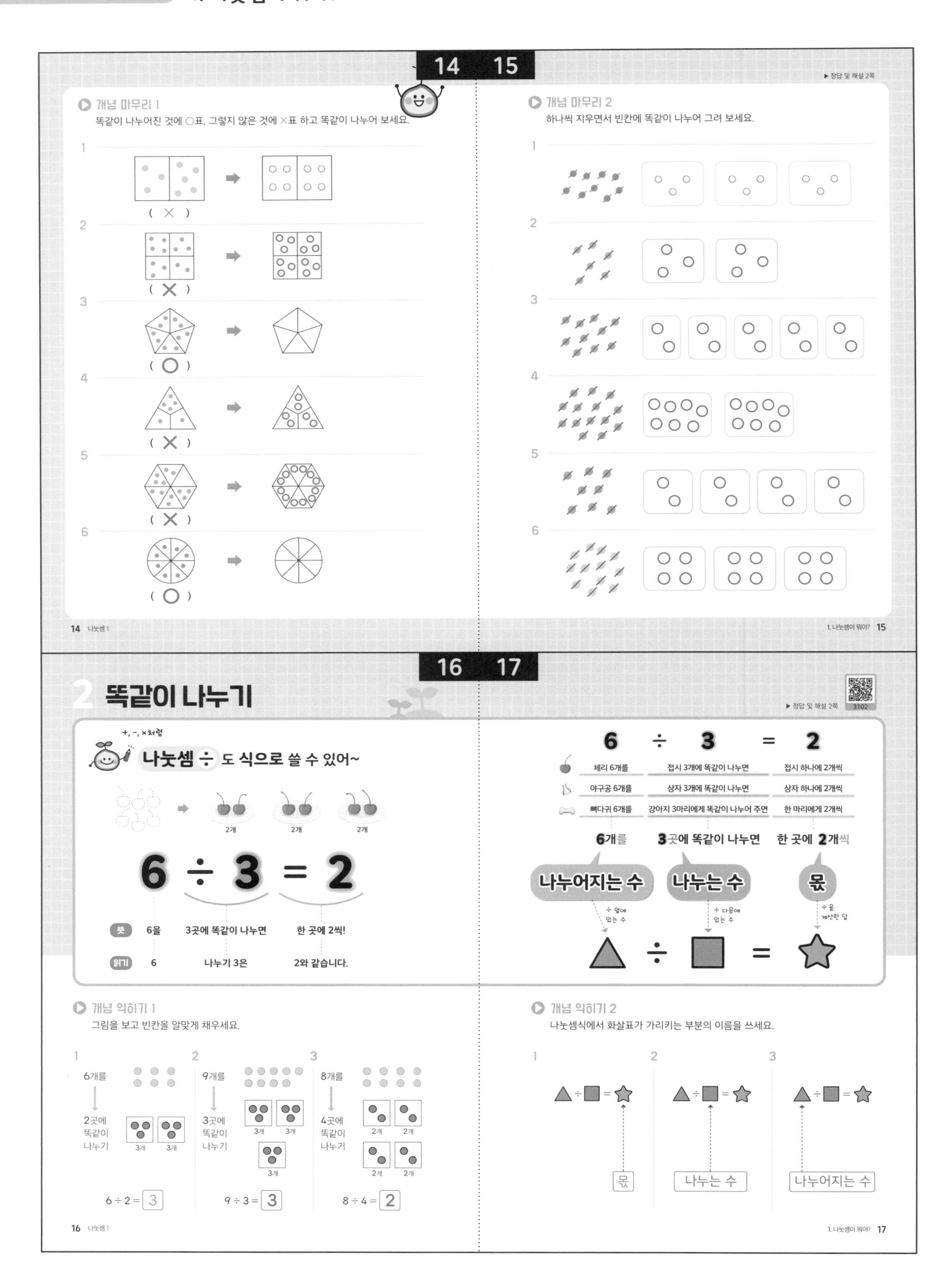
14 15
개념 마무리 1
똑같이 나누어진 것에 ○표, 그렇지 않은 것에 ×표 하고 똑같이 나누어 보세요.
(×)
(×)
(○)
(×)
(×)
(○)
개념 마무리 2
하나씩 지우면서 빈칸에 똑같이 나누어 그려 보세요.
16 17
2 똑같이 나누기
+, −, ×처럼
나눗셈 ÷ 도 식으로 쓸 수 있어~
2개
6 ÷ 3 = 2
뜻 6을 3곳에 똑같이 나누면 한 곳에 2씩!
읽기 6 나누기 3은 2와 같습니다.
6 ÷ 3 = 2
체리 6개를 접시 3개에 똑같이 나누면 접시 하나에 2개씩
야구공 6개를 상자 3개에 똑같이 나누면 상자 하나에 2개씩
뼈다귀 6개를 강아지 3마리에게 똑같이 나누어 주면 한 마리에게 2개씩
6개를 3곳에 똑같이 나누면 한 곳에 2개씩
나누어지는 수
나누는 수
몫
개념 익히기 1
그림을 보고 빈칸을 알맞게 채우세요.
6개를 2곳에 똑같이 나누기
6 ÷ 2 = 3
9개를 3곳에 똑같이 나누기
9 ÷ 3 = 3
8개를 4곳에 똑같이 나누기
8 ÷ 4 = 2
개념 익히기 2
나눗셈식에서 화살표가 가리키는 부분의 이름을 쓰세요.
몫
나누는 수
나누어지는 수

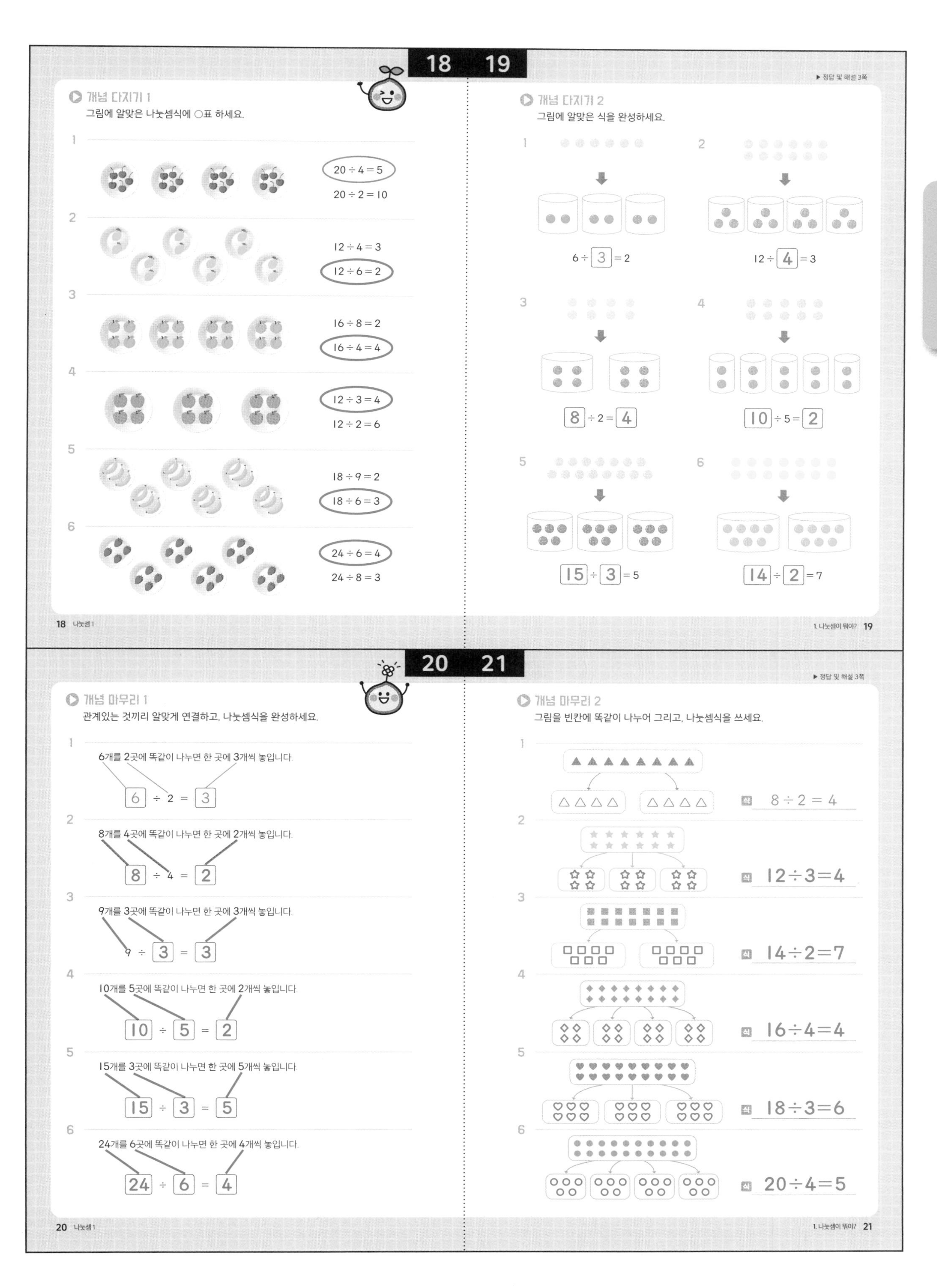
18 19

개념 다지기 1

그림에 알맞은 나눗셈식에 ○표 하세요.

1. (20 ÷ 4 = 5) ○, 20 ÷ 2 = 10
2. 12 ÷ 4 = 3, (12 ÷ 6 = 2) ○
3. 16 ÷ 8 = 2, (16 ÷ 4 = 4) ○
4. (12 ÷ 3 = 4) ○, 12 ÷ 2 = 6
5. 18 ÷ 9 = 2, (18 ÷ 6 = 3) ○
6. (24 ÷ 6 = 4) ○, 24 ÷ 8 = 3

18 나눗셈 1

▶ 정답 및 해설 3쪽

개념 다지기 2

그림에 알맞은 식을 완성하세요.

1. 6 ÷ 3 = 2
2. 12 ÷ 4 = 3
3. 8 ÷ 2 = 4
4. 10 ÷ 5 = 2
5. 15 ÷ 3 = 5
6. 14 ÷ 2 = 7

1. 나눗셈이 뭐야? 19

20 21

개념 마무리 1

관계있는 것끼리 알맞게 연결하고, 나눗셈식을 완성하세요.

1. 6개를 2곳에 똑같이 나누면 한 곳에 3개씩 놓입니다. 6 ÷ 2 = 3
2. 8개를 4곳에 똑같이 나누면 한 곳에 2개씩 놓입니다. 8 ÷ 4 = 2
3. 9개를 3곳에 똑같이 나누면 한 곳에 3개씩 놓입니다. 9 ÷ 3 = 3
4. 10개를 5곳에 똑같이 나누면 한 곳에 2개씩 놓입니다. 10 ÷ 5 = 2
5. 15개를 3곳에 똑같이 나누면 한 곳에 5개씩 놓입니다. 15 ÷ 3 = 5
6. 24개를 6곳에 똑같이 나누면 한 곳에 4개씩 놓입니다. 24 ÷ 6 = 4

20 나눗셈 1

▶ 정답 및 해설 3쪽

개념 마무리 2

그림을 빈칸에 똑같이 나누어 그리고, 나눗셈식을 쓰세요.

1. 식 8 ÷ 2 = 4
2. 식 12 ÷ 3 = 4
3. 식 14 ÷ 2 = 7
4. 식 16 ÷ 4 = 4
5. 식 18 ÷ 3 = 6
6. 식 20 ÷ 4 = 5

1. 나눗셈이 뭐야? 21

정답 및 해설

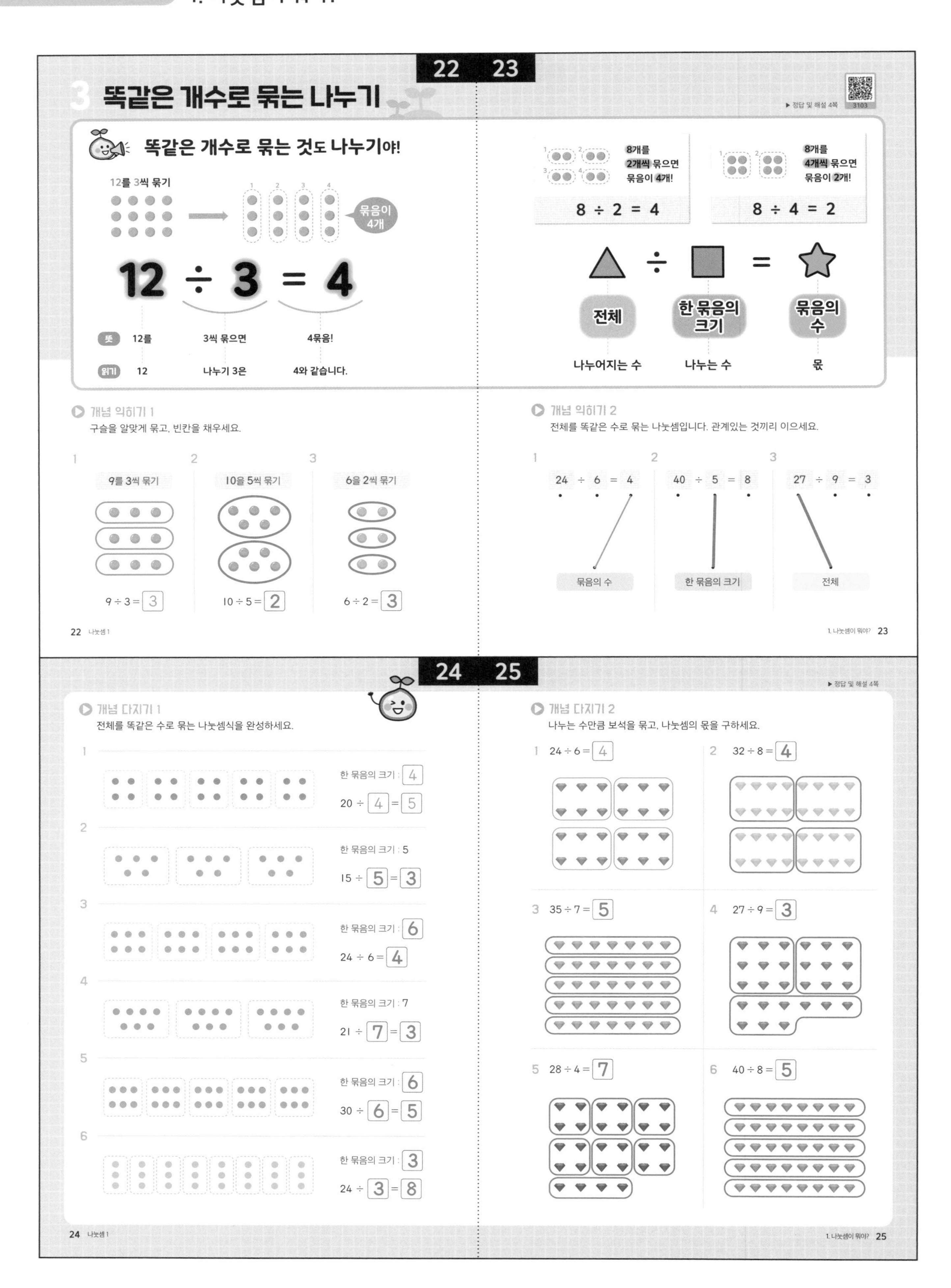

22 23

3 똑같은 개수로 묶는 나누기

▶ 정답 및 해설 4쪽 3103

똑같은 개수로 묶는 것도 나누기야!

12를 3씩 묶기

묶음이 4개

12 ÷ 3 = 4

뜻 12를 3씩 묶으면 4묶음!

읽기 12 나누기 3은 4와 같습니다.

8개를 2개씩 묶으면 묶음이 4개!

8 ÷ 2 = 4

8개를 4개씩 묶으면 묶음이 2개!

8 ÷ 4 = 2

△ ÷ □ = ☆

전체 / 한 묶음의 크기 / 묶음의 수

나누어지는 수 / 나누는 수 / 몫

개념 익히기 1

구슬을 알맞게 묶고, 빈칸을 채우세요.

1 9를 3씩 묶기 9 ÷ 3 = 3

2 10을 5씩 묶기 10 ÷ 5 = 2

3 6을 2씩 묶기 6 ÷ 2 = 3

개념 익히기 2

전체를 똑같은 수로 묶는 나눗셈입니다. 관계있는 것끼리 이으세요.

1 24 ÷ 6 = 4

2 40 ÷ 5 = 8

3 27 ÷ 9 = 3

묶음의 수 / 한 묶음의 크기 / 전체

22 나눗셈 1 | 1. 나눗셈이 뭐야? 23

24 25

▶ 정답 및 해설 4쪽

개념 다지기 1

전체를 똑같은 수로 묶는 나눗셈식을 완성하세요.

1 한 묶음의 크기 : 4 20 ÷ 4 = 5

2 한 묶음의 크기 : 5 15 ÷ 5 = 3

3 한 묶음의 크기 : 6 24 ÷ 6 = 4

4 한 묶음의 크기 : 7 21 ÷ 7 = 3

5 한 묶음의 크기 : 6 30 ÷ 6 = 5

6 한 묶음의 크기 : 3 24 ÷ 3 = 8

개념 다지기 2

나누는 수만큼 보석을 묶고, 나눗셈의 몫을 구하세요.

1 24 ÷ 6 = 4

2 32 ÷ 8 = 4

3 35 ÷ 7 = 5

4 27 ÷ 9 = 3

5 28 ÷ 4 = 7

6 40 ÷ 8 = 5

24 나눗셈 1 | 1. 나눗셈이 뭐야? 25

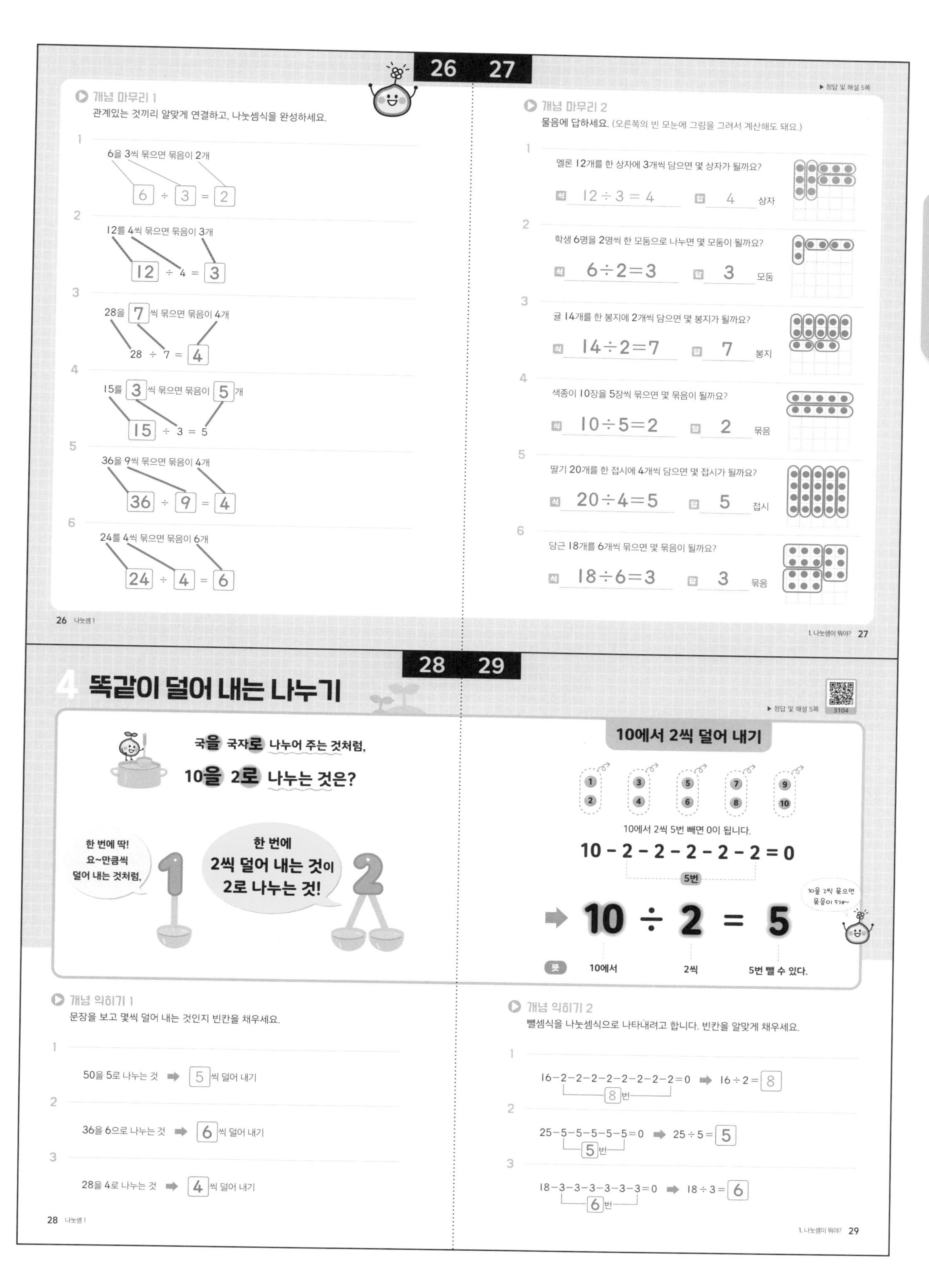

26 27

▶ 정답 및 해설 5쪽

개념 마무리 1

관계있는 것끼리 알맞게 연결하고, 나눗셈식을 완성하세요.

1. 6을 3씩 묶으면 묶음이 2개
   6 ÷ 3 = 2
2. 12를 4씩 묶으면 묶음이 3개
   12 ÷ 4 = 3
3. 28을 7씩 묶으면 묶음이 4개
   28 ÷ 7 = 4
4. 15를 3씩 묶으면 묶음이 5개
   15 ÷ 3 = 5
5. 36을 9씩 묶으면 묶음이 4개
   36 ÷ 9 = 4
6. 24를 4씩 묶으면 묶음이 6개
   24 ÷ 4 = 6

26 나눗셈 1

개념 마무리 2

물음에 답하세요. (오른쪽의 빈 모눈에 그림을 그려서 계산해도 돼요.)

1. 멜론 12개를 한 상자에 3개씩 담으면 몇 상자가 될까요?
   식 12 ÷ 3 = 4　답 4 상자
2. 학생 6명을 2명씩 한 모둠으로 나누면 몇 모둠이 될까요?
   식 6 ÷ 2 = 3　답 3 모둠
3. 귤 14개를 한 봉지에 2개씩 담으면 몇 봉지가 될까요?
   식 14 ÷ 2 = 7　답 7 봉지
4. 색종이 10장을 5장씩 묶으면 몇 묶음이 될까요?
   식 10 ÷ 5 = 2　답 2 묶음
5. 딸기 20개를 한 접시에 4개씩 담으면 몇 접시가 될까요?
   식 20 ÷ 4 = 5　답 5 접시
6. 당근 18개를 6개씩 묶으면 몇 묶음이 될까요?
   식 18 ÷ 6 = 3　답 3 묶음

1. 나눗셈이 뭐야? 27

28 29

4 똑같이 덜어 내는 나누기

▶ 정답 및 해설 5쪽

3104

국을 국자로 나누어 주는 것처럼,
10을 2로 나누는 것은?

한 번에 딱! 요~만큼씩 덜어 내는 것처럼,
한 번에 2씩 덜어 내는 것이 2로 나누는 것!

10에서 2씩 덜어 내기

10에서 2씩 5번 빼면 0이 됩니다.

$10 - 2 - 2 - 2 - 2 - 2 = 0$ (5번)

➡ $10 \div 2 = 5$

뜻 10에서 2씩 5번 뺄 수 있다.

10을 2씩 묶으면 묶음이 5개~

개념 익히기 1

문장을 보고 몇씩 덜어 내는 것인지 빈칸을 채우세요.

1. 50을 5로 나누는 것 ➡ 5 씩 덜어 내기
2. 36을 6으로 나누는 것 ➡ 6 씩 덜어 내기
3. 28을 4로 나누는 것 ➡ 4 씩 덜어 내기

28 나눗셈 1

개념 익히기 2

뺄셈식을 나눗셈식으로 나타내려고 합니다. 빈칸을 알맞게 채우세요.

1. 16－2－2－2－2－2－2－2－2＝0 (8 번) ➡ 16 ÷ 2 = 8
2. 25－5－5－5－5－5＝0 (5 번) ➡ 25 ÷ 5 = 5
3. 18－3－3－3－3－3－3＝0 (6 번) ➡ 18 ÷ 3 = 6

1. 나눗셈이 뭐야? 29

정답 및 해설

1. 나눗셈이 뭐야?

30 31

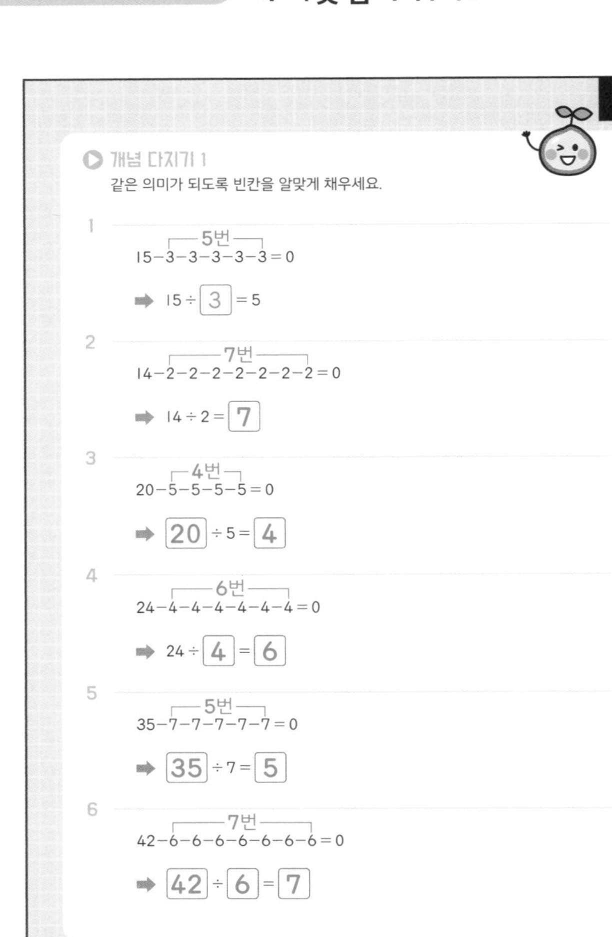

개념 다지기 1

같은 의미가 되도록 빈칸을 알맞게 채우세요.

1
5번
15−3−3−3−3−3=0
➡ 15÷ 3 =5

2
7번
14−2−2−2−2−2−2−2=0
➡ 14÷2= 7

3
4번
20−5−5−5−5=0
➡ 20 ÷5= 4

4
6번
24−4−4−4−4−4−4=0
➡ 24÷ 4 = 6

5
5번
35−7−7−7−7−7=0
➡ 35 ÷7= 5

6
7번
42−6−6−6−6−6−6−6=0
➡ 42 ÷ 6 = 7

30 나눗셈 1

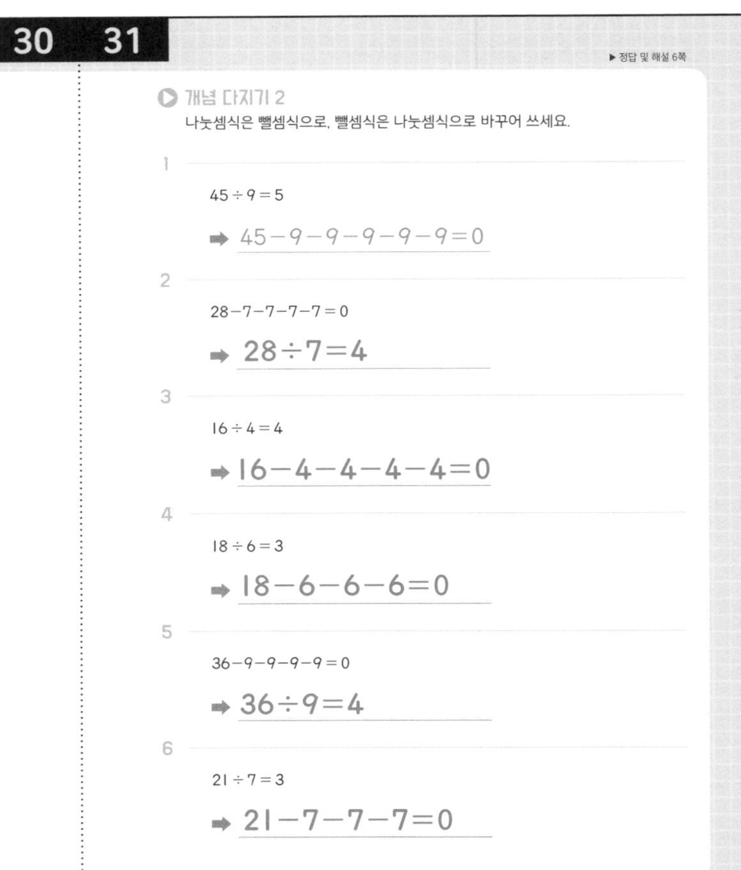

▶ 정답 및 해설 6쪽

개념 다지기 2

나눗셈식은 뺄셈식으로, 뺄셈식은 나눗셈식으로 바꾸어 쓰세요.

1
45÷9=5
➡ 45−9−9−9−9−9=0

2
28−7−7−7−7=0
➡ 28÷7=4

3
16÷4=4
➡ 16−4−4−4−4=0

4
18÷6=3
➡ 18−6−6−6=0

5
36−9−9−9−9=0
➡ 36÷9=4

6
21÷7=3
➡ 21−7−7−7=0

1. 나눗셈이 뭐야? 31

32 33

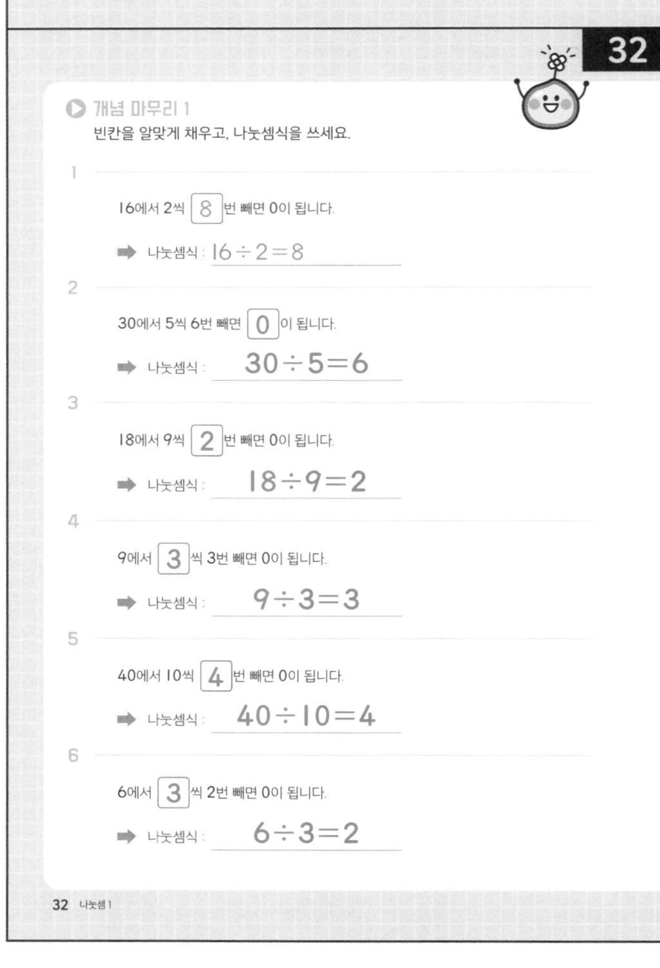

개념 마무리 1

빈칸을 알맞게 채우고, 나눗셈식을 쓰세요.

1
16에서 2씩 8 번 빼면 0이 됩니다.
➡ 나눗셈식 : 16÷2=8

2
30에서 5씩 6번 빼면 0 이 됩니다.
➡ 나눗셈식 : 30÷5=6

3
18에서 9씩 2 번 빼면 0이 됩니다.
➡ 나눗셈식 : 18÷9=2

4
9에서 3 씩 3번 빼면 0이 됩니다.
➡ 나눗셈식 : 9÷3=3

5
40에서 10씩 4 번 빼면 0이 됩니다.
➡ 나눗셈식 : 40÷10=4

6
6에서 3 씩 2번 빼면 0이 됩니다.
➡ 나눗셈식 : 6÷3=2

32 나눗셈 1

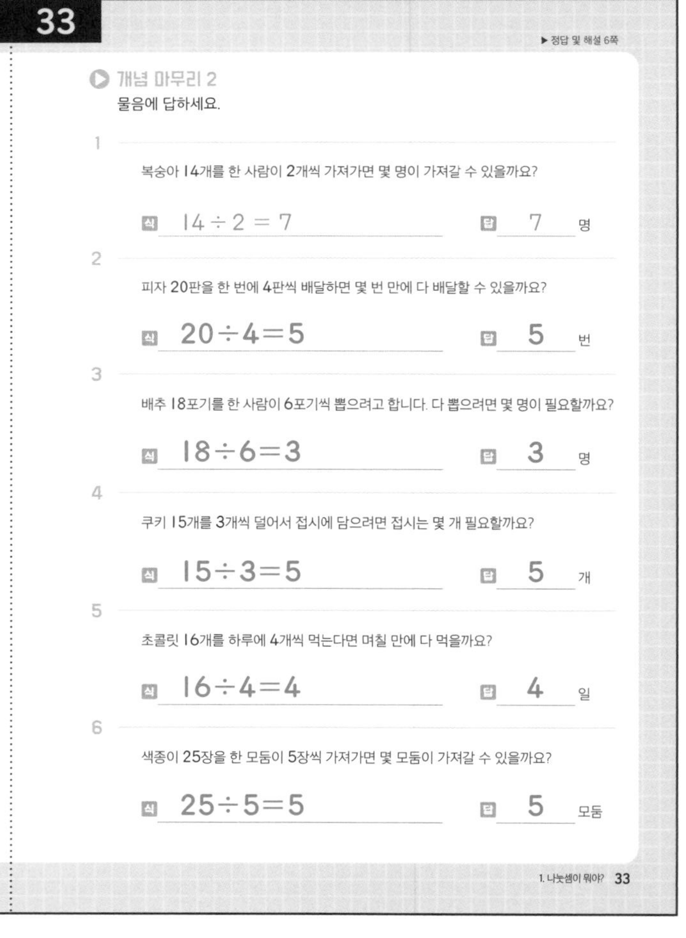

▶ 정답 및 해설 6쪽

개념 마무리 2

물음에 답하세요.

1
복숭아 14개를 한 사람이 2개씩 가져가면 몇 명이 가져갈 수 있을까요?
식 14÷2=7 답 7 명

2
피자 20판을 한 번에 4판씩 배달하면 몇 번 만에 다 배달할 수 있을까요?
식 20÷4=5 답 5 번

3
배추 18포기를 한 사람이 6포기씩 뽑으려고 합니다. 다 뽑으려면 몇 명이 필요할까요?
식 18÷6=3 답 3 명

4
쿠키 15개를 3개씩 덜어서 접시에 담으려면 접시는 몇 개 필요할까요?
식 15÷3=5 답 5 개

5
초콜릿 16개를 하루에 4개씩 먹는다면 며칠 만에 다 먹을까요?
식 16÷4=4 답 4 일

6
색종이 25장을 한 모둠이 5장씩 가져가면 몇 모둠이 가져갈 수 있을까요?
식 25÷5=5 답 5 모둠

1. 나눗셈이 뭐야? 33

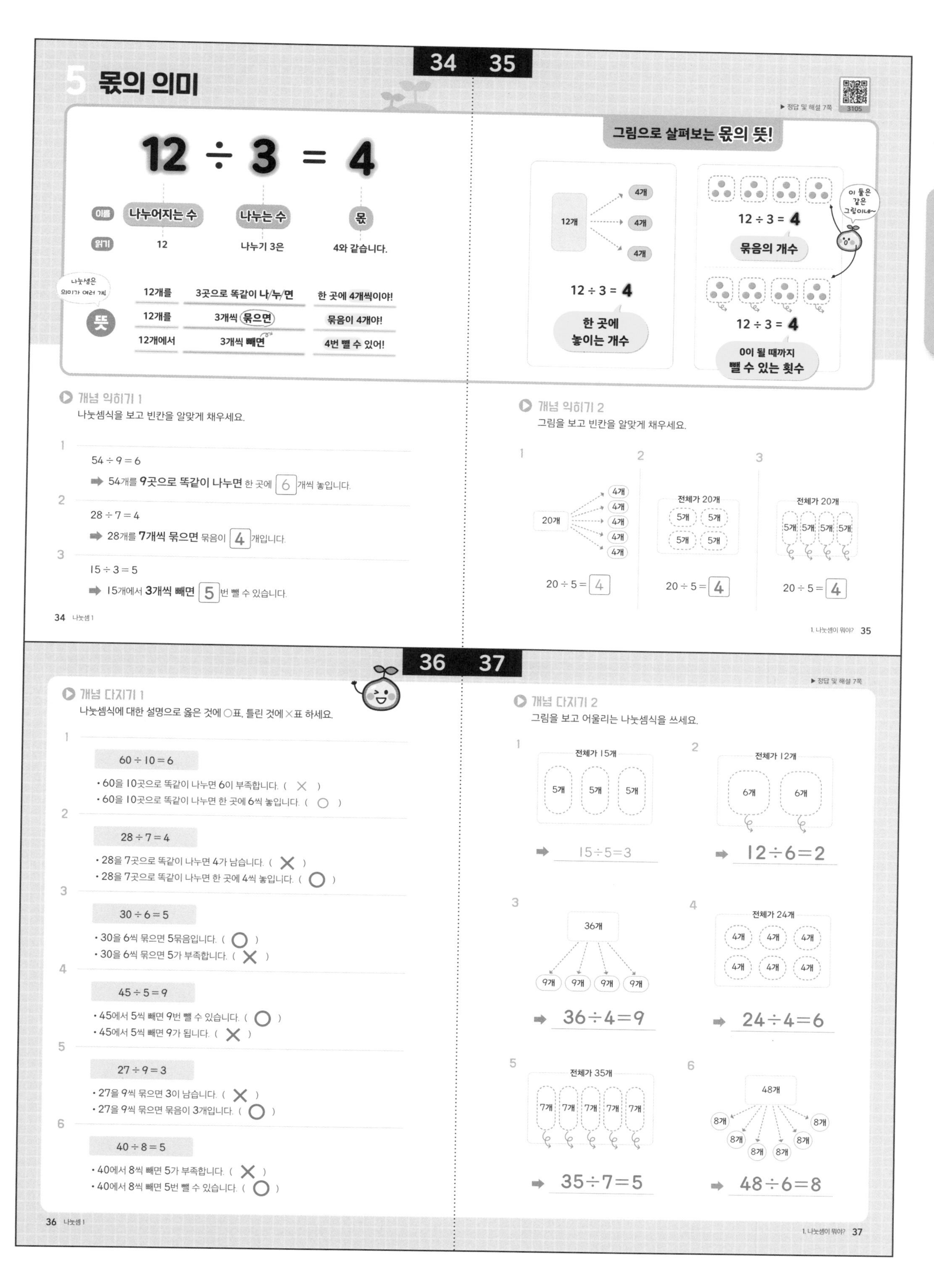

34 35

5 몫의 의미

▶ 정답 및 해설 7쪽

$$12 \div 3 = 4$$

	나누어지는 수	나누는 수	몫
이름	나누어지는 수	나누는 수	몫
읽기	12	나누기 3은	4와 같습니다.

나눗셈은 의미가 여러 개!

뜻		
12개를	3곳으로 똑같이 나/누/면	한 곳에 4개씩이야!
12개를	3개씩 묶으면	묶음이 4개야!
12개에서	3개씩 빼면	4번 뺄 수 있어!

그림으로 살펴보는 몫의 뜻!

12개 → 4개, 4개, 4개

$12 \div 3 = 4$

한 곳에 놓이는 개수

$12 \div 3 = 4$

묶음의 개수

이 둘은 같은 그림이네~

$12 \div 3 = 4$

0이 될 때까지 뺄 수 있는 횟수

개념 익히기 1

나눗셈식을 보고 빈칸을 알맞게 채우세요.

1. $54 \div 9 = 6$
   ➡ 54개를 9곳으로 똑같이 나누면 한 곳에 [6]개씩 놓입니다.
2. $28 \div 7 = 4$
   ➡ 28개를 7개씩 묶으면 묶음이 [4]개입니다.
3. $15 \div 3 = 5$
   ➡ 15개에서 3개씩 빼면 [5]번 뺄 수 있습니다.

개념 익히기 2

그림을 보고 빈칸을 알맞게 채우세요.

1. 20개 → 4개, 4개, 4개, 4개, 4개
   $20 \div 5 =$ [4]
2. 전체가 20개: 5개, 5개, 5개, 5개
   $20 \div 5 =$ [4]
3. 전체가 20개: 5개, 5개, 5개, 5개
   $20 \div 5 =$ [4]

34 나눗셈 1

1. 나눗셈이 뭐야? 35

36 37

▶ 정답 및 해설 7쪽

개념 다지기 1

나눗셈식에 대한 설명으로 옳은 것에 ○표, 틀린 것에 ×표 하세요.

1. $60 \div 10 = 6$
   - 60을 10곳으로 똑같이 나누면 6이 부족합니다. (×)
   - 60을 10곳으로 똑같이 나누면 한 곳에 6씩 놓입니다. (○)
2. $28 \div 7 = 4$
   - 28을 7곳으로 똑같이 나누면 4가 남습니다. (×)
   - 28을 7곳으로 똑같이 나누면 한 곳에 4씩 놓입니다. (○)
3. $30 \div 6 = 5$
   - 30을 6씩 묶으면 5묶음입니다. (○)
   - 30을 6씩 묶으면 5가 부족합니다. (×)
4. $45 \div 5 = 9$
   - 45에서 5씩 빼면 9번 뺄 수 있습니다. (○)
   - 45에서 5씩 빼면 9가 됩니다. (×)
5. $27 \div 9 = 3$
   - 27을 9씩 묶으면 3이 남습니다. (×)
   - 27을 9씩 묶으면 묶음이 3개입니다. (○)
6. $40 \div 8 = 5$
   - 40에서 8씩 빼면 5가 부족합니다. (×)
   - 40에서 8씩 빼면 5번 뺄 수 있습니다. (○)

개념 다지기 2

그림을 보고 어울리는 나눗셈식을 쓰세요.

1. 전체가 15개: 5개, 5개, 5개
   ➡ $15 \div 5 = 3$
2. 전체가 12개: 6개, 6개
   ➡ $12 \div 6 = 2$
3. 36개 → 9개, 9개, 9개, 9개
   ➡ $36 \div 4 = 9$
4. 전체가 24개: 4개, 4개, 4개, 4개, 4개, 4개
   ➡ $24 \div 4 = 6$
5. 전체가 35개: 7개, 7개, 7개, 7개, 7개
   ➡ $35 \div 7 = 5$
6. 48개 → 8개, 8개, 8개, 8개, 8개, 8개
   ➡ $48 \div 6 = 8$

36 나눗셈 1

1. 나눗셈이 뭐야? 37

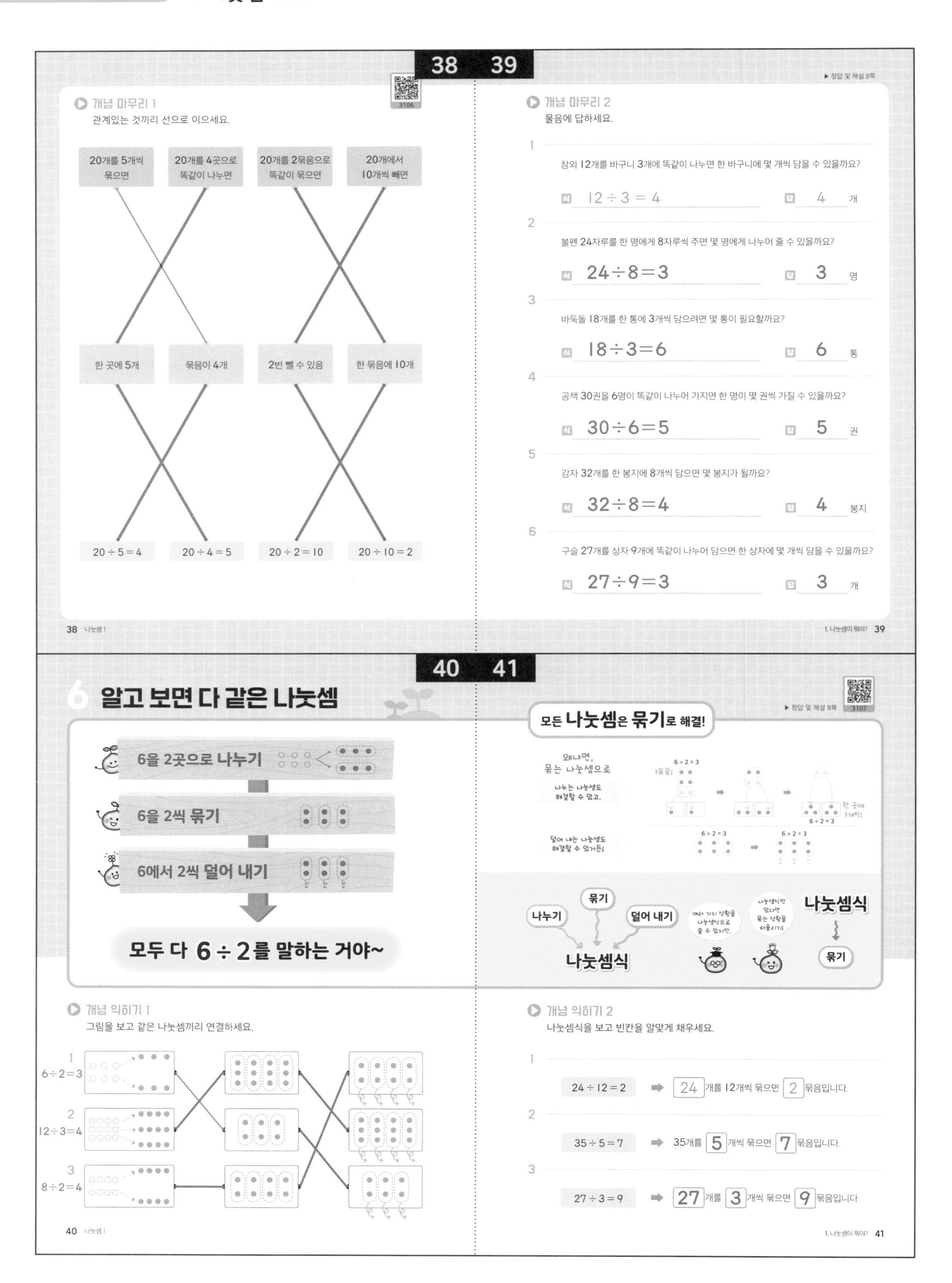
38 39
▶ 정답 및 해설 8쪽
개념 마무리 1
관계있는 것끼리 선으로 이으세요.
20개를 5개씩 묶으면
20개를 4곳으로 똑같이 나누면
20개를 2묶음으로 똑같이 묶으면
20개에서 10개씩 빼면
한 곳에 5개
묶음이 4개
2번 뺄 수 있음
한 묶음에 10개
20 ÷ 5 = 4
20 ÷ 4 = 5
20 ÷ 2 = 10
20 ÷ 10 = 2
개념 마무리 2
물음에 답하세요.
1
참외 12개를 바구니 3개에 똑같이 나누면 한 바구니에 몇 개씩 담을 수 있을까요?
식 12 ÷ 3 = 4
답 4 개
2
볼펜 24자루를 한 명에게 8자루씩 주면 몇 명에게 나누어 줄 수 있을까요?
식 24÷8=3
답 3 명
3
바둑돌 18개를 한 통에 3개씩 담으려면 몇 통이 필요할까요?
식 18÷3=6
답 6 통
4
공책 30권을 6명이 똑같이 나누어 가지면 한 명이 몇 권씩 가질 수 있을까요?
식 30÷6=5
답 5 권
5
감자 32개를 한 봉지에 8개씩 담으면 몇 봉지가 될까요?
식 32÷8=4
답 4 봉지
6
구슬 27개를 상자 9개에 똑같이 나누어 담으면 한 상자에 몇 개씩 담을 수 있을까요?
식 27÷9=3
답 3 개
38 나눗셈 1
1. 나눗셈이 뭐야? 39
40 41
6 알고 보면 다 같은 나눗셈
6을 2곳으로 나누기
6을 2씩 묶기
6에서 2씩 덜어 내기
모두 다 6 ÷ 2를 말하는 거야~
▶ 정답 및 해설 8쪽
모든 나눗셈은 묶기로 해결!
왜냐면, 묶는 나눗셈으로
나누는 나눗셈도 해결할 수 있고,
덜어 내는 나눗셈도 해결할 수 있거든!
6 ÷ 2 = 3
나누기
묶기
덜어 내기
나눗셈식
나눗셈식
묶기
개념 익히기 1
그림을 보고 같은 나눗셈끼리 연결하세요.
1 6÷2=3
2 12÷3=4
3 8÷2=4
개념 익히기 2
나눗셈식을 보고 빈칸을 알맞게 채우세요.
1
24 ÷ 12 = 2 ➡ 24 개를 12개씩 묶으면 2 묶음입니다.
2
35 ÷ 5 = 7 ➡ 35개를 5 개씩 묶으면 7 묶음입니다.
3
27 ÷ 3 = 9 ➡ 27 개를 3 개씩 묶으면 9 묶음입니다.
40 나눗셈 1
1. 나눗셈이 뭐야? 41

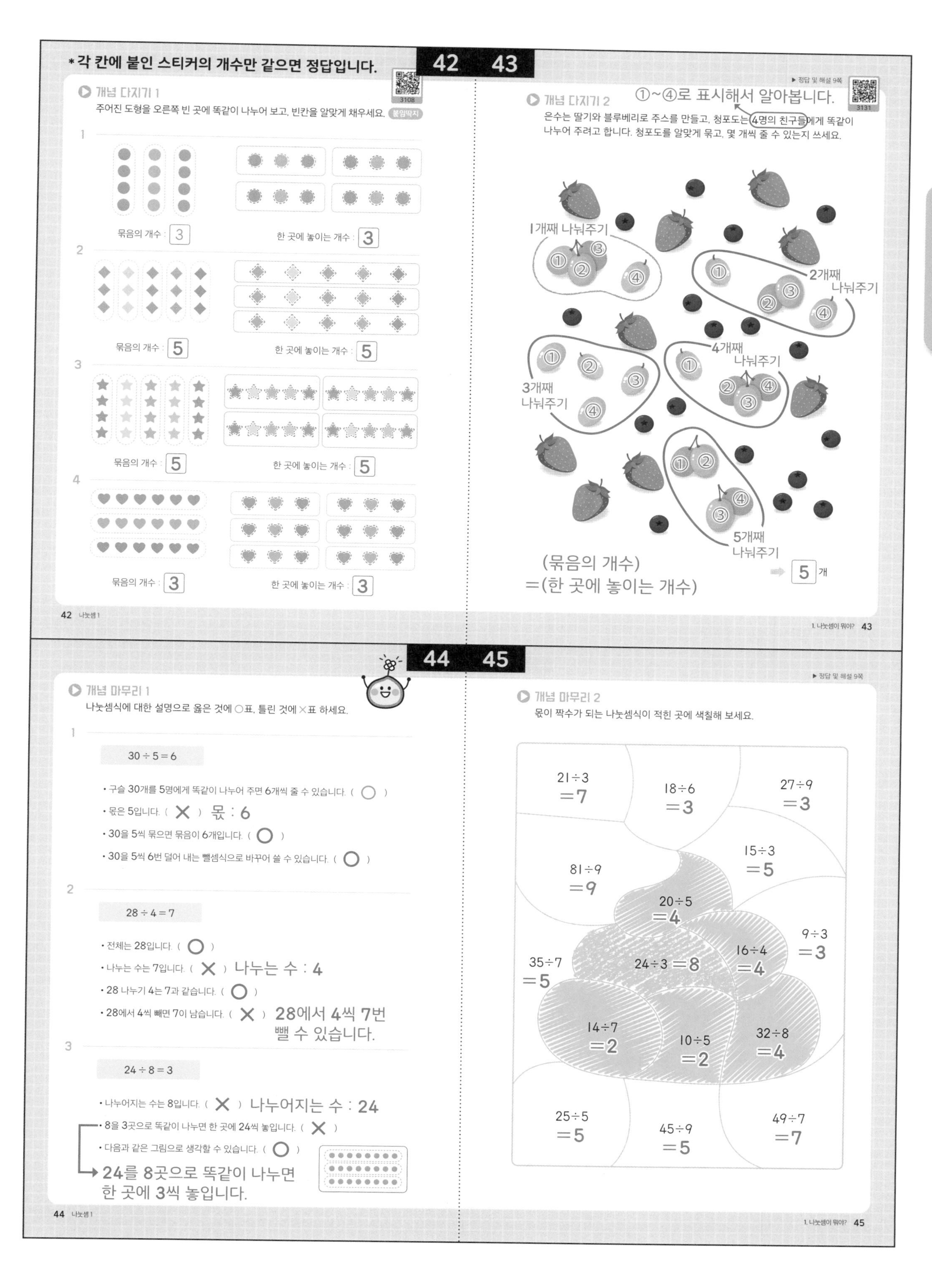

* 각 칸에 붙인 스티커의 개수만 같으면 정답입니다.

42 43

▶ 정답 및 해설 9쪽

개념 다지기 1

주어진 도형을 오른쪽 빈 곳에 똑같이 나누어 보고, 빈칸을 알맞게 채우세요. 붙임딱지

1 묶음의 개수 : 3 한 곳에 놓이는 개수 : 3

2 묶음의 개수 : 5 한 곳에 놓이는 개수 : 5

3 묶음의 개수 : 5 한 곳에 놓이는 개수 : 5

4 묶음의 개수 : 3 한 곳에 놓이는 개수 : 3

개념 다지기 2

①~④로 표시해서 알아봅니다.

은수는 딸기와 블루베리로 주스를 만들고, 청포도는 4명의 친구들에게 똑같이 나누어 주려고 합니다. 청포도를 알맞게 묶고, 몇 개씩 줄 수 있는지 쓰세요.

1개째 나눠주기, 2개째 나눠주기, 3개째 나눠주기, 4개째 나눠주기, 5개째 나눠주기

(묶음의 개수) =(한 곳에 놓이는 개수) ➡ 5 개

42 나눗셈 1

1. 나눗셈이 뭐야? 43

44 45

▶ 정답 및 해설 9쪽

개념 마무리 1

나눗셈식에 대한 설명으로 옳은 것에 ○표, 틀린 것에 ×표 하세요.

1 $30 \div 5 = 6$

- 구슬 30개를 5명에게 똑같이 나누어 주면 6개씩 줄 수 있습니다. (○)
- 몫은 5입니다. (×) 몫 : 6
- 30을 5씩 묶으면 묶음이 6개입니다. (○)
- 30을 5씩 6번 덜어 내는 뺄셈식으로 바꾸어 쓸 수 있습니다. (○)

2 $28 \div 4 = 7$

- 전체는 28입니다. (○)
- 나누는 수는 7입니다. (×) 나누는 수 : 4
- 28 나누기 4는 7과 같습니다. (○)
- 28에서 4씩 빼면 7이 남습니다. (×) 28에서 4씩 7번 뺄 수 있습니다.

3 $24 \div 8 = 3$

- 나누어지는 수는 8입니다. (×) 나누어지는 수 : 24
- 8을 3곳으로 똑같이 나누면 한 곳에 24씩 놓입니다. (×)
- 다음과 같은 그림으로 생각할 수 있습니다. (○)

→ 24를 8곳으로 똑같이 나누면 한 곳에 3씩 놓입니다.

개념 마무리 2

몫이 짝수가 되는 나눗셈식이 적힌 곳에 색칠해 보세요.

$21 \div 3 = 7$, $18 \div 6 = 3$, $27 \div 9 = 3$, $15 \div 3 = 5$, $81 \div 9 = 9$, $20 \div 5 = 4$, $9 \div 3 = 3$, $35 \div 7 = 5$, $24 \div 3 = 8$, $16 \div 4 = 4$, $14 \div 7 = 2$, $10 \div 5 = 2$, $32 \div 8 = 4$, $25 \div 5 = 5$, $45 \div 9 = 5$, $49 \div 7 = 7$

44 나눗셈 1

1. 나눗셈이 뭐야? 45

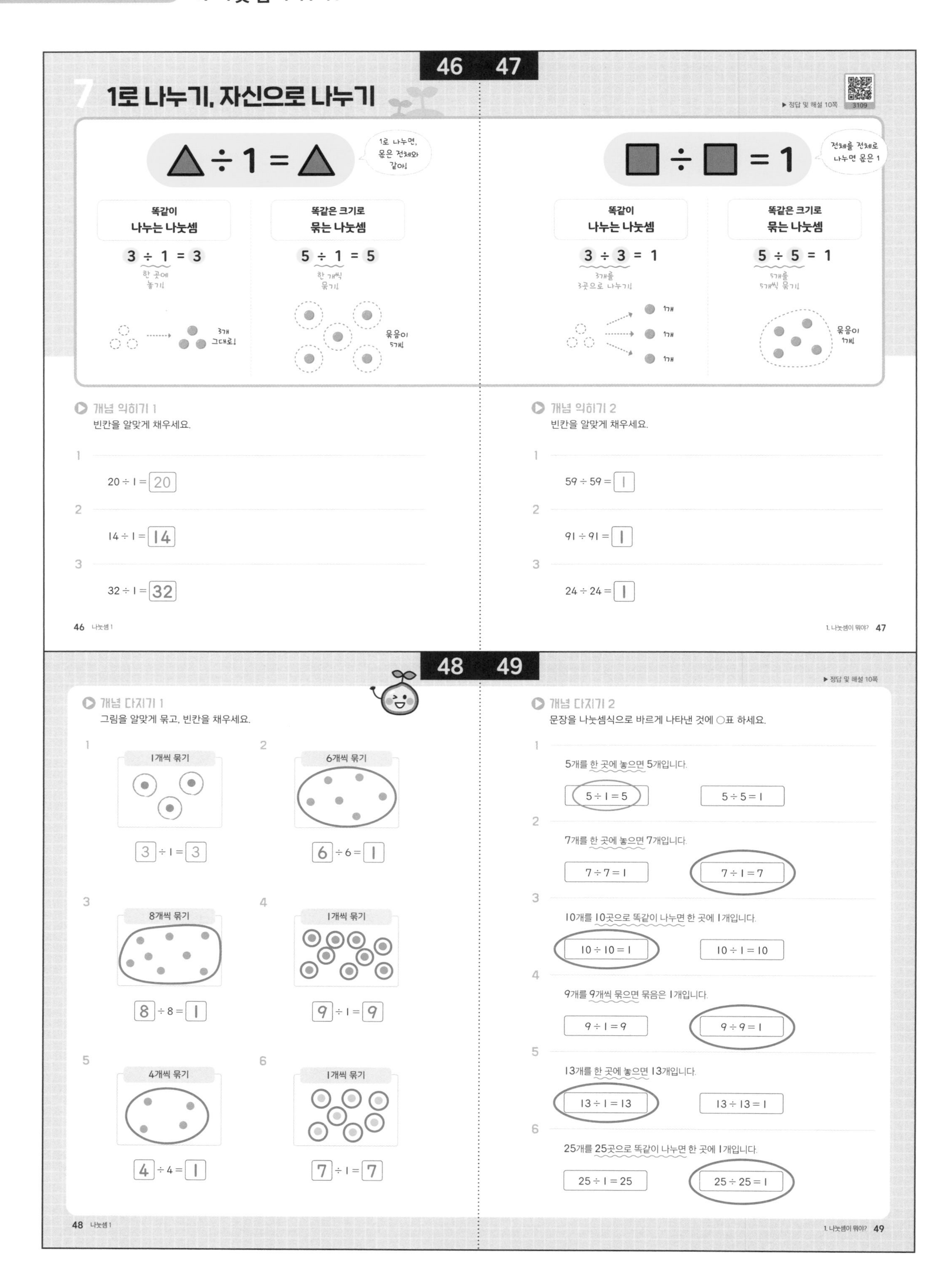

46 47

7 1로 나누기, 자신으로 나누기

▶ 정답 및 해설 10쪽 3109

△ ÷ 1 = △

1로 나누면, 몫은 전체와 같아!

똑같이 나누는 나눗셈	똑같은 크기로 묶는 나눗셈
3 ÷ 1 = 3 (한 곳에 놓기) 3개 그대로!	5 ÷ 1 = 5 (한 개씩 묶기) 묶음이 5개!

□ ÷ □ = 1

전체를 전체로 나누면 몫은 1

똑같이 나누는 나눗셈	똑같은 크기로 묶는 나눗셈
3 ÷ 3 = 1 (3개를 3곳으로 나누기) 1개 1개 1개	5 ÷ 5 = 1 (5개를 5개씩 묶기) 묶음이 1개!

개념 익히기 1

빈칸을 알맞게 채우세요.

1. 20 ÷ 1 = 20
2. 14 ÷ 1 = 14
3. 32 ÷ 1 = 32

개념 익히기 2

빈칸을 알맞게 채우세요.

1. 59 ÷ 59 = 1
2. 91 ÷ 91 = 1
3. 24 ÷ 24 = 1

46 나눗셈 1 　 1. 나눗셈이 뭐야? 47

48 49

▶ 정답 및 해설 10쪽

개념 다지기 1

그림을 알맞게 묶고, 빈칸을 채우세요.

1. 1개씩 묶기 — 3 ÷ 1 = 3
2. 6개씩 묶기 — 6 ÷ 6 = 1
3. 8개씩 묶기 — 8 ÷ 8 = 1
4. 1개씩 묶기 — 9 ÷ 1 = 9
5. 4개씩 묶기 — 4 ÷ 4 = 1
6. 1개씩 묶기 — 7 ÷ 1 = 7

개념 다지기 2

문장을 나눗셈식으로 바르게 나타낸 것에 ○표 하세요.

1. 5개를 한 곳에 놓으면 5개입니다.
   (5 ÷ 1 = 5) 　 5 ÷ 5 = 1
2. 7개를 한 곳에 놓으면 7개입니다.
   7 ÷ 7 = 1 　 (7 ÷ 1 = 7)
3. 10개를 10곳으로 똑같이 나누면 한 곳에 1개입니다.
   (10 ÷ 10 = 1) 　 10 ÷ 1 = 10
4. 9개를 9개씩 묶으면 묶음은 1개입니다.
   9 ÷ 1 = 9 　 (9 ÷ 9 = 1)
5. 13개를 한 곳에 놓으면 13개입니다.
   (13 ÷ 1 = 13) 　 13 ÷ 13 = 1
6. 25개를 25곳으로 똑같이 나누면 한 곳에 1개입니다.
   25 ÷ 1 = 25 　 (25 ÷ 25 = 1)

48 나눗셈 1 　 1. 나눗셈이 뭐야? 49

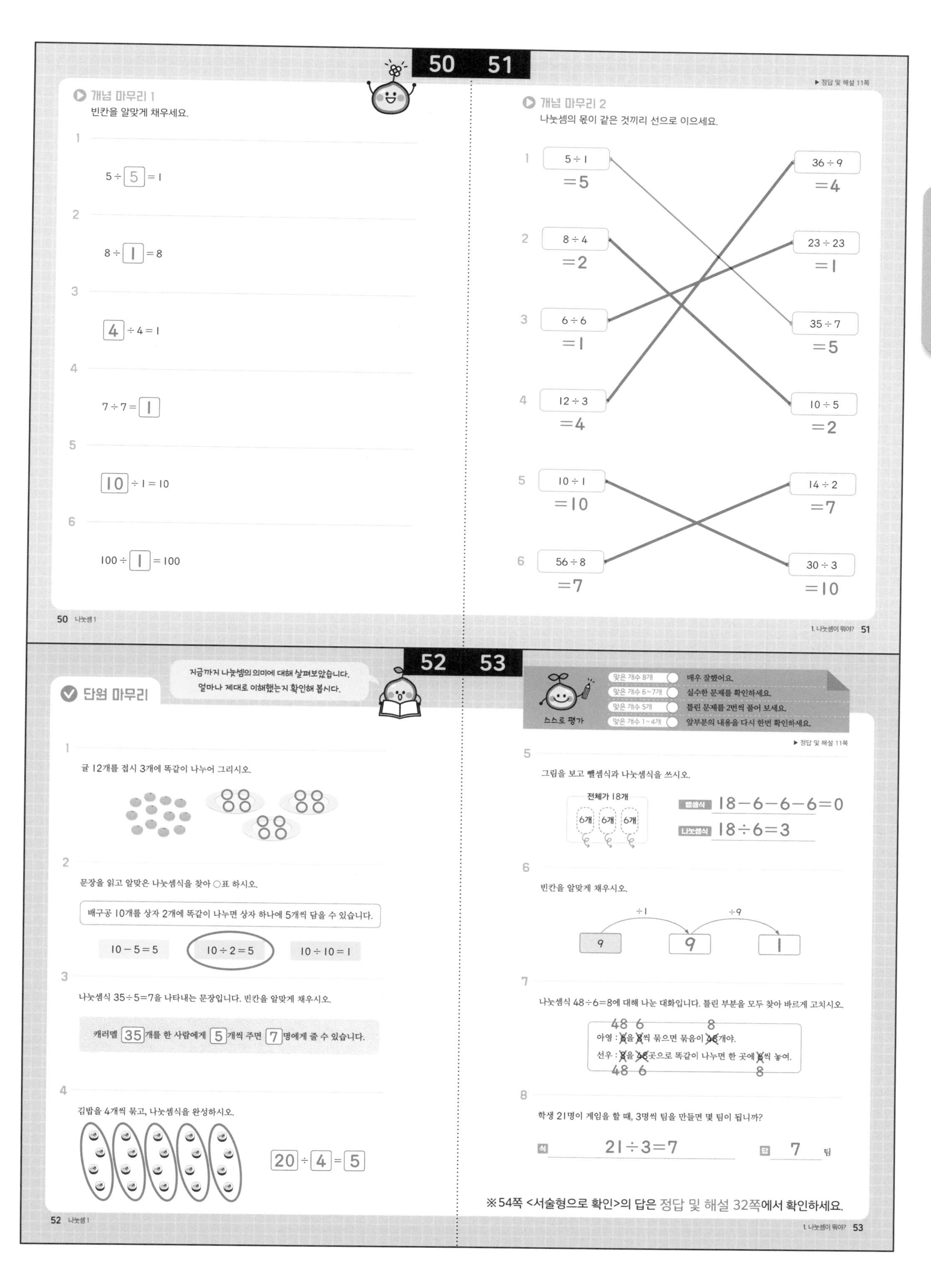
50 51

▶ 정답 및 해설 11쪽

개념 마무리 1

빈칸을 알맞게 채우세요.

1. 5 ÷ [5] = 1
2. 8 ÷ [1] = 8
3. [4] ÷ 4 = 1
4. 7 ÷ 7 = [1]
5. [10] ÷ 1 = 10
6. 100 ÷ [1] = 100

50 나눗셈 1

개념 마무리 2

나눗셈의 몫이 같은 것끼리 선으로 이으세요.

1. 5 ÷ 1 =5 — 35 ÷ 7 =5
2. 8 ÷ 4 =2 — 10 ÷ 5 =2
3. 6 ÷ 6 =1 — 23 ÷ 23 =1
4. 12 ÷ 3 =4 — 36 ÷ 9 =4
5. 10 ÷ 1 =10 — 30 ÷ 3 =10
6. 56 ÷ 8 =7 — 14 ÷ 2 =7

1. 나눗셈이 뭐야? 51

52 53

단원 마무리

지금까지 나눗셈의 의미에 대해 살펴보았습니다.
얼마나 제대로 이해했는지 확인해 봅시다.

1. 귤 12개를 접시 3개에 똑같이 나누어 그리시오.

2. 문장을 읽고 알맞은 나눗셈식을 찾아 ○표 하시오.

배구공 10개를 상자 2개에 똑같이 나누면 상자 하나에 5개씩 담을 수 있습니다.

10 − 5 = 5 　 (10 ÷ 2 = 5) 　 10 ÷ 10 = 1

3. 나눗셈식 35÷5=7을 나타내는 문장입니다. 빈칸을 알맞게 채우시오.

캐러멜 [35]개를 한 사람에게 [5]개씩 주면 [7]명에게 줄 수 있습니다.

4. 김밥을 4개씩 묶고, 나눗셈식을 완성하시오.

[20] ÷ [4] = [5]

52 나눗셈 1

스스로 평가

맞은 개수 8개	매우 잘했어요.
맞은 개수 6~7개	실수한 문제를 확인하세요.
맞은 개수 5개	틀린 문제를 2번씩 풀어 보세요.
맞은 개수 1~4개	앞부분의 내용을 다시 한번 확인하세요.

▶ 정답 및 해설 11쪽

5. 그림을 보고 뺄셈식과 나눗셈식을 쓰시오.

전체가 18개 (6개 6개 6개)

뺄셈식 18−6−6−6=0

나눗셈식 18÷6=3

6. 빈칸을 알맞게 채우시오.

[9] —÷1→ [9] —÷9→ [1]

7. 나눗셈식 48÷6=8에 대해 나눈 대화입니다. 틀린 부분을 모두 찾아 바르게 고치시오.

아영 : 8을 6씩 묶으면 묶음이 48개야. (→ 48을 6씩 묶으면 묶음이 8개야.)

선우 : 8을 48곳으로 똑같이 나누면 한 곳에 6씩 놓여. (→ 48을 6곳으로 똑같이 나누면 한 곳에 8씩 놓여.)

8. 학생 21명이 게임을 할 때, 3명씩 팀을 만들면 몇 팀이 됩니까?

식 21÷3=7 　 답 7 팀

※54쪽 <서술형으로 확인>의 답은 정답 및 해설 32쪽에서 확인하세요.

1. 나눗셈이 뭐야? 53

정답 및 해설

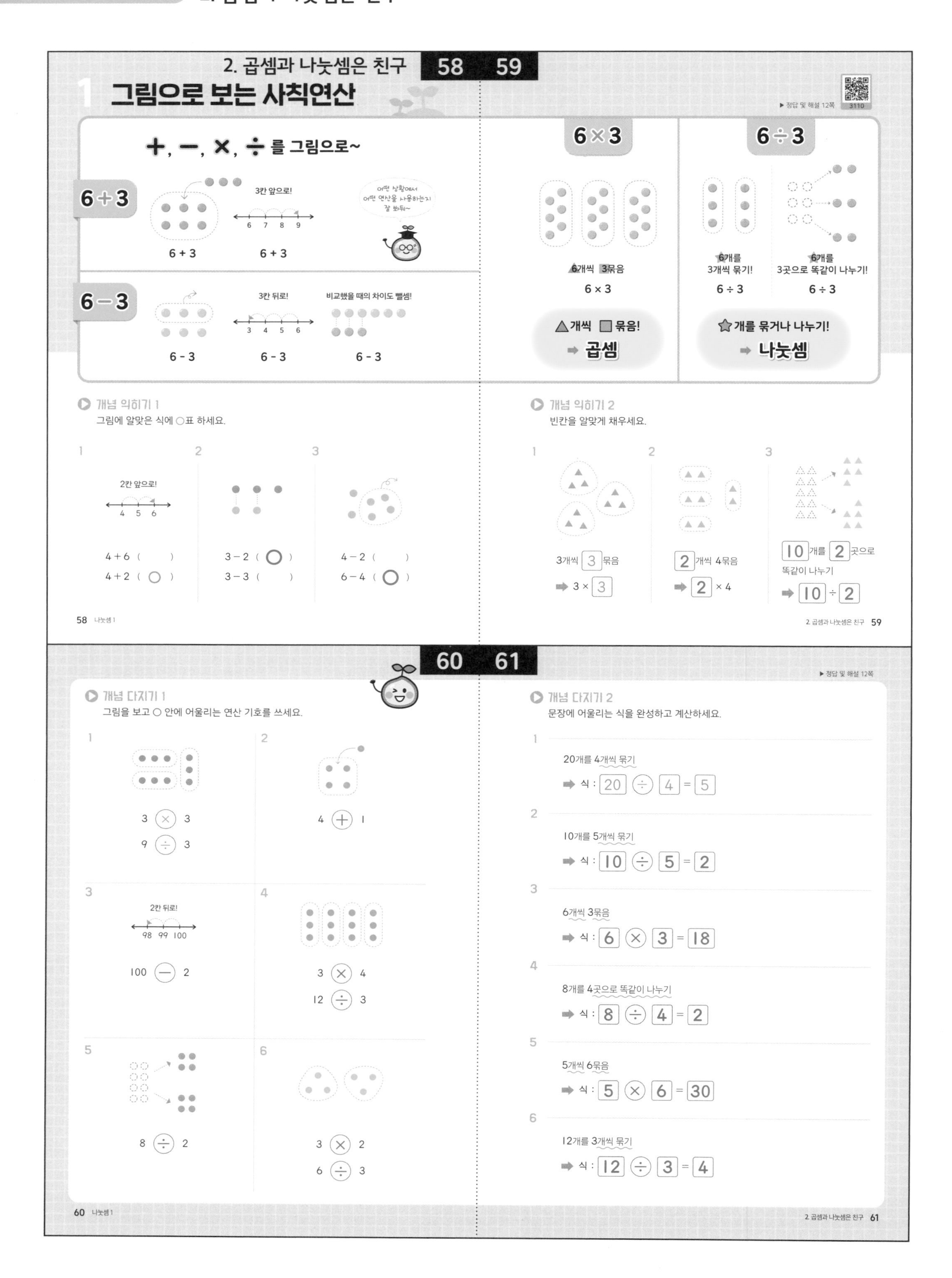
2. 곱셈과 나눗셈은 친구 58 59
1 그림으로 보는 사칙연산
+, −, ×, ÷ 를 그림으로~
6 + 3
6 + 3
6 + 3
6 − 3
6 - 3
6 - 3
6 - 3
6 × 3
6개씩 3묶음
6 × 3
△개씩 □묶음! ➡ 곱셈
6 ÷ 3
6개를 3개씩 묶기!
6 ÷ 3
6개를 3곳으로 똑같이 나누기!
6 ÷ 3
☆개를 묶거나 나누기! ➡ 나눗셈
개념 익히기 1
그림에 알맞은 식에 ○표 하세요.
4 + 6 ( )
4 + 2 (○)
3 − 2 (○)
3 − 3 ( )
4 − 2 ( )
6 − 4 (○)
개념 익히기 2
빈칸을 알맞게 채우세요.
3개씩 3묶음 ➡ 3 × 3
2개씩 4묶음 ➡ 2 × 4
10개를 2곳으로 똑같이 나누기 ➡ 10 ÷ 2
60 61
개념 다지기 1
그림을 보고 ○ 안에 어울리는 연산 기호를 쓰세요.
3 × 3
9 ÷ 3
4 + 1
100 − 2
3 × 4
12 ÷ 3
8 ÷ 2
3 × 2
6 ÷ 3
개념 다지기 2
문장에 어울리는 식을 완성하고 계산하세요.
20개를 4개씩 묶기 ➡ 식 : 20 ÷ 4 = 5
10개를 5개씩 묶기 ➡ 식 : 10 ÷ 5 = 2
6개씩 3묶음 ➡ 식 : 6 × 3 = 18
8개를 4곳으로 똑같이 나누기 ➡ 식 : 8 ÷ 4 = 2
5개씩 6묶음 ➡ 식 : 5 × 6 = 30
12개를 3개씩 묶기 ➡ 식 : 12 ÷ 3 = 4

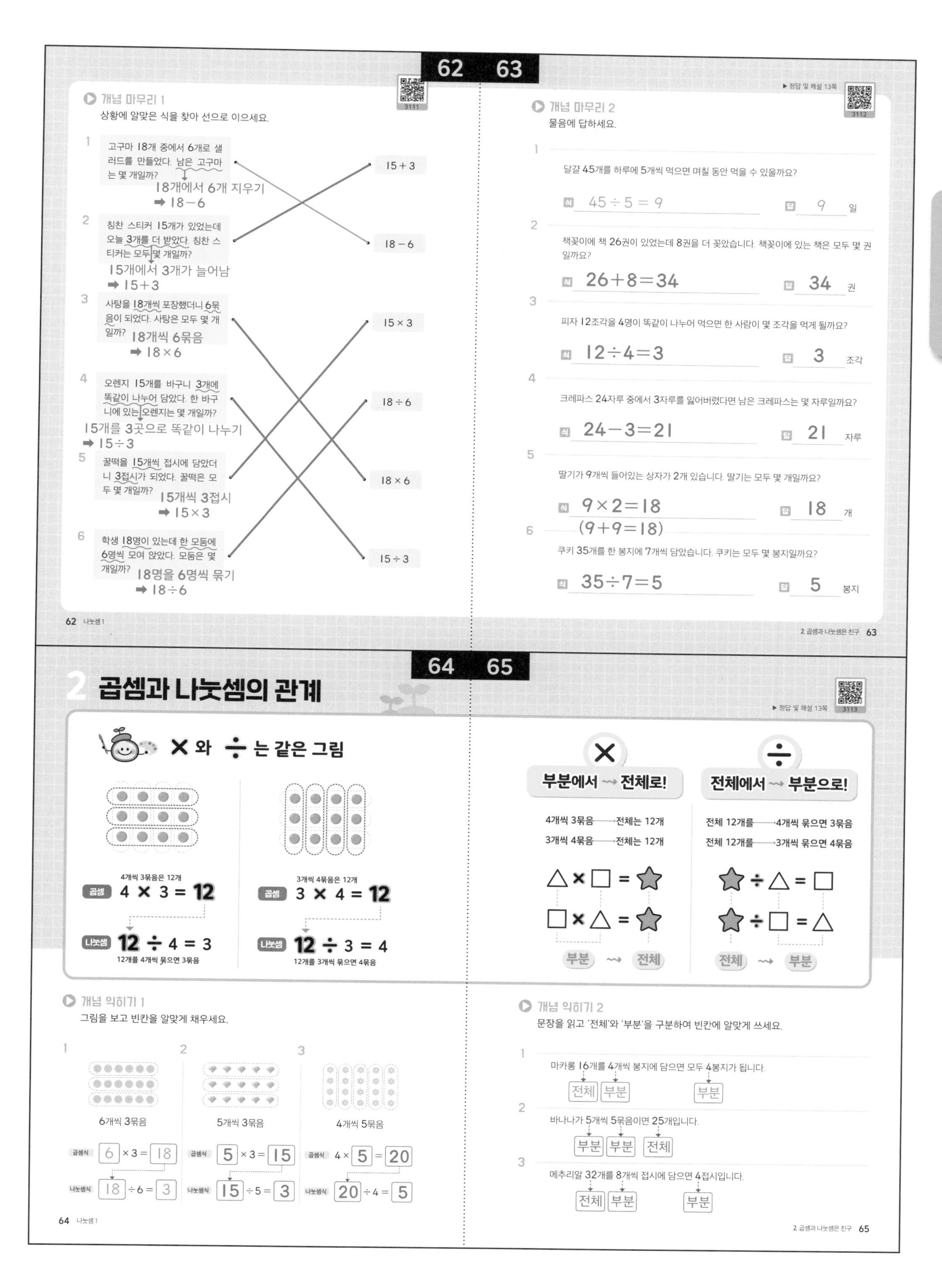
62 63
개념 마무리 1
상황에 알맞은 식을 찾아 선으로 이으세요.
1 고구마 18개 중에서 6개로 샐러드를 만들었다. 남은 고구마는 몇 개일까?
18개에서 6개 지우기 ➡ 18－6
2 칭찬 스티커 15개가 있었는데 오늘 3개를 더 받았다. 칭찬 스티커는 모두 몇 개일까?
15개에서 3개가 늘어남 ➡ 15＋3
3 사탕을 18개씩 포장했더니 6묶음이 되었다. 사탕은 모두 몇 개일까?
18개씩 6묶음 ➡ 18×6
4 오렌지 15개를 바구니 3개에 똑같이 나누어 담았다. 한 바구니에 있는 오렌지는 몇 개일까?
15개를 3곳으로 똑같이 나누기 ➡ 15÷3
5 꿀떡을 15개씩 접시에 담았더니 3접시가 되었다. 꿀떡은 모두 몇 개일까?
15개씩 3접시 ➡ 15×3
6 학생 18명이 있는데 한 모둠에 6명씩 모여 앉았다. 모둠은 몇 개일까?
18명을 6명씩 묶기 ➡ 18÷6
15＋3
18－6
15×3
18÷6
18×6
15÷3
개념 마무리 2
물음에 답하세요.
1 달걀 45개를 하루에 5개씩 먹으면 며칠 동안 먹을 수 있을까요?
식 45÷5＝9 답 9 일
2 책꽂이에 책 26권이 있었는데 8권을 더 꽂았습니다. 책꽂이에 있는 책은 모두 몇 권일까요?
식 26＋8＝34 답 34 권
3 피자 12조각을 4명이 똑같이 나누어 먹으면 한 사람이 몇 조각을 먹게 될까요?
식 12÷4＝3 답 3 조각
4 크레파스 24자루 중에서 3자루를 잃어버렸다면 남은 크레파스는 몇 자루일까요?
식 24－3＝21 답 21 자루
5 딸기가 9개씩 들어있는 상자가 2개 있습니다. 딸기는 모두 몇 개일까요?
식 9×2＝18 (9＋9＝18) 답 18 개
6 쿠키 35개를 한 봉지에 7개씩 담았습니다. 쿠키는 모두 몇 봉지일까요?
식 35÷7＝5 답 5 봉지
62 나눗셈 1
2. 곱셈과 나눗셈은 친구 63
64 65
2 곱셈과 나눗셈의 관계
× 와 ÷ 는 같은 그림
4개씩 3묶음은 12개
곱셈 4 × 3 = 12
나눗셈 12 ÷ 4 = 3
12개를 4개씩 묶으면 3묶음
3개씩 4묶음은 12개
곱셈 3 × 4 = 12
나눗셈 12 ÷ 3 = 4
12개를 3개씩 묶으면 4묶음
부분에서 ⤳ 전체로!
4개씩 3묶음 → 전체는 12개
3개씩 4묶음 → 전체는 12개
부분 ⤳ 전체
전체에서 ⤳ 부분으로!
전체 12개를 → 4개씩 묶으면 3묶음
전체 12개를 → 3개씩 묶으면 4묶음
전체 ⤳ 부분
개념 익히기 1
그림을 보고 빈칸을 알맞게 채우세요.
1 6개씩 3묶음
곱셈식 6 × 3 = 18
나눗셈식 18 ÷ 6 = 3
2 5개씩 3묶음
곱셈식 5 × 3 = 15
나눗셈식 15 ÷ 5 = 3
3 4개씩 5묶음
곱셈식 4 × 5 = 20
나눗셈식 20 ÷ 4 = 5
개념 익히기 2
문장을 읽고 '전체'와 '부분'을 구분하여 빈칸에 알맞게 쓰세요.
1 마카롱 16개를 4개씩 봉지에 담으면 모두 4봉지가 됩니다.
전체 부분 부분
2 바나나가 5개씩 5묶음이면 25개입니다.
부분 부분 전체
3 메추리알 32개를 8개씩 접시에 담으면 4접시입니다.
전체 부분 부분
64 나눗셈 1
2. 곱셈과 나눗셈은 친구 65
정답 및 해설

2. 곱셈과 나눗셈은 친구

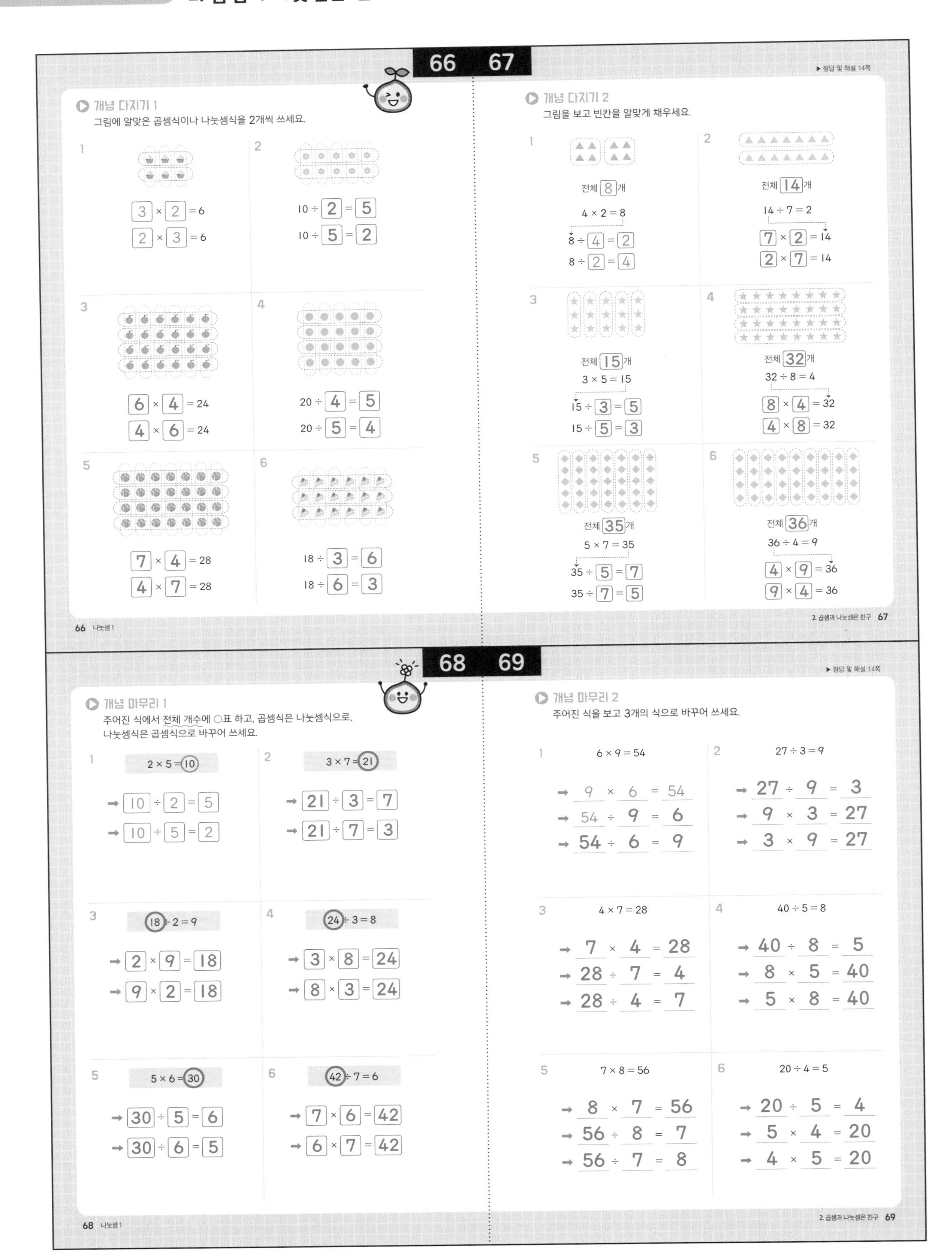

66 67

▶ 정답 및 해설 14쪽

개념 다지기 1

그림에 알맞은 곱셈식이나 나눗셈식을 2개씩 쓰세요.

1. 3 × 2 = 6 / 2 × 3 = 6
2. 10 ÷ 2 = 5 / 10 ÷ 5 = 2
3. 6 × 4 = 24 / 4 × 6 = 24
4. 20 ÷ 4 = 5 / 20 ÷ 5 = 4
5. 7 × 4 = 28 / 4 × 7 = 28
6. 18 ÷ 3 = 6 / 18 ÷ 6 = 3

개념 다지기 2

그림을 보고 빈칸을 알맞게 채우세요.

1. 전체 8개, 4 × 2 = 8 → 8 ÷ 4 = 2, 8 ÷ 2 = 4
2. 전체 14개, 14 ÷ 7 = 2 → 7 × 2 = 14, 2 × 7 = 14
3. 전체 15개, 3 × 5 = 15 → 15 ÷ 3 = 5, 15 ÷ 5 = 3
4. 전체 32개, 32 ÷ 8 = 4 → 8 × 4 = 32, 4 × 8 = 32
5. 전체 35개, 5 × 7 = 35 → 35 ÷ 5 = 7, 35 ÷ 7 = 5
6. 전체 36개, 36 ÷ 4 = 9 → 4 × 9 = 36, 9 × 4 = 36

66 나눗셈 1 2. 곱셈과 나눗셈은 친구 67

68 69

▶ 정답 및 해설 14쪽

개념 마무리 1

주어진 식에서 전체 개수에 ○표 하고, 곱셈식은 나눗셈식으로, 나눗셈식은 곱셈식으로 바꾸어 쓰세요.

1. 2 × 5 = (10) → 10 ÷ 2 = 5, → 10 ÷ 5 = 2
2. 3 × 7 = (21) → 21 ÷ 3 = 7, → 21 ÷ 7 = 3
3. (18) ÷ 2 = 9 → 2 × 9 = 18, → 9 × 2 = 18
4. (24) ÷ 3 = 8 → 3 × 8 = 24, → 8 × 3 = 24
5. 5 × 6 = (30) → 30 ÷ 5 = 6, → 30 ÷ 6 = 5
6. (42) ÷ 7 = 6 → 7 × 6 = 42, → 6 × 7 = 42

개념 마무리 2

주어진 식을 보고 3개의 식으로 바꾸어 쓰세요.

1. 6 × 9 = 54 → 9 × 6 = 54, → 54 ÷ 9 = 6, → 54 ÷ 6 = 9
2. 27 ÷ 3 = 9 → 27 ÷ 9 = 3, → 9 × 3 = 27, → 3 × 9 = 27
3. 4 × 7 = 28 → 7 × 4 = 28, → 28 ÷ 7 = 4, → 28 ÷ 4 = 7
4. 40 ÷ 5 = 8 → 40 ÷ 8 = 5, → 8 × 5 = 40, → 5 × 8 = 40
5. 7 × 8 = 56 → 8 × 7 = 56, → 56 ÷ 8 = 7, → 56 ÷ 7 = 8
6. 20 ÷ 4 = 5 → 20 ÷ 5 = 4, → 5 × 4 = 20, → 4 × 5 = 20

68 나눗셈 1 2. 곱셈과 나눗셈은 친구 69

70 71

3 곱셈으로 나눗셈의 몫 찾기

▶ 정답 및 해설 15쪽 3114

÷식 은 ⇝ ×식 으로 쓸 수 있어!

△ ÷ □ = ☆

뒤의 두 수의 곱이

맨 앞의 수!

➡ □ × ☆ = △

곱셈구구로 나눗셈의 몫 찾기!

18 ÷ 6 = ?

부분과 부분의 곱이

전체!

6 × ? = 18

➡ ? = 3

6에 무엇을 곱해야 18이 될까?

6단 곱셈구구를 떠올려 봐!

6 × 1 = 6

6 × 2 = 12

6 × 3 = 18

⋮

개념 익히기 1

나눗셈식을 곱셈식으로 바꿀 때, 곱하는 두 수를 선으로 이으세요.

1 42 ÷ 6 = 7

2 36 ÷ 4 = 9

3 24 ÷ 8 = 3

개념 익히기 2

나눗셈식에 선을 긋고, 몫을 구하기 위해 필요한 곱셈구구가 몇 단인지 쓰세요.

1 40 ÷ 8 = ? ➡ 필요한 곱셈구구는 8 단

2 35 ÷ 7 = ? ➡ 필요한 곱셈구구는 7 단

3 21 ÷ 3 = ? ➡ 필요한 곱셈구구는 3 단

70 나눗셈 1

2. 곱셈과 나눗셈은 친구 71

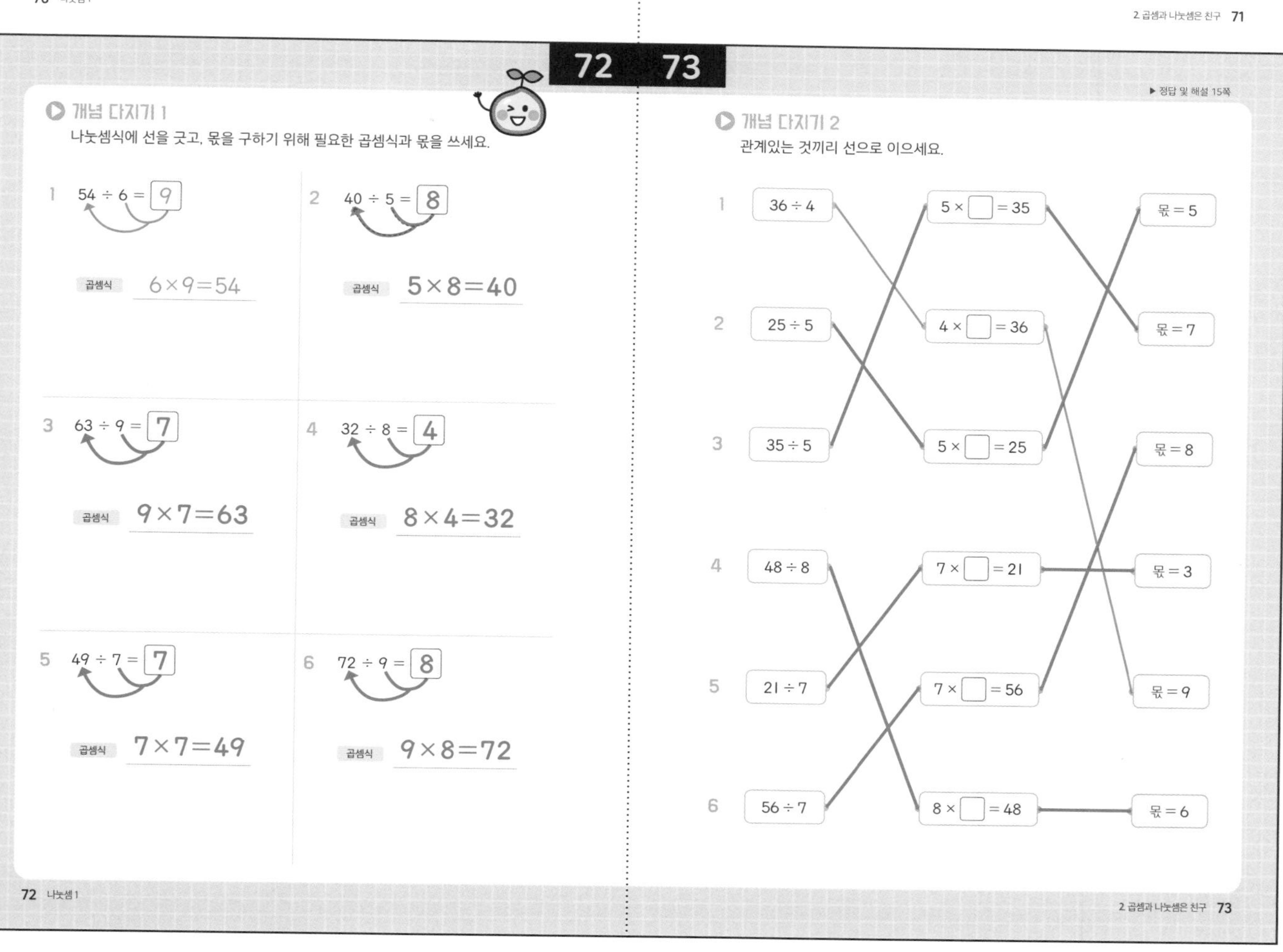

72 73

▶ 정답 및 해설 15쪽

개념 다지기 1

나눗셈식에 선을 긋고, 몫을 구하기 위해 필요한 곱셈식과 몫을 쓰세요.

1 54 ÷ 6 = 9 곱셈식 6×9=54

2 40 ÷ 5 = 8 곱셈식 5×8=40

3 63 ÷ 9 = 7 곱셈식 9×7=63

4 32 ÷ 8 = 4 곱셈식 8×4=32

5 49 ÷ 7 = 7 곱셈식 7×7=49

6 72 ÷ 9 = 8 곱셈식 9×8=72

개념 다지기 2

관계있는 것끼리 선으로 이으세요.

1 36 ÷ 4 — 5 × □ = 35 — 몫 = 5

2 25 ÷ 5 — 4 × □ = 36 — 몫 = 7

3 35 ÷ 5 — 5 × □ = 25 — 몫 = 8

4 48 ÷ 8 — 7 × □ = 21 — 몫 = 3

5 21 ÷ 7 — 7 × □ = 56 — 몫 = 9

6 56 ÷ 7 — 8 × □ = 48 — 몫 = 6

72 나눗셈 1

2. 곱셈과 나눗셈은 친구 73

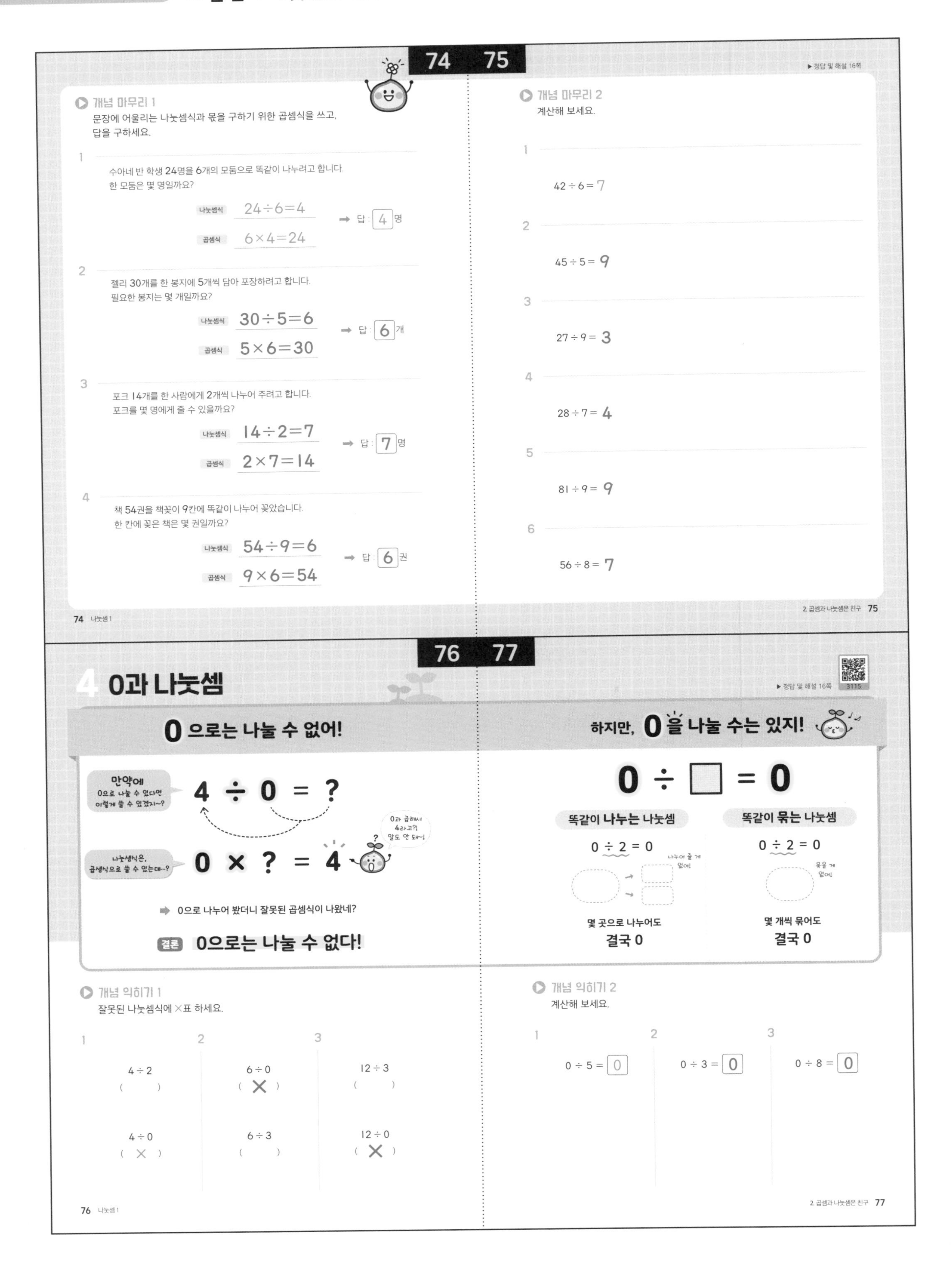

74 75

개념 마무리 1

문장에 어울리는 나눗셈식과 몫을 구하기 위한 곱셈식을 쓰고, 답을 구하세요.

1 수아네 반 학생 24명을 6개의 모둠으로 똑같이 나누려고 합니다. 한 모둠은 몇 명일까요?

나눗셈식 $24 \div 6 = 4$

곱셈식 $6 \times 4 = 24$

→ 답: 4 명

2 젤리 30개를 한 봉지에 5개씩 담아 포장하려고 합니다. 필요한 봉지는 몇 개일까요?

나눗셈식 $30 \div 5 = 6$

곱셈식 $5 \times 6 = 30$

→ 답: 6 개

3 포크 14개를 한 사람에게 2개씩 나누어 주려고 합니다. 포크를 몇 명에게 줄 수 있을까요?

나눗셈식 $14 \div 2 = 7$

곱셈식 $2 \times 7 = 14$

→ 답: 7 명

4 책 54권을 책꽂이 9칸에 똑같이 나누어 꽂았습니다. 한 칸에 꽂은 책은 몇 권일까요?

나눗셈식 $54 \div 9 = 6$

곱셈식 $9 \times 6 = 54$

→ 답: 6 권

74 나눗셈 1

▶ 정답 및 해설 16쪽

개념 마무리 2

계산해 보세요.

1 $42 \div 6 = 7$

2 $45 \div 5 = 9$

3 $27 \div 9 = 3$

4 $28 \div 7 = 4$

5 $81 \div 9 = 9$

6 $56 \div 8 = 7$

2. 곱셈과 나눗셈은 친구 75

76 77

4 0과 나눗셈

▶ 정답 및 해설 16쪽

3115

0으로는 나눌 수 없어!

만약에 0으로 나눌 수 있다면 이렇게 쓸 수 있겠지~?

$4 \div 0 = ?$

나눗셈식은, 곱셈식으로 쓸 수 있는데~?

$0 \times ? = 4$

0과 곱해서 4라고?! 말도 안 돼~!

➡ 0으로 나누어 봤더니 잘못된 곱셈식이 나왔네?

결론 **0으로는 나눌 수 없다!**

하지만, 0을 나눌 수는 있지!

$0 \div \square = 0$

똑같이 나누는 나눗셈	똑같이 묶는 나눗셈
$0 \div 2 = 0$	$0 \div 2 = 0$
나누어 줄 게 없어	묶을 게 없어
몇 곳으로 나누어도 결국 0	몇 개씩 묶어도 결국 0

개념 익히기 1

잘못된 나눗셈식에 ×표 하세요.

1	2	3
$4 \div 2$ ( )	$6 \div 0$ (×)	$12 \div 3$ ( )
$4 \div 0$ (×)	$6 \div 3$ ( )	$12 \div 0$ (×)

76 나눗셈 1

개념 익히기 2

계산해 보세요.

1 $0 \div 5 = 0$

2 $0 \div 3 = 0$

3 $0 \div 8 = 0$

2. 곱셈과 나눗셈은 친구 77

78 79

개념 다지기 1

나눗셈의 몫을 구하고, 몫을 구할 수 없는 식에는 ×표 하세요.

1. $0 \div 9 =$ [0]
2. $16 \div 0 =$ [×]
3. $0 \div 8 =$ [0]
4. $20 \div 0 =$ [×]
5. $49 \div 0 =$ [×]
6. $0 \div 7 =$ [0]

▶ 정답 및 해설 17쪽

개념 다지기 2

주어진 식을 계산하고, 계산할 수 없는 식에는 ×표 하세요.

1. $4 + 0 =$ [4], $4 - 0 =$ [4], $4 \div 0 =$ [×]
2. $0 + 8 =$ [8], $0 \times 8 =$ [0], $0 \div 8 =$ [0]
3. $9 - 0 =$ [9], $9 \times 0 =$ [0], $9 \div 0 =$ [×]
4. $0 + 7 =$ [7], $0 \div 7 =$ [0], $0 \times 7 =$ [0]
5. $0 \div 3 =$ [0], $0 + 3 =$ [3], $0 \times 3 =$ [0]
6. $5 - 0 =$ [5], $5 \times 0 =$ [0], $5 \div 0 =$ [×]

80 81

개념 마무리 1

빈칸을 알맞게 채우세요.

1. [25] $\div 5 = 5$
2. $9 \div$ [1] $= 9$
3. [0] $\div 2 = 0$
4. $7 \div$ [7] $= 1$
5. $0 \div 3 =$ [0]
6. $81 \div$ [9] $= 9$

▶ 정답 및 해설 17쪽

개념 마무리 2

계산 결과가 0이 되는 것에 ○표 하고, 몇 개인지 쓰세요.

➡ [4]개

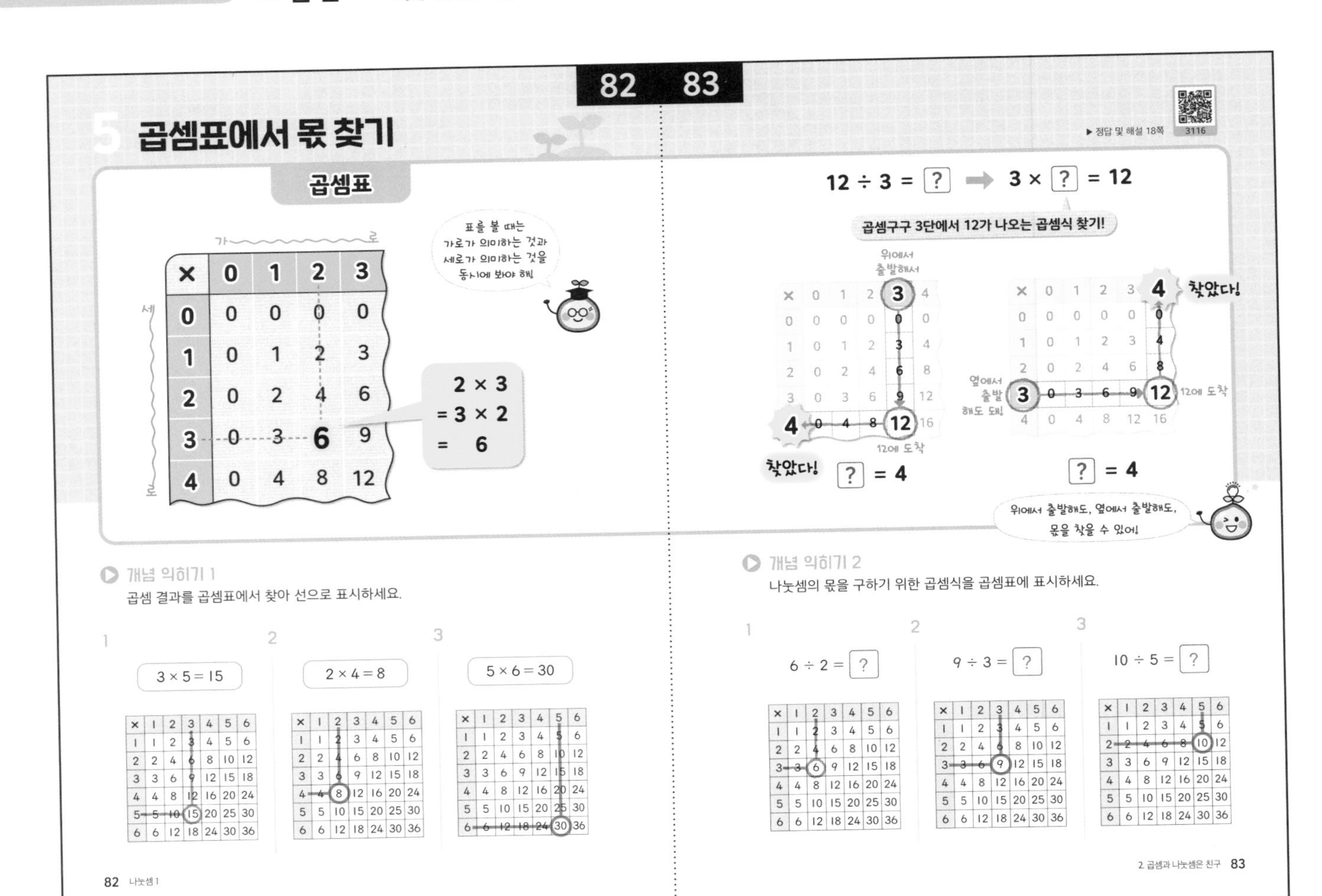

82 83

5 곱셈표에서 몫 찾기

▶ 정답 및 해설 18쪽 3116

곱셈표

가로 / 세로

×	0	1	2	3
0	0	0	0	0
1	0	1	2	3
2	0	2	4	6
3	0	3	6	9
4	0	4	8	12

2 × 3 = 3 × 2 = 6

표를 볼 때는 가로가 의미하는 것과 세로가 의미하는 것을 동시에 봐야 해!

12 ÷ 3 = ? ➡ 3 × ? = 12

곱셈구구 3단에서 12가 나오는 곱셈식 찾기!

위에서 출발해서

×	0	1	2	3	4
0	0	0	0	0	0
1	0	1	2	3	4
2	0	2	4	6	8
3	0	3	6	9	12
4	0	4	8	12	16

12에 도착 / 찾았다! ? = 4

열에서 출발해도 돼

×	0	1	2	3	4
0	0	0	0	0	0
1	0	1	2	3	4
2	0	2	4	6	8
3	0	3	6	9	12
4	0	4	8	12	16

12에 도착 / 찾았다! ? = 4

위에서 출발해도, 옆에서 출발해도, 몫을 찾을 수 있어!

개념 익히기 1

곱셈 결과를 곱셈표에서 찾아 선으로 표시하세요.

1 3 × 5 = 15

×	1	2	3	4	5	6
1	1	2	3	4	5	6
2	2	4	6	8	10	12
3	3	6	9	12	15	18
4	4	8	12	16	20	24
5	5	10	15	20	25	30
6	6	12	18	24	30	36

2 2 × 4 = 8

×	1	2	3	4	5	6
1	1	2	3	4	5	6
2	2	4	6	8	10	12
3	3	6	9	12	15	18
4	4	8	12	16	20	24
5	5	10	15	20	25	30
6	6	12	18	24	30	36

3 5 × 6 = 30

×	1	2	3	4	5	6
1	1	2	3	4	5	6
2	2	4	6	8	10	12
3	3	6	9	12	15	18
4	4	8	12	16	20	24
5	5	10	15	20	25	30
6	6	12	18	24	30	36

개념 익히기 2

나눗셈의 몫을 구하기 위한 곱셈식을 곱셈표에 표시하세요.

1 6 ÷ 2 = ?

×	1	2	3	4	5	6
1	1	2	3	4	5	6
2	2	4	6	8	10	12
3	3	6	9	12	15	18
4	4	8	12	16	20	24
5	5	10	15	20	25	30
6	6	12	18	24	30	36

2 9 ÷ 3 = ?

×	1	2	3	4	5	6
1	1	2	3	4	5	6
2	2	4	6	8	10	12
3	3	6	9	12	15	18
4	4	8	12	16	20	24
5	5	10	15	20	25	30
6	6	12	18	24	30	36

3 10 ÷ 5 = ?

×	1	2	3	4	5	6
1	1	2	3	4	5	6
2	2	4	6	8	10	12
3	3	6	9	12	15	18
4	4	8	12	16	20	24
5	5	10	15	20	25	30
6	6	12	18	24	30	36

82 나눗셈 1 / 2. 곱셈과 나눗셈은 친구 83

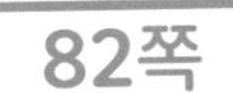

82쪽

1

×	1	2	3	4	5	6
1	1	2	3	4	5	6
2	2	4	6	8	10	12
3	3	6	9	12	15	18
4	4	8	12	16	20	24
5	5	10	15	20	25	30
6	6	12	18	24	30	36

도 가능

2

×	1	2	3	4	5	6
1	1	2	3	4	5	6
2	2	4	6	8	10	12
3	3	6	9	12	15	18
4	4	8	12	16	20	24
5	5	10	15	20	25	30
6	6	12	18	24	30	36

도 가능

3

×	1	2	3	4	5	6
1	1	2	3	4	5	6
2	2	4	6	8	10	12
3	3	6	9	12	15	18
4	4	8	12	16	20	24
5	5	10	15	20	25	30
6	6	12	18	24	30	36

도 가능

83쪽

1

×	1	2	3	4	5	6
1	1	2	3	4	5	6
2	2	4	6	8	10	12
3	3	6	9	12	15	18
4	4	8	12	16	20	24
5	5	10	15	20	25	30
6	6	12	18	24	30	36

도 가능

3

×	1	2	3	4	5	6
1	1	2	3	4	5	6
2	2	4	6	8	10	12
3	3	6	9	12	15	18
4	4	8	12	16	20	24
5	5	10	15	20	25	30
6	6	12	18	24	30	36

도 가능

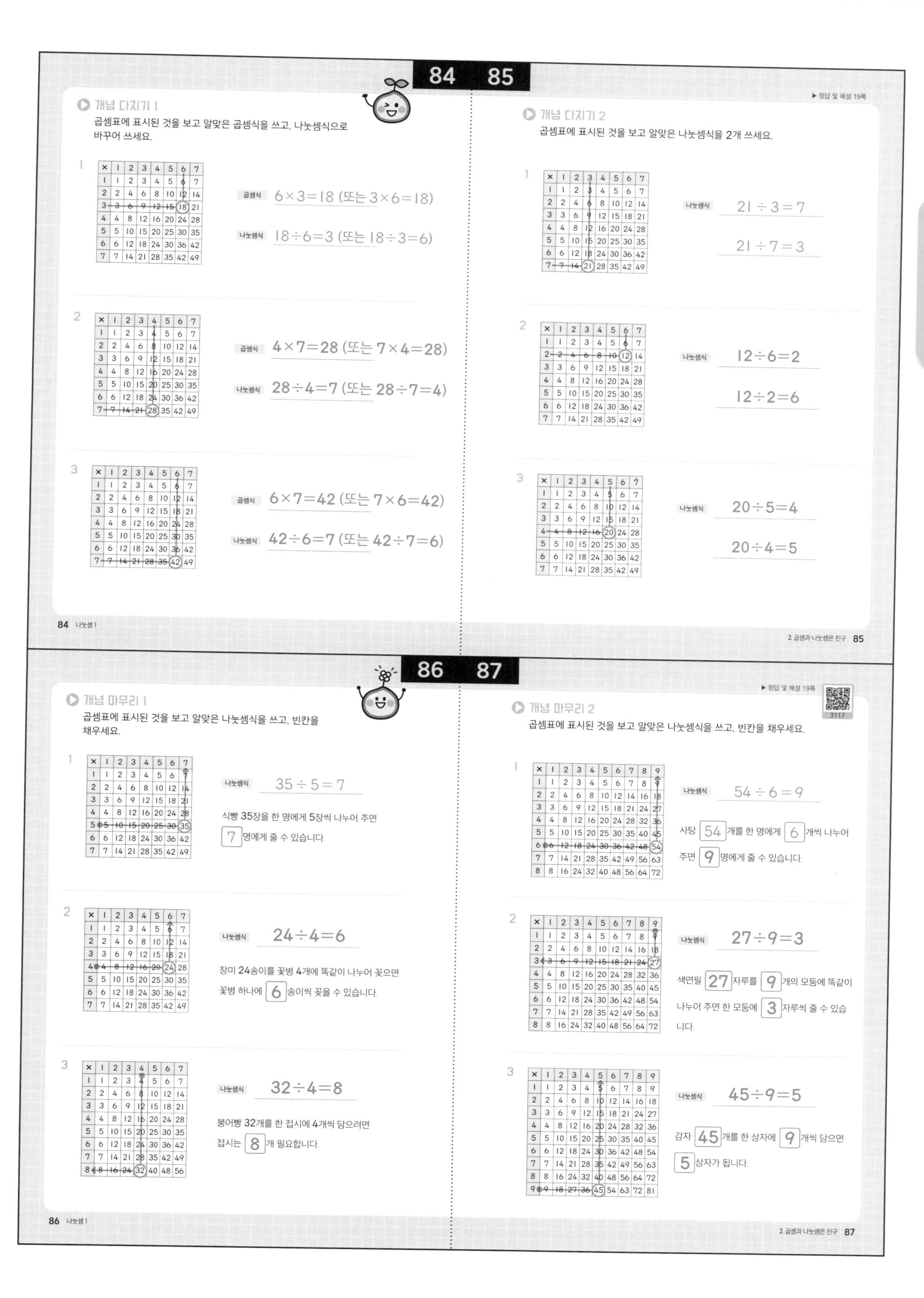

84 85

▶ 정답 및 해설 19쪽

개념 다지기 1

곱셈표에 표시된 것을 보고 알맞은 곱셈식을 쓰고, 나눗셈식으로 바꾸어 쓰세요.

1

×	1	2	3	4	5	6	7
1	1	2	3	4	5	6	7
2	2	4	6	8	10	12	14
3	3	6	9	12	15	18	21
4	4	8	12	16	20	24	28
5	5	10	15	20	25	30	35
6	6	12	18	24	30	36	42
7	7	14	21	28	35	42	49

곱셈식 $6\times3=18$ (또는 $3\times6=18$)

나눗셈식 $18\div6=3$ (또는 $18\div3=6$)

2

×	1	2	3	4	5	6	7
1	1	2	3	4	5	6	7
2	2	4	6	8	10	12	14
3	3	6	9	12	15	18	21
4	4	8	12	16	20	24	28
5	5	10	15	20	25	30	35
6	6	12	18	24	30	36	42
7	7	14	21	28	35	42	49

곱셈식 $4\times7=28$ (또는 $7\times4=28$)

나눗셈식 $28\div4=7$ (또는 $28\div7=4$)

3

×	1	2	3	4	5	6	7
1	1	2	3	4	5	6	7
2	2	4	6	8	10	12	14
3	3	6	9	12	15	18	21
4	4	8	12	16	20	24	28
5	5	10	15	20	25	30	35
6	6	12	18	24	30	36	42
7	7	14	21	28	35	42	49

곱셈식 $6\times7=42$ (또는 $7\times6=42$)

나눗셈식 $42\div6=7$ (또는 $42\div7=6$)

84 나눗셈1

개념 다지기 2

곱셈표에 표시된 것을 보고 알맞은 나눗셈식을 2개 쓰세요.

1

×	1	2	3	4	5	6	7
1	1	2	3	4	5	6	7
2	2	4	6	8	10	12	14
3	3	6	9	12	15	18	21
4	4	8	12	16	20	24	28
5	5	10	15	20	25	30	35
6	6	12	18	24	30	36	42
7	7	14	21	28	35	42	49

나눗셈식 $21\div3=7$

$21\div7=3$

2

×	1	2	3	4	5	6	7
1	1	2	3	4	5	6	7
2	2	4	6	8	10	12	14
3	3	6	9	12	15	18	21
4	4	8	12	16	20	24	28
5	5	10	15	20	25	30	35
6	6	12	18	24	30	36	42
7	7	14	21	28	35	42	49

나눗셈식 $12\div6=2$

$12\div2=6$

3

×	1	2	3	4	5	6	7
1	1	2	3	4	5	6	7
2	2	4	6	8	10	12	14
3	3	6	9	12	15	18	21
4	4	8	12	16	20	24	28
5	5	10	15	20	25	30	35
6	6	12	18	24	30	36	42
7	7	14	21	28	35	42	49

나눗셈식 $20\div5=4$

$20\div4=5$

2. 곱셈과 나눗셈은 친구 85

86 87

▶ 정답 및 해설 19쪽

3117

개념 마무리 1

곱셈표에 표시된 것을 보고 알맞은 나눗셈식을 쓰고, 빈칸을 채우세요.

1

×	1	2	3	4	5	6	7
1	1	2	3	4	5	6	7
2	2	4	6	8	10	12	14
3	3	6	9	12	15	18	21
4	4	8	12	16	20	24	28
5	5	10	15	20	25	30	35
6	6	12	18	24	30	36	42
7	7	14	21	28	35	42	49

나눗셈식 $35\div5=7$

식빵 35장을 한 명에게 5장씩 나누어 주면 7 명에게 줄 수 있습니다.

2

×	1	2	3	4	5	6	7
1	1	2	3	4	5	6	7
2	2	4	6	8	10	12	14
3	3	6	9	12	15	18	21
4	4	8	12	16	20	24	28
5	5	10	15	20	25	30	35
6	6	12	18	24	30	36	42
7	7	14	21	28	35	42	49

나눗셈식 $24\div4=6$

장미 24송이를 꽃병 4개에 똑같이 나누어 꽂으면 꽃병 하나에 6 송이씩 꽂을 수 있습니다.

3

×	1	2	3	4	5	6	7
1	1	2	3	4	5	6	7
2	2	4	6	8	10	12	14
3	3	6	9	12	15	18	21
4	4	8	12	16	20	24	28
5	5	10	15	20	25	30	35
6	6	12	18	24	30	36	42
7	7	14	21	28	35	42	49
8	8	16	24	32	40	48	56

나눗셈식 $32\div4=8$

붕어빵 32개를 한 접시에 4개씩 담으려면 접시는 8 개 필요합니다.

86 나눗셈1

개념 마무리 2

곱셈표에 표시된 것을 보고 알맞은 나눗셈식을 쓰고, 빈칸을 채우세요.

1

×	1	2	3	4	5	6	7	8	9
1	1	2	3	4	5	6	7	8	9
2	2	4	6	8	10	12	14	16	18
3	3	6	9	12	15	18	21	24	27
4	4	8	12	16	20	24	28	32	36
5	5	10	15	20	25	30	35	40	45
6	6	12	18	24	30	36	42	48	54
7	7	14	21	28	35	42	49	56	63
8	8	16	24	32	40	48	56	64	72

나눗셈식 $54\div6=9$

사탕 54 개를 한 명에게 6 개씩 나누어 주면 9 명에게 줄 수 있습니다.

2

×	1	2	3	4	5	6	7	8	9
1	1	2	3	4	5	6	7	8	9
2	2	4	6	8	10	12	14	16	18
3	3	6	9	12	15	18	21	24	27
4	4	8	12	16	20	24	28	32	36
5	5	10	15	20	25	30	35	40	45
6	6	12	18	24	30	36	42	48	54
7	7	14	21	28	35	42	49	56	63
8	8	16	24	32	40	48	56	64	72

나눗셈식 $27\div9=3$

색연필 27 자루를 9 개의 모둠에 똑같이 나누어 주면 한 모둠에 3 자루씩 줄 수 있습니다.

3

×	1	2	3	4	5	6	7	8	9
1	1	2	3	4	5	6	7	8	9
2	2	4	6	8	10	12	14	16	18
3	3	6	9	12	15	18	21	24	27
4	4	8	12	16	20	24	28	32	36
5	5	10	15	20	25	30	35	40	45
6	6	12	18	24	30	36	42	48	54
7	7	14	21	28	35	42	49	56	63
8	8	16	24	32	40	48	56	64	72
9	9	18	27	36	45	54	63	72	81

나눗셈식 $45\div9=5$

감자 45 개를 한 상자에 9 개씩 담으면 5 상자가 됩니다.

2. 곱셈과 나눗셈은 친구 87

정답 및 해설

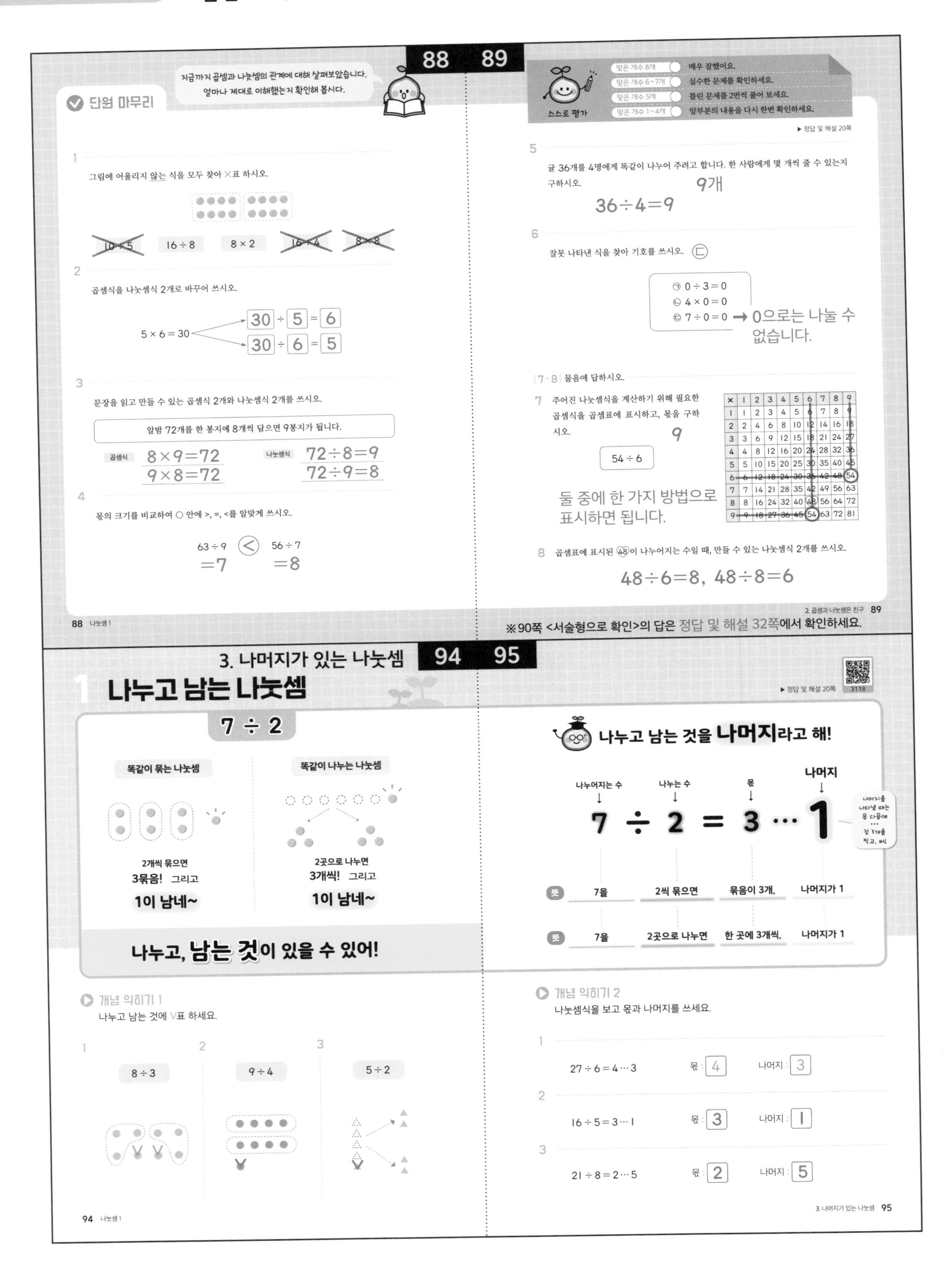

88 89

지금까지 곱셈과 나눗셈의 관계에 대해 살펴보았습니다. 얼마나 제대로 이해했는지 확인해 봅시다.

단원 마무리

1 그림에 어울리지 않는 식을 모두 찾아 ×표 하시오.

~~10÷5~~ 16÷8 8×2 ~~16÷4~~ ~~8×8~~

2 곱셈식을 나눗셈식 2개로 바꾸어 쓰시오.

5×6=30 → 30 ÷ 5 = 6, 30 ÷ 6 = 5

3 문장을 읽고 만들 수 있는 곱셈식 2개와 나눗셈식 2개를 쓰시오.

알밤 72개를 한 봉지에 8개씩 담으면 9봉지가 됩니다.

곱셈식 8×9=72, 9×8=72 나눗셈식 72÷8=9, 72÷9=8

4 몫의 크기를 비교하여 ○ 안에 >, =, <를 알맞게 쓰시오.

63÷9 (<) 56÷7
=7 =8

88 나눗셈 1

스스로 평가

맞은 개수 8개	매우 잘했어요.
맞은 개수 6~7개	실수한 문제를 확인하세요.
맞은 개수 5개	틀린 문제를 2번씩 풀어 보세요.
맞은 개수 1~4개	앞부분의 내용을 다시 한번 확인하세요.

▶ 정답 및 해설 20쪽

5 귤 36개를 4명에게 똑같이 나누어 주려고 합니다. 한 사람에게 몇 개씩 줄 수 있는지 구하시오. 9개

36÷4=9

6 잘못 나타낸 식을 찾아 기호를 쓰시오. ㉢

㉠ 0÷3=0
㉡ 4×0=0
㉢ 7÷0=0 → 0으로는 나눌 수 없습니다.

[7~8] 물음에 답하시오.

7 주어진 나눗셈식을 계산하기 위해 필요한 곱셈식을 곱셈표에 표시하고, 몫을 구하시오. 9

54÷6

×	1	2	3	4	5	6	7	8	9
1	1	2	3	4	5	6	7	8	9
2	2	4	6	8	10	12	14	16	18
3	3	6	9	12	15	18	21	24	27
4	4	8	12	16	20	24	28	32	36
5	5	10	15	20	25	30	35	40	45
6	6	12	18	24	30	36	42	48	54
7	7	14	21	28	35	42	49	56	63
8	8	16	24	32	40	48	56	64	72
9	9	18	27	36	45	54	63	72	81

둘 중에 한 가지 방법으로 표시하면 됩니다.

8 곱셈표에 표시된 48이 나누어지는 수일 때, 만들 수 있는 나눗셈식 2개를 쓰시오.

48÷6=8, 48÷8=6

2. 곱셈과 나눗셈은 친구 89

※90쪽 <서술형으로 확인>의 답은 정답 및 해설 32쪽에서 확인하세요.

3. 나머지가 있는 나눗셈 94 95

1 나누고 남는 나눗셈

▶ 정답 및 해설 20쪽

7 ÷ 2

똑같이 묶는 나눗셈: 2개씩 묶으면 3묶음! 그리고 1이 남네~

똑같이 나누는 나눗셈: 2곳으로 나누면 3개씩! 그리고 1이 남네~

나누고, 남는 것이 있을 수 있어!

나누고 남는 것을 나머지라고 해!

나누어지는 수 7 ÷ 나누는 수 2 = 몫 3 ··· 나머지 1

나머지를 나타낼 때는 몫 다음에 ··· 점 3개를 찍고, 써!

뜻 7을 2씩 묶으면 묶음이 3개, 나머지가 1

뜻 7을 2곳으로 나누면 한 곳에 3개씩, 나머지가 1

개념 익히기 1

나누고 남는 것에 V표 하세요.

1 8÷3 2 9÷4 3 5÷2

개념 익히기 2

나눗셈식을 보고 몫과 나머지를 쓰세요.

1 27÷6=4···3 몫: 4 나머지: 3

2 16÷5=3···1 몫: 3 나머지: 1

3 21÷8=2···5 몫: 2 나머지: 5

94 나눗셈 1

3. 나머지가 있는 나눗셈 95

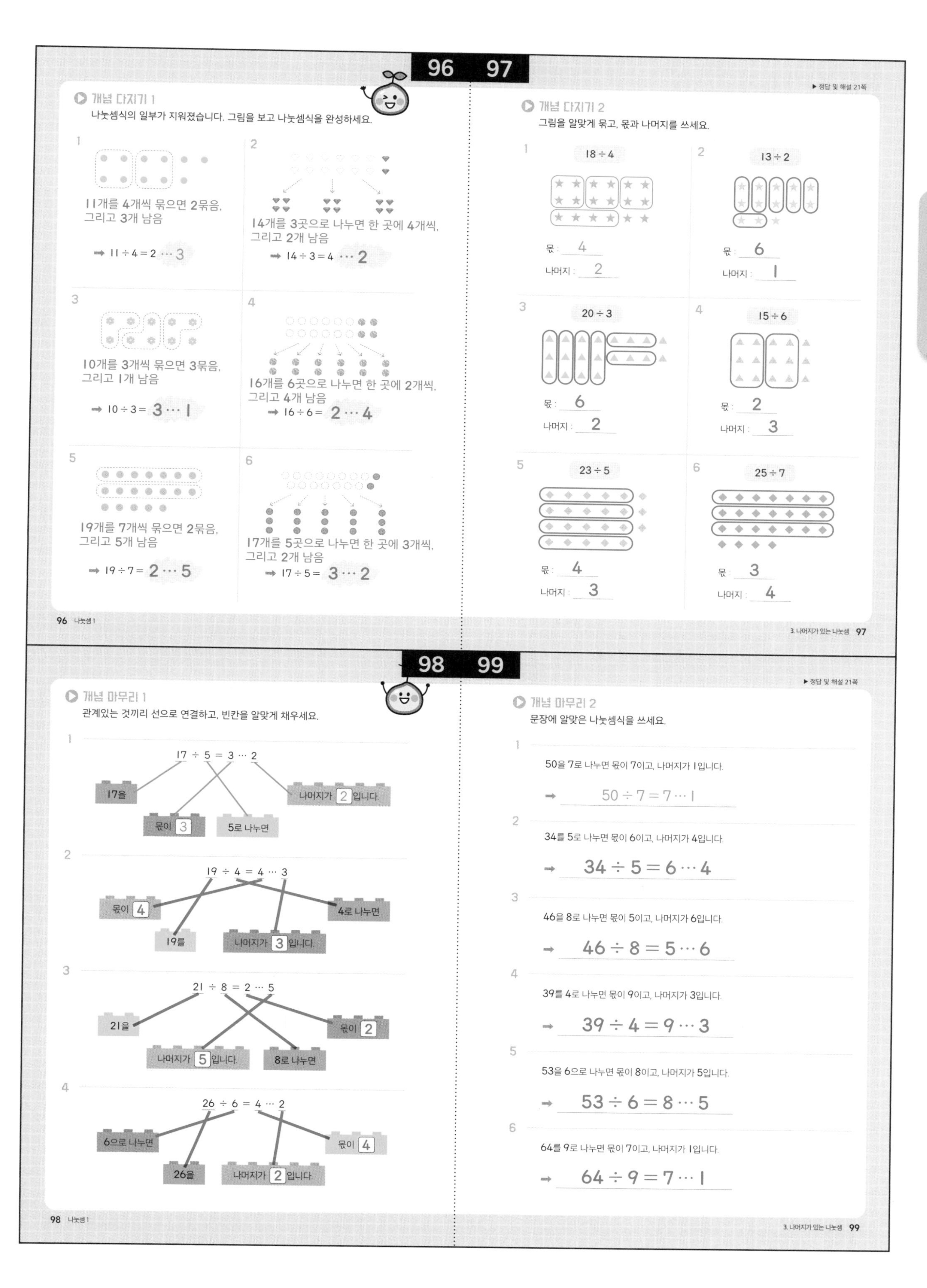

▶ 정답 및 해설 21쪽

개념 다지기 1

나눗셈식의 일부가 지워졌습니다. 그림을 보고 나눗셈식을 완성하세요.

1. 11개를 4개씩 묶으면 2묶음, 그리고 3개 남음
➡ 11 ÷ 4 = 2 ⋯ 3

2. 14개를 3곳으로 나누면 한 곳에 4개씩, 그리고 2개 남음
➡ 14 ÷ 3 = 4 ⋯ 2

3. 10개를 3개씩 묶으면 3묶음, 그리고 1개 남음
➡ 10 ÷ 3 = 3 ⋯ 1

4. 16개를 6곳으로 나누면 한 곳에 2개씩, 그리고 4개 남음
➡ 16 ÷ 6 = 2 ⋯ 4

5. 19개를 7개씩 묶으면 2묶음, 그리고 5개 남음
➡ 19 ÷ 7 = 2 ⋯ 5

6. 17개를 5곳으로 나누면 한 곳에 3개씩, 그리고 2개 남음
➡ 17 ÷ 5 = 3 ⋯ 2

개념 다지기 2

그림을 알맞게 묶고, 몫과 나머지를 쓰세요.

1. 18 ÷ 4
몫 : 4
나머지 : 2

2. 13 ÷ 2
몫 : 6
나머지 : 1

3. 20 ÷ 3
몫 : 6
나머지 : 2

4. 15 ÷ 6
몫 : 2
나머지 : 3

5. 23 ÷ 5
몫 : 4
나머지 : 3

6. 25 ÷ 7
몫 : 3
나머지 : 4

▶ 정답 및 해설 21쪽

개념 마무리 1

관계있는 것끼리 선으로 연결하고, 빈칸을 알맞게 채우세요.

1. 17 ÷ 5 = 3 ⋯ 2
17을 / 5로 나누면 / 몫이 3 / 나머지가 2입니다.

2. 19 ÷ 4 = 4 ⋯ 3
19를 / 4로 나누면 / 몫이 4 / 나머지가 3입니다.

3. 21 ÷ 8 = 2 ⋯ 5
21을 / 8로 나누면 / 몫이 2 / 나머지가 5입니다.

4. 26 ÷ 6 = 4 ⋯ 2
26을 / 6으로 나누면 / 몫이 4 / 나머지가 2입니다.

개념 마무리 2

문장에 알맞은 나눗셈식을 쓰세요.

1. 50을 7로 나누면 몫이 7이고, 나머지가 1입니다.
➡ 50 ÷ 7 = 7 ⋯ 1

2. 34를 5로 나누면 몫이 6이고, 나머지가 4입니다.
➡ 34 ÷ 5 = 6 ⋯ 4

3. 46을 8로 나누면 몫이 5이고, 나머지가 6입니다.
➡ 46 ÷ 8 = 5 ⋯ 6

4. 39를 4로 나누면 몫이 9이고, 나머지가 3입니다.
➡ 39 ÷ 4 = 9 ⋯ 3

5. 53을 6으로 나누면 몫이 8이고, 나머지가 5입니다.
➡ 53 ÷ 6 = 8 ⋯ 5

6. 64를 9로 나누면 몫이 7이고, 나머지가 1입니다.
➡ 64 ÷ 9 = 7 ⋯ 1

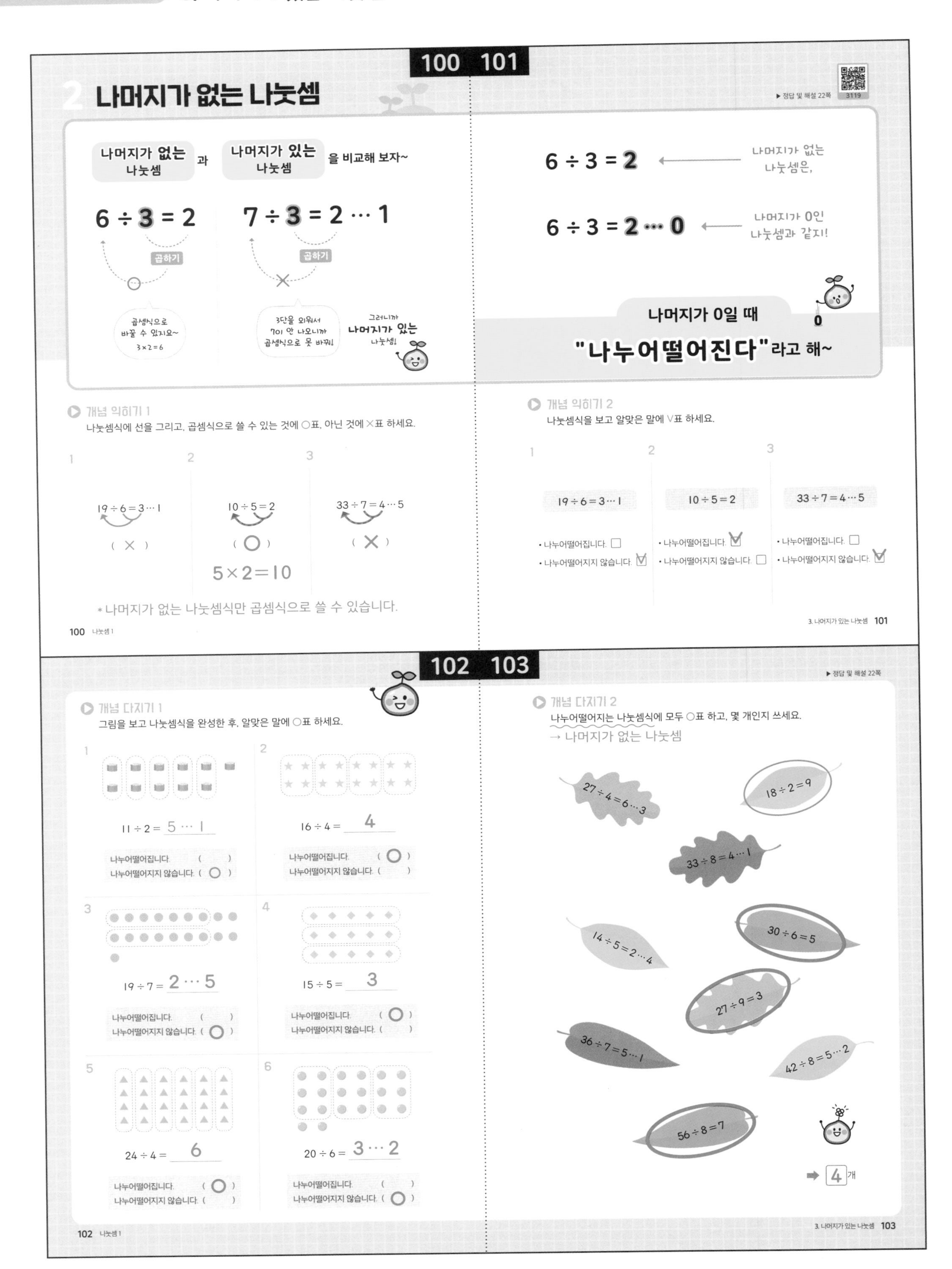

100 101

2 나머지가 없는 나눗셈

▶ 정답 및 해설 22쪽

나머지가 없는 나눗셈 과 나머지가 있는 나눗셈 을 비교해 보자~

$6 \div 3 = 2$ — 곱하기 — ○

곱셈식으로 바꿀 수 있지요~ $3 \times 2 = 6$

$7 \div 3 = 2 \cdots 1$ — 곱하기 — ×

3단을 외워서 7이 안 나오니까 곱셈식으로 못 바꿔!

그러니까 나머지가 있는 나눗셈!

$6 \div 3 = 2$ ← 나머지가 없는 나눗셈은,

$6 \div 3 = 2 \cdots 0$ ← 나머지가 0인 나눗셈과 같지!

나머지가 0일 때 **"나누어떨어진다"**라고 해~

개념 익히기 1

나눗셈식에 선을 그리고, 곱셈식으로 쓸 수 있는 것에 ○표, 아닌 것에 ×표 하세요.

1. $19 \div 6 = 3 \cdots 1$ (×)
2. $10 \div 5 = 2$ (○) $5 \times 2 = 10$
3. $33 \div 7 = 4 \cdots 5$ (×)

* 나머지가 없는 나눗셈식만 곱셈식으로 쓸 수 있습니다.

100 나눗셈 1

개념 익히기 2

나눗셈식을 보고 알맞은 말에 V표 하세요.

1. $19 \div 6 = 3 \cdots 1$
   - 나누어떨어집니다. □
   - 나누어떨어지지 않습니다. ☑
2. $10 \div 5 = 2$
   - 나누어떨어집니다. ☑
   - 나누어떨어지지 않습니다. □
3. $33 \div 7 = 4 \cdots 5$
   - 나누어떨어집니다. □
   - 나누어떨어지지 않습니다. ☑

3. 나머지가 있는 나눗셈 101

102 103

▶ 정답 및 해설 22쪽

개념 다지기 1

그림을 보고 나눗셈식을 완성한 후, 알맞은 말에 ○표 하세요.

1. $11 \div 2 = 5 \cdots 1$
   나누어떨어집니다. ( )
   나누어떨어지지 않습니다. (○)
2. $16 \div 4 = 4$
   나누어떨어집니다. (○)
   나누어떨어지지 않습니다. ( )
3. $19 \div 7 = 2 \cdots 5$
   나누어떨어집니다. ( )
   나누어떨어지지 않습니다. (○)
4. $15 \div 5 = 3$
   나누어떨어집니다. (○)
   나누어떨어지지 않습니다. ( )
5. $24 \div 4 = 6$
   나누어떨어집니다. (○)
   나누어떨어지지 않습니다. ( )
6. $20 \div 6 = 3 \cdots 2$
   나누어떨어집니다. ( )
   나누어떨어지지 않습니다. (○)

102 나눗셈 1

개념 다지기 2

나누어떨어지는 나눗셈식에 모두 ○표 하고, 몇 개인지 쓰세요.
→ 나머지가 없는 나눗셈

$27 \div 4 = 6 \cdots 3$, ($18 \div 2 = 9$) ○, $33 \div 8 = 4 \cdots 1$, $14 \div 5 = 2 \cdots 4$, ($30 \div 6 = 5$) ○, ($27 \div 9 = 3$) ○, $36 \div 7 = 5 \cdots 1$, $42 \div 8 = 5 \cdots 2$, ($56 \div 8 = 7$) ○

➡ 4 개

3. 나머지가 있는 나눗셈 103

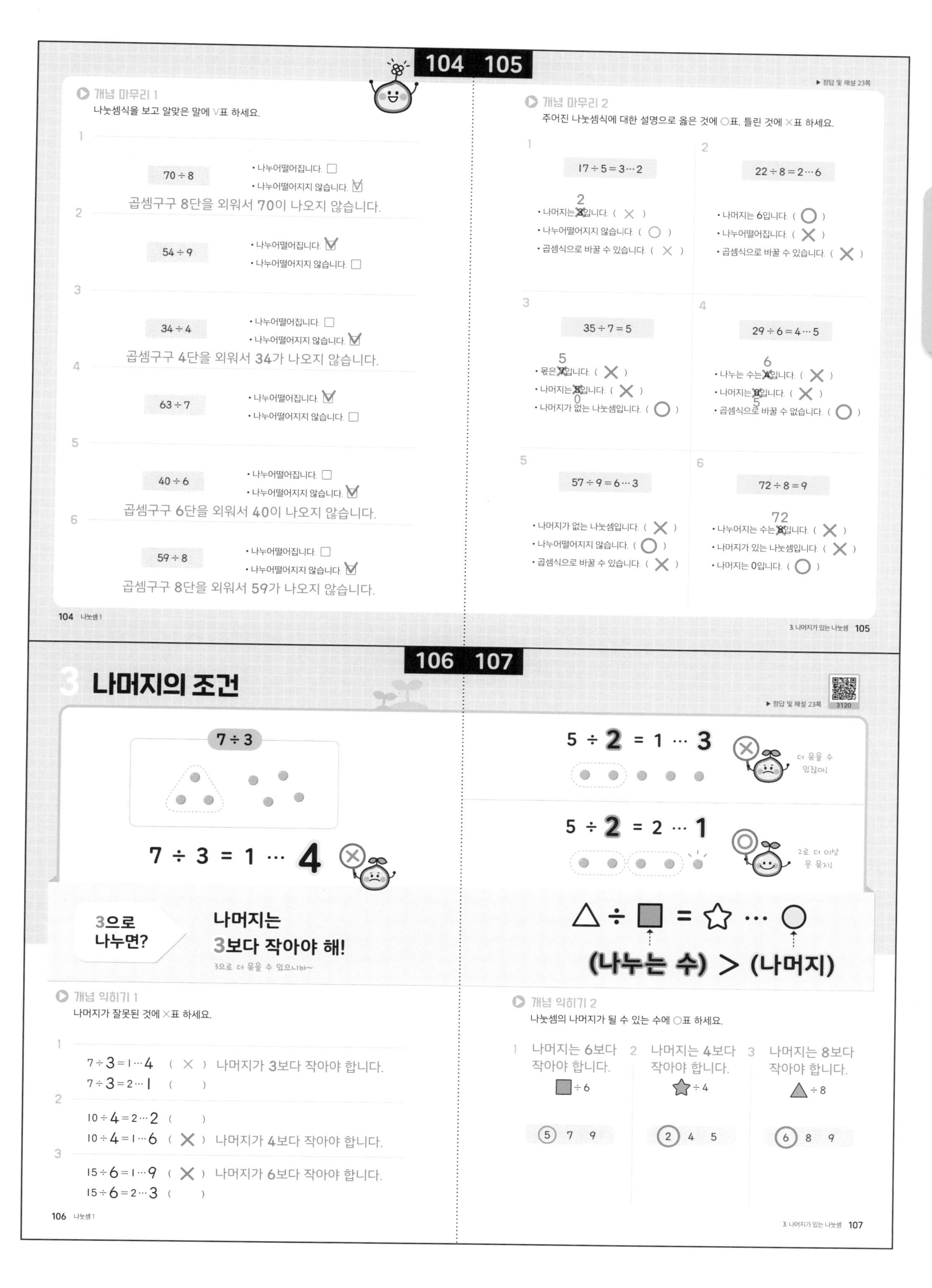

104 105

▶ 정답 및 해설 23쪽

개념 마무리 1

나눗셈식을 보고 알맞은 말에 ∨표 하세요.

1 $70 \div 8$
- 나누어떨어집니다. □
- 나누어떨어지지 않습니다. ☑

곱셈구구 8단을 외워서 70이 나오지 않습니다.

2 $54 \div 9$
- 나누어떨어집니다. ☑
- 나누어떨어지지 않습니다. □

3 $34 \div 4$
- 나누어떨어집니다. □
- 나누어떨어지지 않습니다. ☑

곱셈구구 4단을 외워서 34가 나오지 않습니다.

4 $63 \div 7$
- 나누어떨어집니다. ☑
- 나누어떨어지지 않습니다. □

5 $40 \div 6$
- 나누어떨어집니다. □
- 나누어떨어지지 않습니다. ☑

곱셈구구 6단을 외워서 40이 나오지 않습니다.

6 $59 \div 8$
- 나누어떨어집니다. □
- 나누어떨어지지 않습니다. ☑

곱셈구구 8단을 외워서 59가 나오지 않습니다.

104 나눗셈 1

개념 마무리 2

주어진 나눗셈식에 대한 설명으로 옳은 것에 ○표, 틀린 것에 ×표 하세요.

1 $17 \div 5 = 3 \cdots 2$
- 나머지는 3입니다. (×) (3 → 2로 고침)
- 나누어떨어지지 않습니다. (○)
- 곱셈식으로 바꿀 수 있습니다. (×)

2 $22 \div 8 = 2 \cdots 6$
- 나머지는 6입니다. (○)
- 나누어떨어집니다. (×)
- 곱셈식으로 바꿀 수 있습니다. (×)

3 $35 \div 7 = 5$
- 몫은 7입니다. (×) (7 → 5로 고침)
- 나머지는 5입니다. (×) (5 → 0으로 고침)
- 나머지가 없는 나눗셈입니다. (○)

4 $29 \div 6 = 4 \cdots 5$
- 나누는 수는 4입니다. (×) (4 → 6으로 고침)
- 나머지는 0입니다. (×) (0 → 5로 고침)
- 곱셈식으로 바꿀 수 없습니다. (○)

5 $57 \div 9 = 6 \cdots 3$
- 나머지가 없는 나눗셈입니다. (×)
- 나누어떨어지지 않습니다. (○)
- 곱셈식으로 바꿀 수 있습니다. (×)

6 $72 \div 8 = 9$
- 나누어지는 수는 8입니다. (×) (8 → 72로 고침)
- 나머지가 있는 나눗셈입니다. (×)
- 나머지는 0입니다. (○)

3. 나머지가 있는 나눗셈 105

106 107

3 나머지의 조건

▶ 정답 및 해설 23쪽

3120

$7 \div 3$

$7 \div 3 = 1 \cdots 4$ ⊗

3으로 나누면?

나머지는 3보다 작아야 해!

3으로 더 묶을 수 있으니까~

$5 \div 2 = 1 \cdots 3$ ⊗ 더 묶을 수 있잖아!

$5 \div 2 = 2 \cdots 1$ ◎ 2로 더 이상 못 묶지!

△ ÷ □ = ☆ … ○

(나누는 수) > (나머지)

개념 익히기 1

나머지가 잘못된 것에 ×표 하세요.

1
- $7 \div 3 = 1 \cdots 4$ (×) 나머지가 3보다 작아야 합니다.
- $7 \div 3 = 2 \cdots 1$ ( )

2
- $10 \div 4 = 2 \cdots 2$ ( )
- $10 \div 4 = 1 \cdots 6$ (×) 나머지가 4보다 작아야 합니다.

3
- $15 \div 6 = 1 \cdots 9$ (×) 나머지가 6보다 작아야 합니다.
- $15 \div 6 = 2 \cdots 3$ ( )

106 나눗셈 1

개념 익히기 2

나눗셈의 나머지가 될 수 있는 수에 ○표 하세요.

1 나머지는 6보다 작아야 합니다. □ ÷ 6 : ⑤ 7 9

2 나머지는 4보다 작아야 합니다. ☆ ÷ 4 : ② 4 5

3 나머지는 8보다 작아야 합니다. △ ÷ 8 : ⑥ 8 9

3. 나머지가 있는 나눗셈 107

정답 및 해설

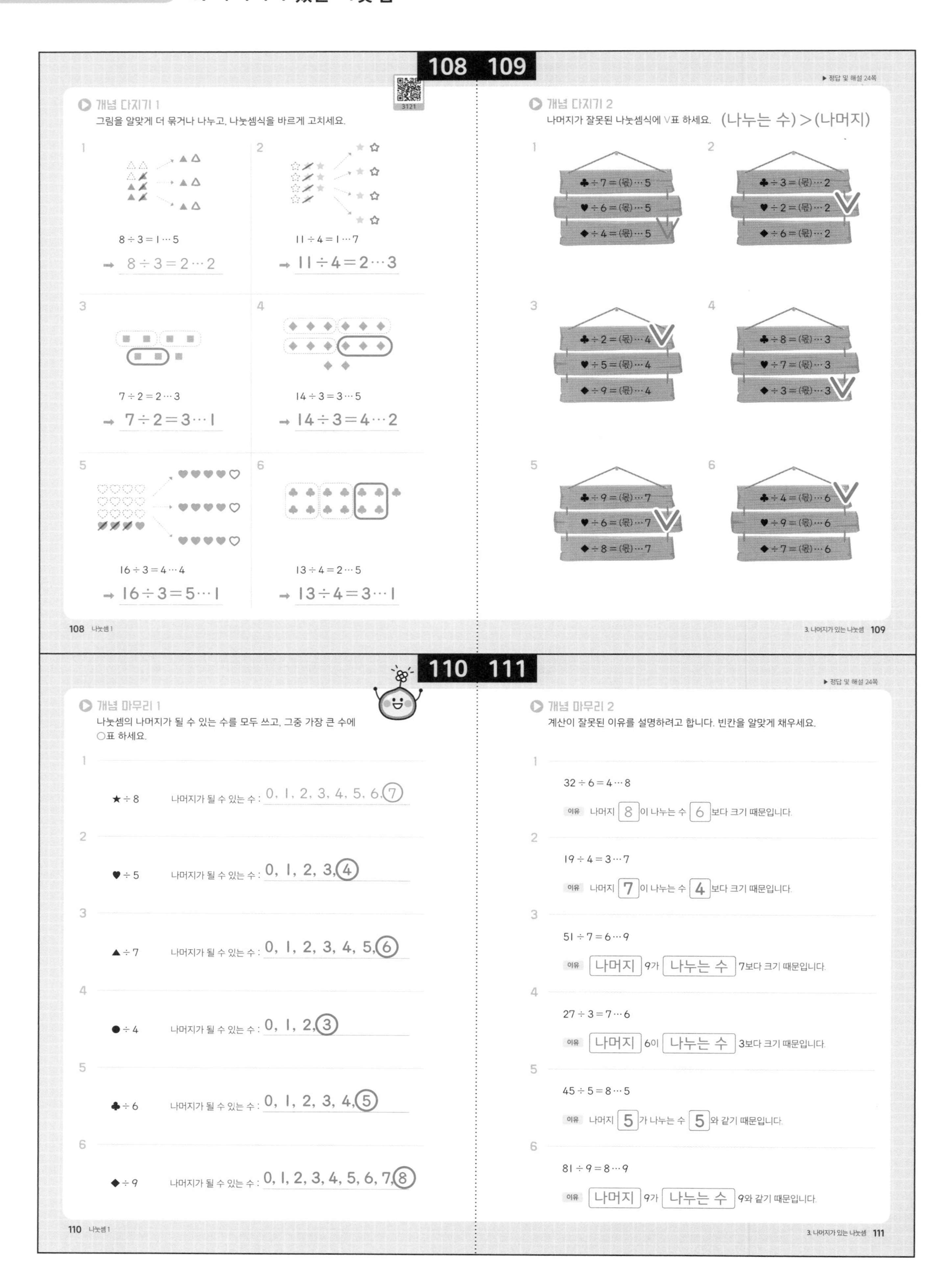

108 109

▶ 정답 및 해설 24쪽

개념 다지기 1

그림을 알맞게 더 묶거나 나누고, 나눗셈식을 바르게 고치세요.

1. 8 ÷ 3 = 1 ⋯ 5 → 8 ÷ 3 = 2 ⋯ 2
2. 11 ÷ 4 = 1 ⋯ 7 → 11 ÷ 4 = 2 ⋯ 3
3. 7 ÷ 2 = 2 ⋯ 3 → 7 ÷ 2 = 3 ⋯ 1
4. 14 ÷ 3 = 3 ⋯ 5 → 14 ÷ 3 = 4 ⋯ 2
5. 16 ÷ 3 = 4 ⋯ 4 → 16 ÷ 3 = 5 ⋯ 1
6. 13 ÷ 4 = 2 ⋯ 5 → 13 ÷ 4 = 3 ⋯ 1

108 나눗셈 1

개념 다지기 2

나머지가 잘못된 나눗셈식에 V표 하세요. (나누는 수) > (나머지)

1. ♣ ÷ 7 = (몫) ⋯ 5 / ♥ ÷ 6 = (몫) ⋯ 5 / ◆ ÷ 4 = (몫) ⋯ 5 V
2. ♣ ÷ 3 = (몫) ⋯ 2 / ♥ ÷ 2 = (몫) ⋯ 2 V / ◆ ÷ 6 = (몫) ⋯ 2
3. ♣ ÷ 2 = (몫) ⋯ 4 V / ♥ ÷ 5 = (몫) ⋯ 4 / ◆ ÷ 9 = (몫) ⋯ 4
4. ♣ ÷ 8 = (몫) ⋯ 3 / ♥ ÷ 7 = (몫) ⋯ 3 / ◆ ÷ 3 = (몫) ⋯ 3 V
5. ♣ ÷ 9 = (몫) ⋯ 7 / ♥ ÷ 6 = (몫) ⋯ 7 V / ◆ ÷ 8 = (몫) ⋯ 7
6. ♣ ÷ 4 = (몫) ⋯ 6 V / ♥ ÷ 9 = (몫) ⋯ 6 / ◆ ÷ 7 = (몫) ⋯ 6

3. 나머지가 있는 나눗셈 109

110 111

▶ 정답 및 해설 24쪽

개념 마무리 1

나눗셈의 나머지가 될 수 있는 수를 모두 쓰고, 그중 가장 큰 수에 ○표 하세요.

1. ★ ÷ 8 나머지가 될 수 있는 수 : 0, 1, 2, 3, 4, 5, 6, (7)
2. ♥ ÷ 5 나머지가 될 수 있는 수 : 0, 1, 2, 3, (4)
3. ▲ ÷ 7 나머지가 될 수 있는 수 : 0, 1, 2, 3, 4, 5, (6)
4. ● ÷ 4 나머지가 될 수 있는 수 : 0, 1, 2, (3)
5. ♣ ÷ 6 나머지가 될 수 있는 수 : 0, 1, 2, 3, 4, (5)
6. ◆ ÷ 9 나머지가 될 수 있는 수 : 0, 1, 2, 3, 4, 5, 6, 7, (8)

110 나눗셈 1

개념 마무리 2

계산이 잘못된 이유를 설명하려고 합니다. 빈칸을 알맞게 채우세요.

1. 32 ÷ 6 = 4 ⋯ 8
이유 나머지 8 이 나누는 수 6 보다 크기 때문입니다.
2. 19 ÷ 4 = 3 ⋯ 7
이유 나머지 7 이 나누는 수 4 보다 크기 때문입니다.
3. 51 ÷ 7 = 6 ⋯ 9
이유 나머지 9가 나누는 수 7보다 크기 때문입니다.
4. 27 ÷ 3 = 7 ⋯ 6
이유 나머지 6이 나누는 수 3보다 크기 때문입니다.
5. 45 ÷ 5 = 8 ⋯ 5
이유 나머지 5 가 나누는 수 5 와 같기 때문입니다.
6. 81 ÷ 9 = 8 ⋯ 9
이유 나머지 9가 나누는 수 9와 같기 때문입니다.

3. 나머지가 있는 나눗셈 111

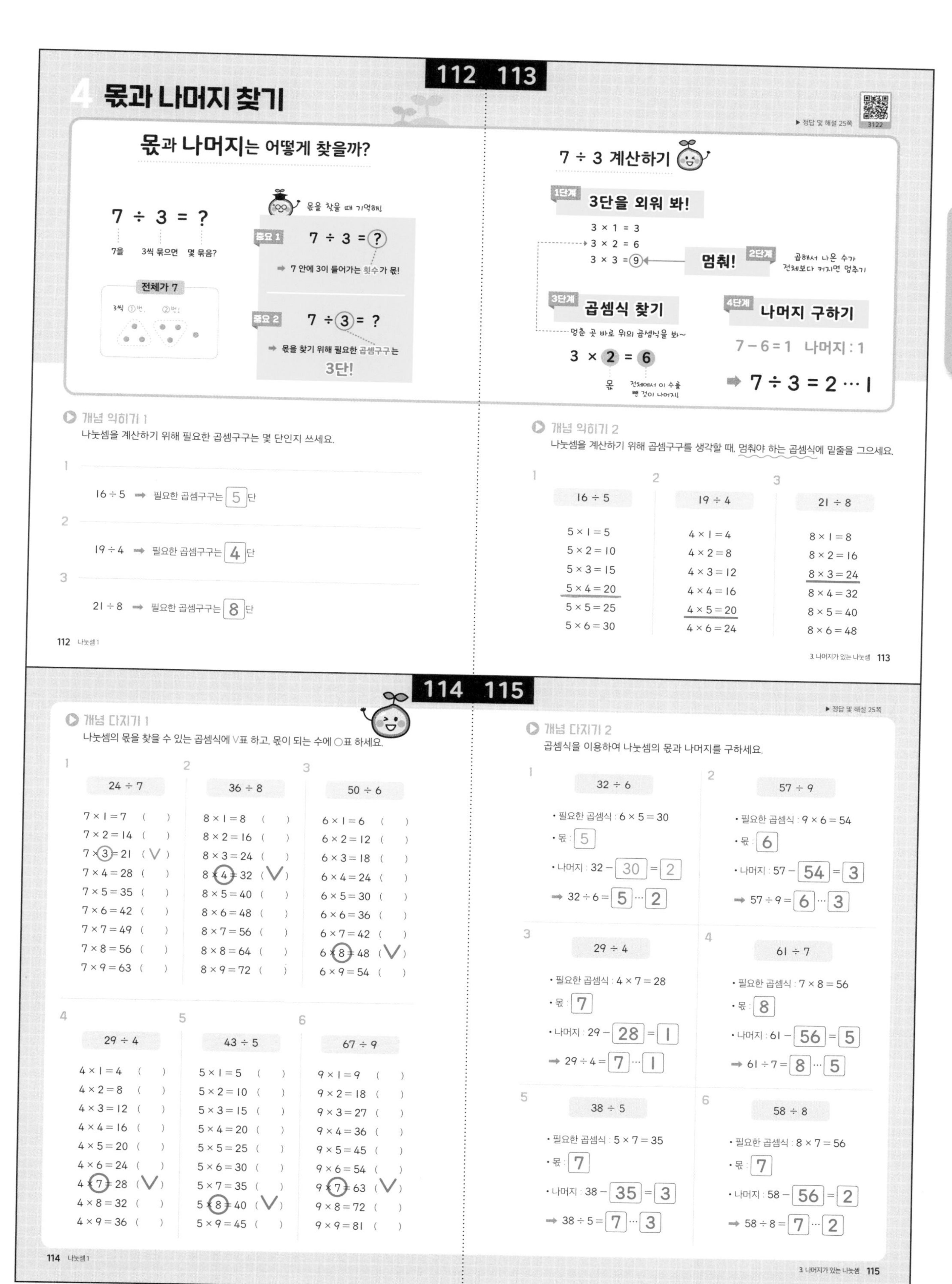

112 113

4 몫과 나머지 찾기

▶ 정답 및 해설 25쪽 3122

몫과 나머지는 어떻게 찾을까?

7 ÷ 3 = ?

7을 / 3씩 묶으면 / 몇 묶음?

전체가 7

3씩 ①번, ②번!

몫을 찾을 때 기억해!

중요 1 7 ÷ 3 = ?

➡ 7 안에 3이 들어가는 횟수가 몫!

중요 2 7 ÷ 3 = ?

➡ 몫을 찾기 위해 필요한 곱셈구구는 3단!

7 ÷ 3 계산하기

1단계 3단을 외워 봐!

3 × 1 = 3
3 × 2 = 6
3 × 3 = 9

2단계 멈춰! 곱해서 나온 수가 전체보다 커지면 멈추기

3단계 곱셈식 찾기

멈춘 곳 바로 위의 곱셈식을 봐~

3 × 2 = 6

몫 / 전체에서 이 수를 뺀 것이 나머지

4단계 나머지 구하기

7 − 6 = 1 나머지 : 1

➡ 7 ÷ 3 = 2 ⋯ 1

개념 익히기 1

나눗셈을 계산하기 위해 필요한 곱셈구구는 몇 단인지 쓰세요.

1 16 ÷ 5 ➡ 필요한 곱셈구구는 5 단

2 19 ÷ 4 ➡ 필요한 곱셈구구는 4 단

3 21 ÷ 8 ➡ 필요한 곱셈구구는 8 단

112 나눗셈 1

개념 익히기 2

나눗셈을 계산하기 위해 곱셈구구를 생각할 때, 멈춰야 하는 곱셈식에 밑줄을 그으세요.

1 16 ÷ 5
5 × 1 = 5
5 × 2 = 10
5 × 3 = 15
5 × 4 = 20
5 × 5 = 25
5 × 6 = 30

2 19 ÷ 4
4 × 1 = 4
4 × 2 = 8
4 × 3 = 12
4 × 4 = 16
4 × 5 = 20
4 × 6 = 24

3 21 ÷ 8
8 × 1 = 8
8 × 2 = 16
8 × 3 = 24
8 × 4 = 32
8 × 5 = 40
8 × 6 = 48

3. 나머지가 있는 나눗셈 113

114 115

▶ 정답 및 해설 25쪽

개념 다지기 1

나눗셈의 몫을 찾을 수 있는 곱셈식에 V표 하고, 몫이 되는 수에 ○표 하세요.

1 24 ÷ 7
7 × 1 = 7 ( )
7 × 2 = 14 ( )
7 × 3 = 21 (V)
7 × 4 = 28 ( )
7 × 5 = 35 ( )
7 × 6 = 42 ( )
7 × 7 = 49 ( )
7 × 8 = 56 ( )
7 × 9 = 63 ( )

2 36 ÷ 8
8 × 1 = 8 ( )
8 × 2 = 16 ( )
8 × 3 = 24 ( )
8 × 4 = 32 (V)
8 × 5 = 40 ( )
8 × 6 = 48 ( )
8 × 7 = 56 ( )
8 × 8 = 64 ( )
8 × 9 = 72 ( )

3 50 ÷ 6
6 × 1 = 6 ( )
6 × 2 = 12 ( )
6 × 3 = 18 ( )
6 × 4 = 24 ( )
6 × 5 = 30 ( )
6 × 6 = 36 ( )
6 × 7 = 42 ( )
6 × 8 = 48 (V)
6 × 9 = 54 ( )

4 29 ÷ 4
4 × 1 = 4 ( )
4 × 2 = 8 ( )
4 × 3 = 12 ( )
4 × 4 = 16 ( )
4 × 5 = 20 ( )
4 × 6 = 24 ( )
4 × 7 = 28 (V)
4 × 8 = 32 ( )
4 × 9 = 36 ( )

5 43 ÷ 5
5 × 1 = 5 ( )
5 × 2 = 10 ( )
5 × 3 = 15 ( )
5 × 4 = 20 ( )
5 × 5 = 25 ( )
5 × 6 = 30 ( )
5 × 7 = 35 ( )
5 × 8 = 40 (V)
5 × 9 = 45 ( )

6 67 ÷ 9
9 × 1 = 9 ( )
9 × 2 = 18 ( )
9 × 3 = 27 ( )
9 × 4 = 36 ( )
9 × 5 = 45 ( )
9 × 6 = 54 ( )
9 × 7 = 63 (V)
9 × 8 = 72 ( )
9 × 9 = 81 ( )

114 나눗셈 1

개념 다지기 2

곱셈식을 이용하여 나눗셈의 몫과 나머지를 구하세요.

1 32 ÷ 6
- 필요한 곱셈식 : 6 × 5 = 30
- 몫 : 5
- 나머지 : 32 − 30 = 2

➡ 32 ÷ 6 = 5 ⋯ 2

2 57 ÷ 9
- 필요한 곱셈식 : 9 × 6 = 54
- 몫 : 6
- 나머지 : 57 − 54 = 3

➡ 57 ÷ 9 = 6 ⋯ 3

3 29 ÷ 4
- 필요한 곱셈식 : 4 × 7 = 28
- 몫 : 7
- 나머지 : 29 − 28 = 1

➡ 29 ÷ 4 = 7 ⋯ 1

4 61 ÷ 7
- 필요한 곱셈식 : 7 × 8 = 56
- 몫 : 8
- 나머지 : 61 − 56 = 5

➡ 61 ÷ 7 = 8 ⋯ 5

5 38 ÷ 5
- 필요한 곱셈식 : 5 × 7 = 35
- 몫 : 7
- 나머지 : 38 − 35 = 3

➡ 38 ÷ 5 = 7 ⋯ 3

6 58 ÷ 8
- 필요한 곱셈식 : 8 × 7 = 56
- 몫 : 7
- 나머지 : 58 − 56 = 2

➡ 58 ÷ 8 = 7 ⋯ 2

3. 나머지가 있는 나눗셈 115

정답 및 해설

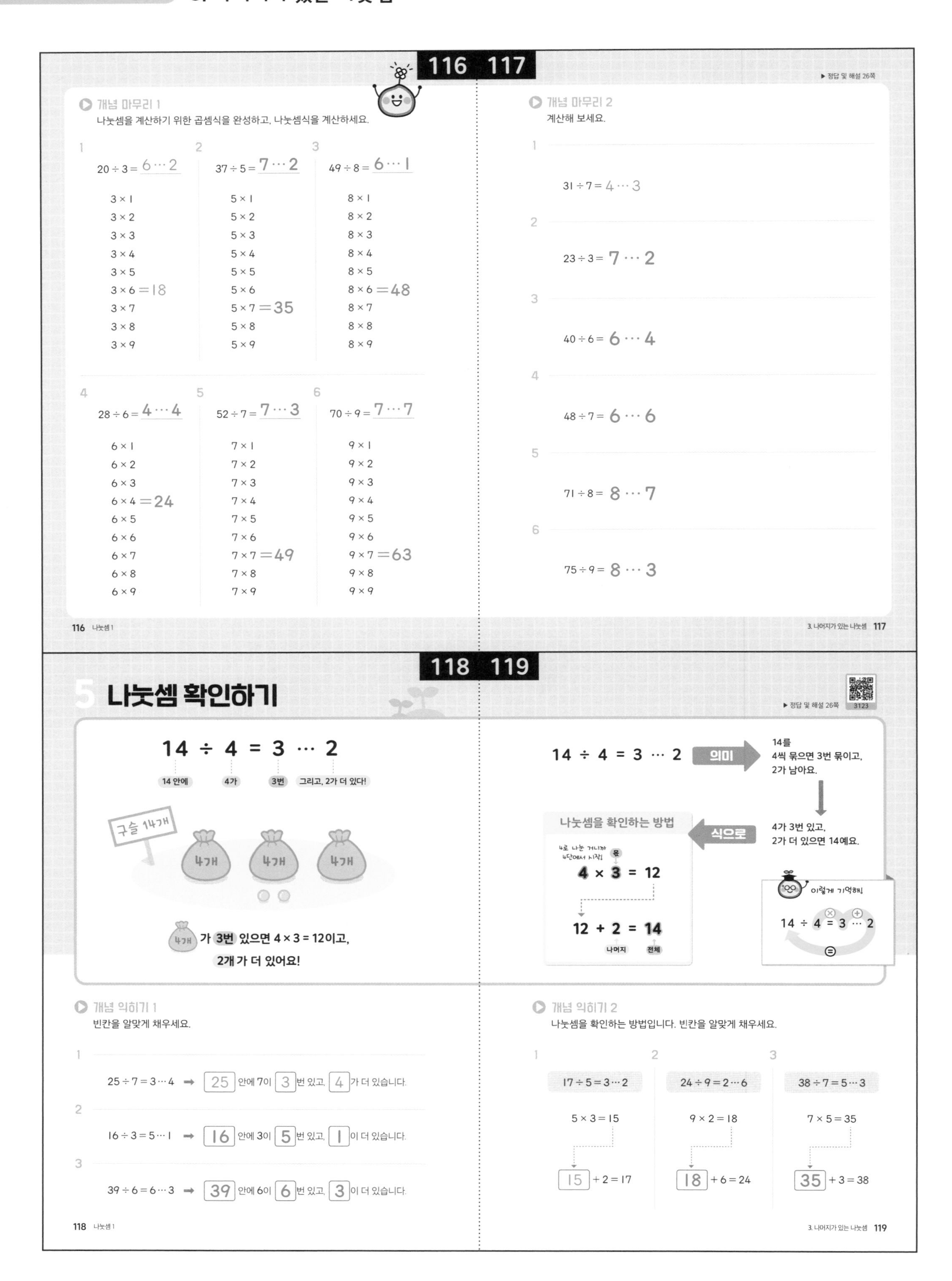

116 117

▶ 정답 및 해설 26쪽

개념 마무리 1

나눗셈을 계산하기 위한 곱셈식을 완성하고, 나눗셈식을 계산하세요.

1 $20 \div 3 = 6 \cdots 2$

3 × 1, 3 × 2, 3 × 3, 3 × 4, 3 × 5, 3 × 6 = 18, 3 × 7, 3 × 8, 3 × 9

2 $37 \div 5 = 7 \cdots 2$

5 × 1, 5 × 2, 5 × 3, 5 × 4, 5 × 5, 5 × 6, 5 × 7 = 35, 5 × 8, 5 × 9

3 $49 \div 8 = 6 \cdots 1$

8 × 1, 8 × 2, 8 × 3, 8 × 4, 8 × 5, 8 × 6 = 48, 8 × 7, 8 × 8, 8 × 9

4 $28 \div 6 = 4 \cdots 4$

6 × 1, 6 × 2, 6 × 3, 6 × 4 = 24, 6 × 5, 6 × 6, 6 × 7, 6 × 8, 6 × 9

5 $52 \div 7 = 7 \cdots 3$

7 × 1, 7 × 2, 7 × 3, 7 × 4, 7 × 5, 7 × 6, 7 × 7 = 49, 7 × 8, 7 × 9

6 $70 \div 9 = 7 \cdots 7$

9 × 1, 9 × 2, 9 × 3, 9 × 4, 9 × 5, 9 × 6, 9 × 7 = 63, 9 × 8, 9 × 9

개념 마무리 2

계산해 보세요.

1 $31 \div 7 = 4 \cdots 3$

2 $23 \div 3 = 7 \cdots 2$

3 $40 \div 6 = 6 \cdots 4$

4 $48 \div 7 = 6 \cdots 6$

5 $71 \div 8 = 8 \cdots 7$

6 $75 \div 9 = 8 \cdots 3$

116 나눗셈 1 / 3. 나머지가 있는 나눗셈 117

118 119

5 나눗셈 확인하기

▶ 정답 및 해설 26쪽

$14 \div 4 = 3 \cdots 2$

14 안에 / 4가 / 3번 / 그리고, 2가 더 있다!

4개 가 3번 있으면 4 × 3 = 12이고,
2개가 더 있어요!

$14 \div 4 = 3 \cdots 2$ → 의미 → 14를 4씩 묶으면 3번 묶이고, 2가 남아요.

4가 3번 있고, 2가 더 있으면 14예요. → 식으로

나눗셈을 확인하는 방법

4로 나눈 거니까 4단에서 시작! 몫

$4 \times 3 = 12$

$12 + 2 = 14$

나머지 전체

이렇게 기억해!

$14 \div 4 = 3 \cdots 2$

개념 익히기 1

빈칸을 알맞게 채우세요.

1 $25 \div 7 = 3 \cdots 4$ → 25 안에 7이 3 번 있고, 4 가 더 있습니다.

2 $16 \div 3 = 5 \cdots 1$ → 16 안에 3이 5 번 있고, 1 이 더 있습니다.

3 $39 \div 6 = 6 \cdots 3$ → 39 안에 6이 6 번 있고, 3 이 더 있습니다.

개념 익히기 2

나눗셈을 확인하는 방법입니다. 빈칸을 알맞게 채우세요.

1 $17 \div 5 = 3 \cdots 2$

$5 \times 3 = 15$

15 $+ 2 = 17$

2 $24 \div 9 = 2 \cdots 6$

$9 \times 2 = 18$

18 $+ 6 = 24$

3 $38 \div 7 = 5 \cdots 3$

$7 \times 5 = 35$

35 $+ 3 = 38$

118 나눗셈 1 / 3. 나머지가 있는 나눗셈 119

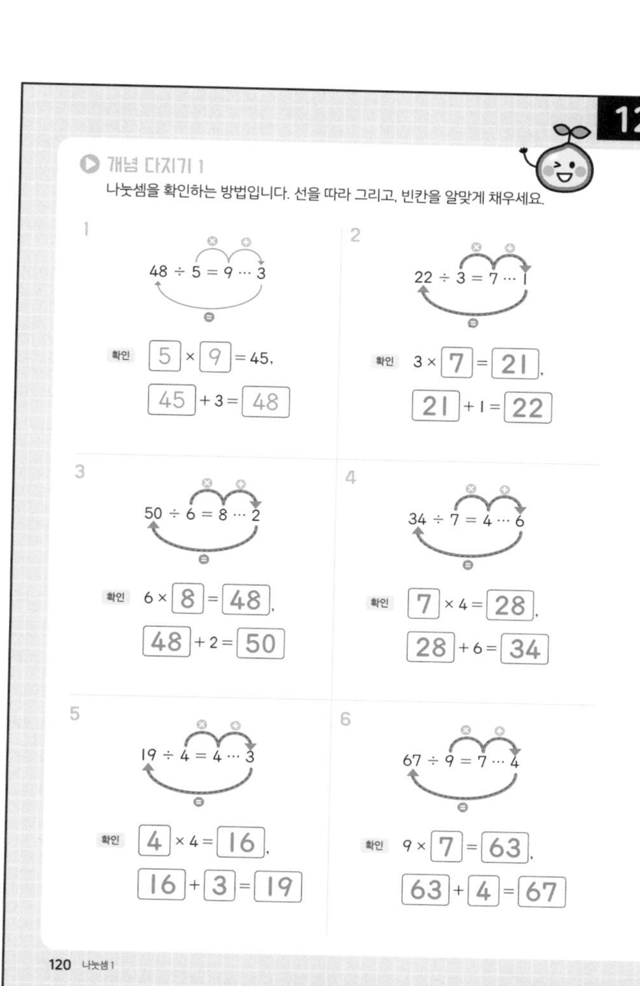
120 121

개념 다지기 1

나눗셈을 확인하는 방법입니다. 선을 따라 그리고, 빈칸을 알맞게 채우세요.

1. $48 \div 5 = 9 \cdots 3$
확인 $5 \times 9 = 45$, $45 + 3 = 48$

2. $22 \div 3 = 7 \cdots 1$
확인 $3 \times 7 = 21$, $21 + 1 = 22$

3. $50 \div 6 = 8 \cdots 2$
확인 $6 \times 8 = 48$, $48 + 2 = 50$

4. $34 \div 7 = 4 \cdots 6$
확인 $7 \times 4 = 28$, $28 + 6 = 34$

5. $19 \div 4 = 4 \cdots 3$
확인 $4 \times 4 = 16$, $16 + 3 = 19$

6. $67 \div 9 = 7 \cdots 4$
확인 $9 \times 7 = 63$, $63 + 4 = 67$

120 나눗셈 1

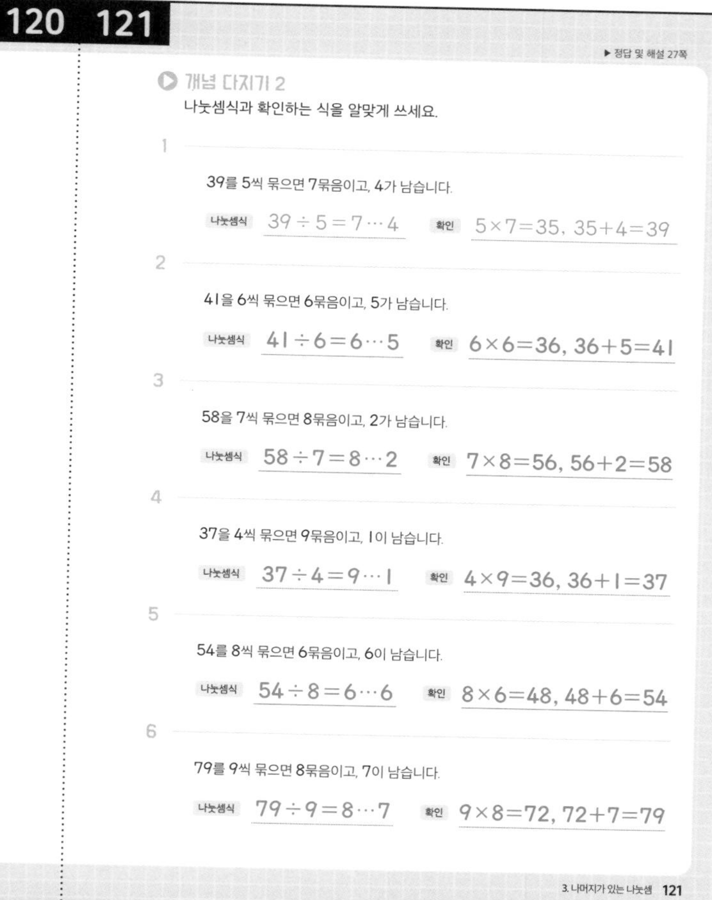
▶ 정답 및 해설 27쪽

개념 다지기 2

나눗셈식과 확인하는 식을 알맞게 쓰세요.

1. 39를 5씩 묶으면 7묶음이고, 4가 남습니다.
나눗셈식 $39 \div 5 = 7 \cdots 4$ 확인 $5 \times 7 = 35$, $35 + 4 = 39$

2. 41을 6씩 묶으면 6묶음이고, 5가 남습니다.
나눗셈식 $41 \div 6 = 6 \cdots 5$ 확인 $6 \times 6 = 36$, $36 + 5 = 41$

3. 58을 7씩 묶으면 8묶음이고, 2가 남습니다.
나눗셈식 $58 \div 7 = 8 \cdots 2$ 확인 $7 \times 8 = 56$, $56 + 2 = 58$

4. 37을 4씩 묶으면 9묶음이고, 1이 남습니다.
나눗셈식 $37 \div 4 = 9 \cdots 1$ 확인 $4 \times 9 = 36$, $36 + 1 = 37$

5. 54를 8씩 묶으면 6묶음이고, 6이 남습니다.
나눗셈식 $54 \div 8 = 6 \cdots 6$ 확인 $8 \times 6 = 48$, $48 + 6 = 54$

6. 79를 9씩 묶으면 8묶음이고, 7이 남습니다.
나눗셈식 $79 \div 9 = 8 \cdots 7$ 확인 $9 \times 8 = 72$, $72 + 7 = 79$

3. 나머지가 있는 나눗셈 121

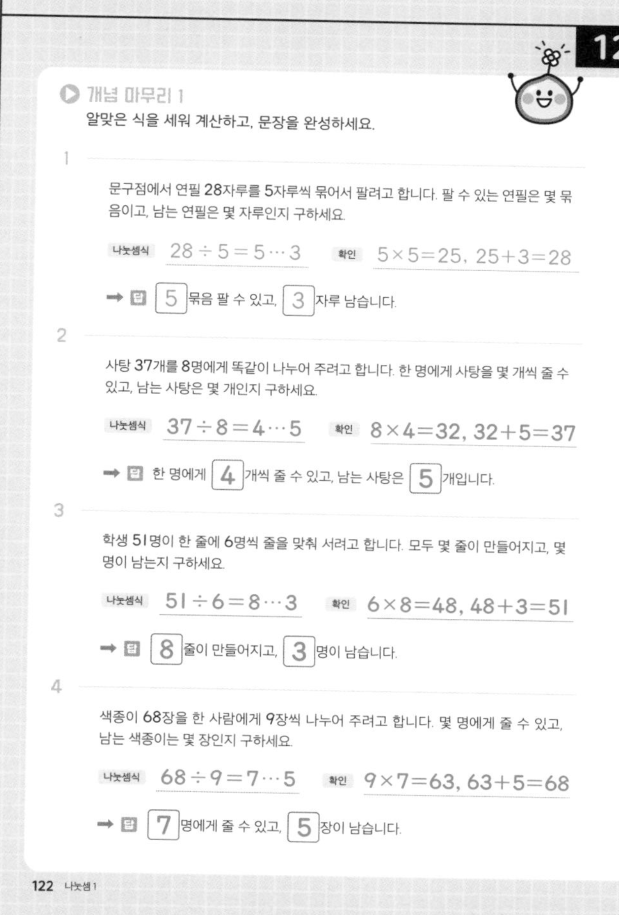
122 123

개념 마무리 1

알맞은 식을 세워 계산하고, 문장을 완성하세요.

1. 문구점에서 연필 28자루를 5자루씩 묶어서 팔려고 합니다. 팔 수 있는 연필은 몇 묶음이고, 남는 연필은 몇 자루인지 구하세요.
나눗셈식 $28 \div 5 = 5 \cdots 3$ 확인 $5 \times 5 = 25$, $25 + 3 = 28$
➡ 답 5 묶음 팔 수 있고, 3 자루 남습니다.

2. 사탕 37개를 8명에게 똑같이 나누어 주려고 합니다. 한 명에게 사탕을 몇 개씩 줄 수 있고, 남는 사탕은 몇 개인지 구하세요.
나눗셈식 $37 \div 8 = 4 \cdots 5$ 확인 $8 \times 4 = 32$, $32 + 5 = 37$
➡ 답 한 명에게 4 개씩 줄 수 있고, 남는 사탕은 5 개입니다.

3. 학생 51명이 한 줄에 6명씩 줄을 맞춰 서려고 합니다. 모두 몇 줄이 만들어지고, 몇 명이 남는지 구하세요.
나눗셈식 $51 \div 6 = 8 \cdots 3$ 확인 $6 \times 8 = 48$, $48 + 3 = 51$
➡ 답 8 줄이 만들어지고, 3 명이 남습니다.

4. 색종이 68장을 한 사람에게 9장씩 나누어 주려고 합니다. 몇 명에게 줄 수 있고, 남는 색종이는 몇 장인지 구하세요.
나눗셈식 $68 \div 9 = 7 \cdots 5$ 확인 $9 \times 7 = 63$, $63 + 5 = 68$
➡ 답 7 명에게 줄 수 있고, 5 장이 남습니다.

122 나눗셈 1

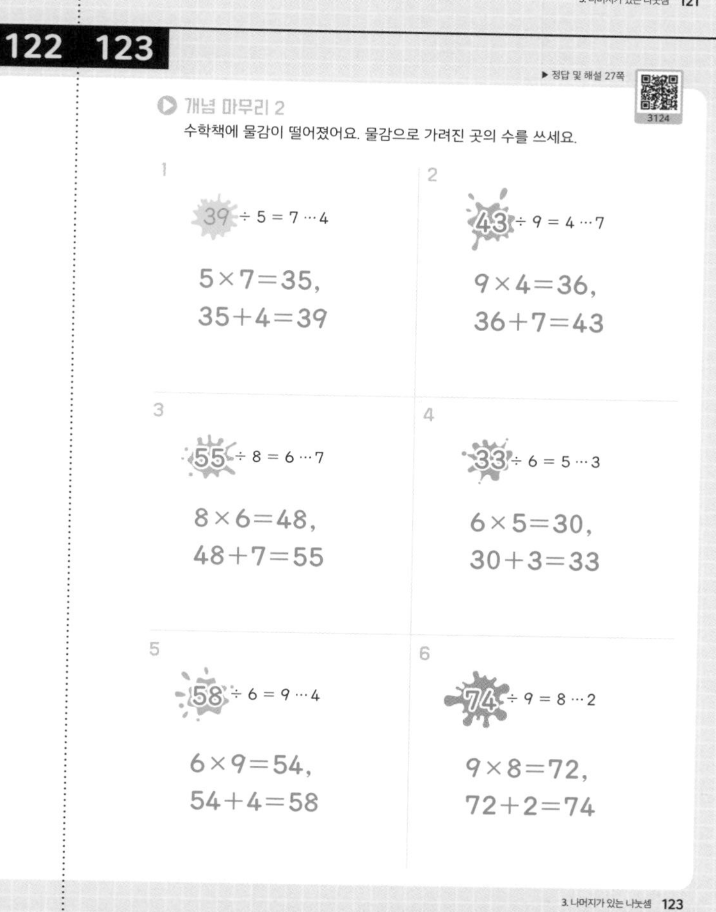
▶ 정답 및 해설 27쪽

3124

개념 마무리 2

수학책에 물감이 떨어졌어요. 물감으로 가려진 곳의 수를 쓰세요.

1. $39 \div 5 = 7 \cdots 4$
$5 \times 7 = 35$, $35 + 4 = 39$

2. $43 \div 9 = 4 \cdots 7$
$9 \times 4 = 36$, $36 + 7 = 43$

3. $55 \div 8 = 6 \cdots 7$
$8 \times 6 = 48$, $48 + 7 = 55$

4. $33 \div 6 = 5 \cdots 3$
$6 \times 5 = 30$, $30 + 3 = 33$

5. $58 \div 6 = 9 \cdots 4$
$6 \times 9 = 54$, $54 + 4 = 58$

6. $74 \div 9 = 8 \cdots 2$
$9 \times 8 = 72$, $72 + 2 = 74$

3. 나머지가 있는 나눗셈 123

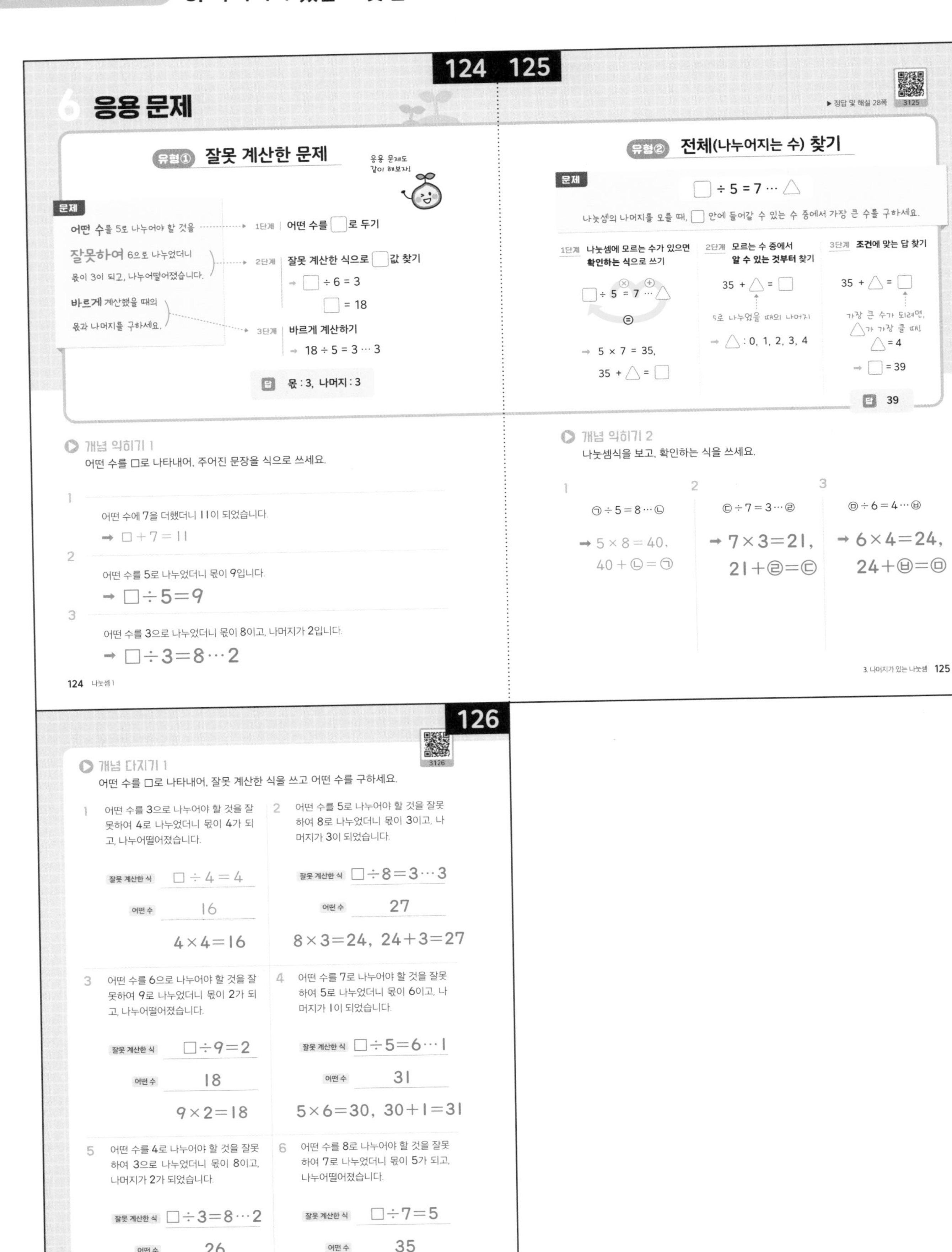
124 125
6 응용 문제
유형① 잘못 계산한 문제
문제
어떤 수를 5로 나누어야 할 것을 잘못하여 6으로 나누었더니 몫이 3이 되고, 나누어떨어졌습니다. 바르게 계산했을 때의 몫과 나머지를 구하세요.
1단계 어떤 수를 □로 두기
2단계 잘못 계산한 식으로 □값 찾기
→ □ ÷ 6 = 3
□ = 18
3단계 바르게 계산하기
→ 18 ÷ 5 = 3 … 3
답 몫 : 3, 나머지 : 3
유형② 전체(나누어지는 수) 찾기
□ ÷ 5 = 7 … △
나눗셈의 나머지를 모를 때, □ 안에 들어갈 수 있는 수 중에서 가장 큰 수를 구하세요.
1단계 나눗셈에 모르는 수가 있으면 확인하는 식으로 쓰기
→ 5 × 7 = 35, 35 + △ = □
2단계 모르는 수 중에서 알 수 있는 것부터 찾기
35 + △ = □
5로 나누었을 때의 나머지
→ △ : 0, 1, 2, 3, 4
3단계 조건에 맞는 답 찾기
35 + △ = □
가장 큰 수가 되려면, △가 가장 클 때
△ = 4
→ □ = 39
답 39
개념 익히기 1
어떤 수를 □로 나타내어, 주어진 문장을 식으로 쓰세요.
1 어떤 수에 7을 더했더니 11이 되었습니다.
→ □ + 7 = 11
2 어떤 수를 5로 나누었더니 몫이 9입니다.
→ □ ÷ 5 = 9
3 어떤 수를 3으로 나누었더니 몫이 8이고, 나머지가 2입니다.
→ □ ÷ 3 = 8 … 2
개념 익히기 2
나눗셈식을 보고, 확인하는 식을 쓰세요.
1 ㉠ ÷ 5 = 8 … ㉡
→ 5 × 8 = 40, 40 + ㉡ = ㉠
2 ㉢ ÷ 7 = 3 … ㉣
→ 7 × 3 = 21, 21 + ㉣ = ㉢
3 ㉤ ÷ 6 = 4 … ㉥
→ 6 × 4 = 24, 24 + ㉥ = ㉤
126
개념 다지기 1
어떤 수를 □로 나타내어, 잘못 계산한 식을 쓰고 어떤 수를 구하세요.
1 어떤 수를 3으로 나누어야 할 것을 잘못하여 4로 나누었더니 몫이 4가 되고, 나누어떨어졌습니다.
잘못 계산한 식 □ ÷ 4 = 4
어떤 수 16
4 × 4 = 16
2 어떤 수를 5로 나누어야 할 것을 잘못하여 8로 나누었더니 몫이 3이고, 나머지가 3이 되었습니다.
잘못 계산한 식 □ ÷ 8 = 3 … 3
어떤 수 27
8 × 3 = 24, 24 + 3 = 27
3 어떤 수를 6으로 나누어야 할 것을 잘못하여 9로 나누었더니 몫이 2가 되고, 나누어떨어졌습니다.
잘못 계산한 식 □ ÷ 9 = 2
어떤 수 18
9 × 2 = 18
4 어떤 수를 7로 나누어야 할 것을 잘못하여 5로 나누었더니 몫이 6이고, 나머지가 1이 되었습니다.
잘못 계산한 식 □ ÷ 5 = 6 … 1
어떤 수 31
5 × 6 = 30, 30 + 1 = 31
5 어떤 수를 4로 나누어야 할 것을 잘못하여 3으로 나누었더니 몫이 8이고, 나머지가 2가 되었습니다.
잘못 계산한 식 □ ÷ 3 = 8 … 2
어떤 수 26
3 × 8 = 24, 24 + 2 = 26
6 어떤 수를 8로 나누어야 할 것을 잘못하여 7로 나누었더니 몫이 5가 되고, 나누어떨어졌습니다.
잘못 계산한 식 □ ÷ 7 = 5
어떤 수 35
7 × 5 = 35

127쪽 (나누는 수) > (나머지)

1 ☆÷□=♡…4

□>4

→ □=5, 6, 7, 8, 9

2 ☆÷6=5…△

6>△

→ △=0, 1, 2, 3, 4, 5

3 ☆÷□=♡…7

□>7

→ □=8, 9

4 ☆÷4=9…△

4>△

→ △=0, 1, 2, 3

5 ☆÷3=8…△

3>△

→ △=0, 1, 2

6 ☆÷□=♡…5

□>5

→ □=6, 7, 8, 9

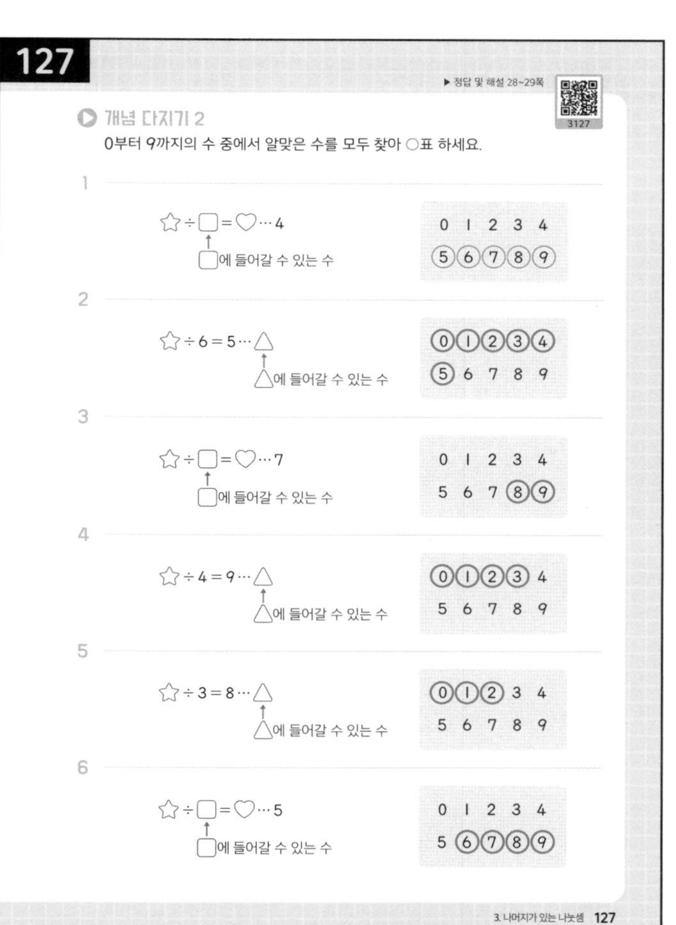

127

▶ 정답 및 해설 28~29쪽

3127

개념 다지기 2

0부터 9까지의 수 중에서 알맞은 수를 모두 찾아 ○표 하세요.

1 ☆÷□=♡…4 — □에 들어갈 수 있는 수: 0 1 2 3 4 ⑤⑥⑦⑧⑨

2 ☆÷6=5…△ — △에 들어갈 수 있는 수: ⓪①②③④ ⑤ 6 7 8 9

3 ☆÷□=♡…7 — □에 들어갈 수 있는 수: 0 1 2 3 4 5 6 7 ⑧⑨

4 ☆÷4=9…△ — △에 들어갈 수 있는 수: ⓪①②③ 4 5 6 7 8 9

5 ☆÷3=8…△ — △에 들어갈 수 있는 수: ⓪①② 3 4 5 6 7 8 9

6 ☆÷□=♡…5 — □에 들어갈 수 있는 수: 0 1 2 3 4 5 ⑥⑦⑧⑨

3. 나머지가 있는 나눗셈 127

128

3128

개념 마무리 1

어떤 수를 구하고, 바르게 계산했을 때의 몫과 나머지를 구하세요.

1 어떤 수를 2로 나누어야 할 것을 잘못 하여 5로 나누었더니 몫은 3이 되고, 나누어떨어졌습니다.

1단계 어떤 수를 □로 두기

2단계 잘못 계산한 식으로 □값 찾기
□÷5=3
□=5×3=15

3단계 바르게 계산하기
15÷2=7…1
몫: 7, 나머지: 1

2 어떤 수를 4로 나누어야 할 것을 잘못 하여 3으로 나누었더니 몫은 6이 되고, 나누어떨어졌습니다.

1단계 어떤 수를 □로 두기

2단계 잘못 계산한 식으로 □값 찾기
□÷3=6
□=3×6=18

3단계 바르게 계산하기
18÷4=4…2
몫: 4, 나머지: 2

3 어떤 수를 7로 나누어야 할 것을 잘못 하여 9로 나누었더니 몫이 4이고, 나머지가 5가 되었습니다.

1단계 어떤 수를 □로 두기

2단계 잘못 계산한 식으로 □값 찾기
□÷9=4…5
9×4=36, 36+5=41
□=41

3단계 바르게 계산하기
41÷7=5…6
몫: 5, 나머지: 6

4 어떤 수를 6으로 나누어야 할 것을 잘못하여 8로 나누었더니 몫이 5이고, 나머지가 6이 되었습니다.

1단계 어떤 수를 □로 두기

2단계 잘못 계산한 식으로 □값 찾기
□÷8=5…6
8×5=40, 40+6=46
□=46

3단계 바르게 계산하기
46÷6=7…4
몫: 7, 나머지: 4

128 나눗셈 1

129쪽 (나누는 수) > (나머지)

1 □ ÷ 5 = 3 ··· △

5 > △

→ △=0, 1, 2, 3, ④ (가장 큼)

5×3=15, 15+④=19

➜ □에 들어갈 수 있는 가장 큰 수 : 19

2 □ ÷ 4 = 5 ··· △

4 > △

→ △=0, 1, 2, ③ (가장 큼)

4×5=20, 20+③=23

➜ □에 들어갈 수 있는 가장 큰 수 : 23

129

▶ 정답 및 해설 29~30쪽

3129

개념 마무리 2

나눗셈의 나머지를 모를 때, 물음에 답하세요.

1 □ ÷ 5 = 3 ··· △ 들어갈 수 있는 가장 큰 수 ➜ 19

2 □ ÷ 4 = 5 ··· △ 들어갈 수 있는 가장 큰 수 ➜ 23

3 □ ÷ 7 = 4 ··· △ 들어갈 수 있는 가장 작은 수 ➜ 28

4 □ ÷ 6 = 6 ··· △ 들어갈 수 있는 가장 큰 수 ➜ 41

5 □ ÷ 8 = 3 ··· △ 들어갈 수 있는 가장 작은 수 ➜ 24

6 □ ÷ 9 = 7 ··· △ 들어갈 수 있는 가장 큰 수 ➜ 71

3. 나머지가 있는 나눗셈 129

3 □ ÷ 7 = 4 ··· △

7 > △

→ △=⓪, 1, 2, 3, 4, 5, 6

가장 작음(나누어떨어짐)

7×4=28, 28+⓪=28

➜ □에 들어갈 수 있는 가장 작은 수 : 28

4 □ ÷ 6 = 6 ··· △

6 > △

→ △=0, 1, 2, 3, 4, ⑤ (가장 큼)

6×6=36, 36+⑤=41

➜ □에 들어갈 수 있는 가장 큰 수 : 41

5 □ ÷ 8 = 3 ··· △

8 > △

→ △=⓪, 1, 2, 3, 4, 5, 6, 7

가장 작음(나누어떨어짐)

8×3=24, 24+⓪=24

➜ □에 들어갈 수 있는 가장 작은 수 : 24

6 □ ÷ 9 = 7 ··· △

9 > △

→ △=0, 1, 2, 3, 4, 5, 6, 7, ⑧ (가장 큼)

9×7=63, 63+⑧=71

➜ □에 들어갈 수 있는 가장 큰 수 : 71

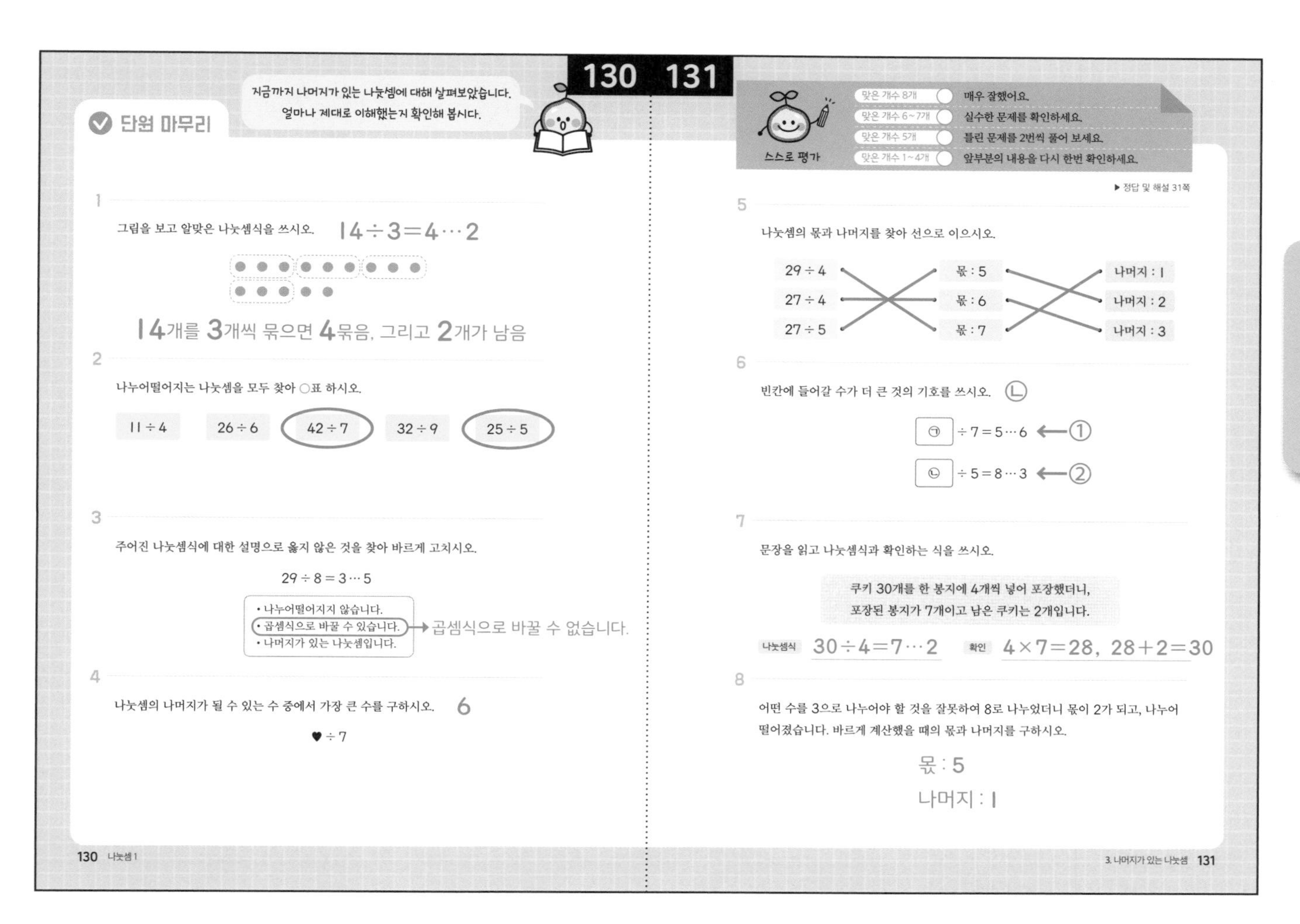

130 131

단원 마무리

지금까지 나머지가 있는 나눗셈에 대해 살펴보았습니다.
얼마나 제대로 이해했는지 확인해 봅시다.

1

그림을 보고 알맞은 나눗셈식을 쓰시오. 14÷3=4···2

14개를 3개씩 묶으면 4묶음, 그리고 2개가 남음

2

나누어떨어지는 나눗셈을 모두 찾아 ○표 하시오.

11÷4 26÷6 42÷7 32÷9 25÷5

3

주어진 나눗셈식에 대한 설명으로 옳지 않은 것을 찾아 바르게 고치시오.

29÷8=3···5

• 나누어떨어지지 않습니다.
• 곱셈식으로 바꿀 수 있습니다. → 곱셈식으로 바꿀 수 없습니다.
• 나머지가 있는 나눗셈입니다.

4

나눗셈의 나머지가 될 수 있는 수 중에서 가장 큰 수를 구하시오. 6

♥÷7

130 나눗셈 1

스스로 평가

맞은 개수 8개 매우 잘했어요.
맞은 개수 6~7개 실수한 문제를 확인하세요.
맞은 개수 5개 틀린 문제를 2번씩 풀어 보세요.
맞은 개수 1~4개 앞부분의 내용을 다시 한번 확인하세요.

▶ 정답 및 해설 31쪽

5

나눗셈의 몫과 나머지를 찾아 선으로 이으시오.

29÷4 몫 : 5 나머지 : 1
27÷4 몫 : 6 나머지 : 2
27÷5 몫 : 7 나머지 : 3

6

빈칸에 들어갈 수가 더 큰 것의 기호를 쓰시오. ㉡

㉠÷7=5···6 ←①
㉡÷5=8···3 ←②

7

문장을 읽고 나눗셈식과 확인하는 식을 쓰시오.

쿠키 30개를 한 봉지에 4개씩 넣어 포장했더니,
포장된 봉지가 7개이고 남은 쿠키는 2개입니다.

나눗셈식 30÷4=7···2 확인 4×7=28, 28+2=30

8

어떤 수를 3으로 나누어야 할 것을 잘못하여 8로 나누었더니 몫이 2가 되고, 나누어떨어졌습니다. 바르게 계산했을 때의 몫과 나머지를 구하시오.

몫 : 5
나머지 : 1

3. 나머지가 있는 나눗셈 131

130~131쪽

2 11÷4=2···3
26÷6=4···2
42÷7=6 ← 나누어떨어짐
32÷9=3···5
25÷5=5 ← 나누어떨어짐

4 ♥÷7=(몫)···(나머지)
7 > (나머지)
0, 1, 2, 3, 4, 5, 6 → 가장 큼

5 29÷4=7···1
27÷4=6···3
27÷5=5···2

6 ① 7×5=35, 35+6=41
→ ㉠=41

② 5×8=40, 40+3=43
→ ㉡=43

41<43

답 : ㉡

8 잘못 계산 □÷8=2
□=8×2=16

바른 계산 16÷3=5···1

몫 : 5
나머지 : 1

1. 나눗셈이 뭐야?

2. 곱셈과 나눗셈은 친구

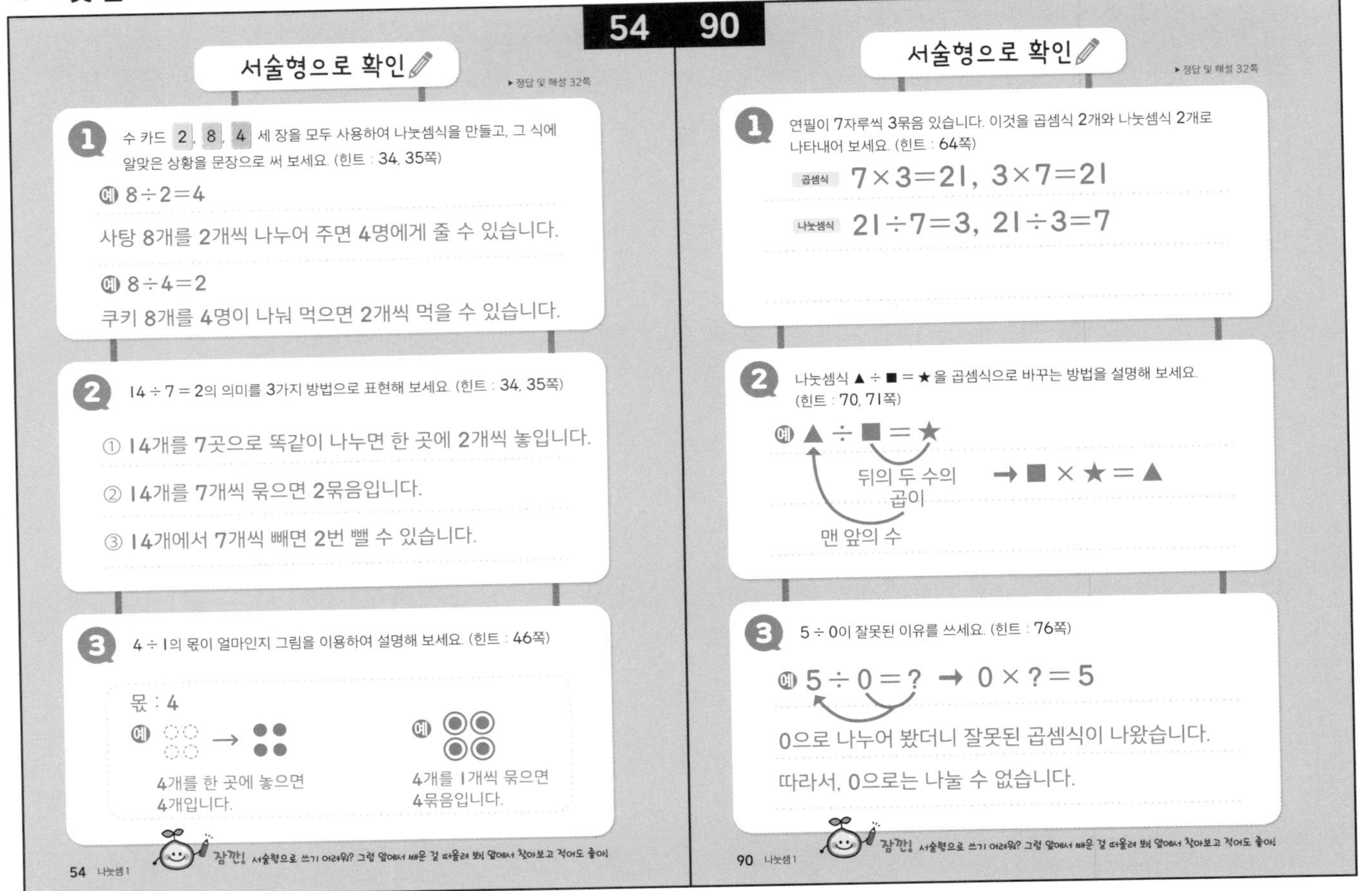

54 90

서술형으로 확인

▸ 정답 및 해설 32쪽

1 수 카드 2, 8, 4 세 장을 모두 사용하여 나눗셈식을 만들고, 그 식에 알맞은 상황을 문장으로 써 보세요. (힌트 : 34, 35쪽)

예 8÷2=4

사탕 8개를 2개씩 나누어 주면 4명에게 줄 수 있습니다.

예 8÷4=2

쿠키 8개를 4명이 나눠 먹으면 2개씩 먹을 수 있습니다.

2 14÷7=2의 의미를 3가지 방법으로 표현해 보세요. (힌트 : 34, 35쪽)

① 14개를 7곳으로 똑같이 나누면 한 곳에 2개씩 놓입니다.

② 14개를 7개씩 묶으면 2묶음입니다.

③ 14개에서 7개씩 빼면 2번 뺄 수 있습니다.

3 4÷1의 몫이 얼마인지 그림을 이용하여 설명해 보세요. (힌트 : 46쪽)

몫 : 4

예 4개를 한 곳에 놓으면 4개입니다.

예 4개를 1개씩 묶으면 4묶음입니다.

잠깐! 서술형으로 쓰기 어려워? 그럼 앞에서 배운 걸 떠올려 봐! 앞에서 찾아보고 적어도 좋아!

54 나눗셈 1

서술형으로 확인

▸ 정답 및 해설 32쪽

1 연필이 7자루씩 3묶음 있습니다. 이것을 곱셈식 2개와 나눗셈식 2개로 나타내어 보세요. (힌트 : 64쪽)

곱셈식 7×3=21, 3×7=21

나눗셈식 21÷7=3, 21÷3=7

2 나눗셈식 ▲÷■=★을 곱셈식으로 바꾸는 방법을 설명해 보세요. (힌트 : 70, 71쪽)

예 ▲÷■=★ → ■×★=▲

뒤의 두 수의 곱이

맨 앞의 수

3 5÷0이 잘못된 이유를 쓰세요. (힌트 : 76쪽)

예 5÷0=? → 0×?=5

0으로 나누어 봤더니 잘못된 곱셈식이 나왔습니다.

따라서, 0으로는 나눌 수 없습니다.

잠깐! 서술형으로 쓰기 어려워? 그럼 앞에서 배운 걸 떠올려 봐! 앞에서 찾아보고 적어도 좋아!

90 나눗셈 1

3. 나머지가 있는 나눗셈

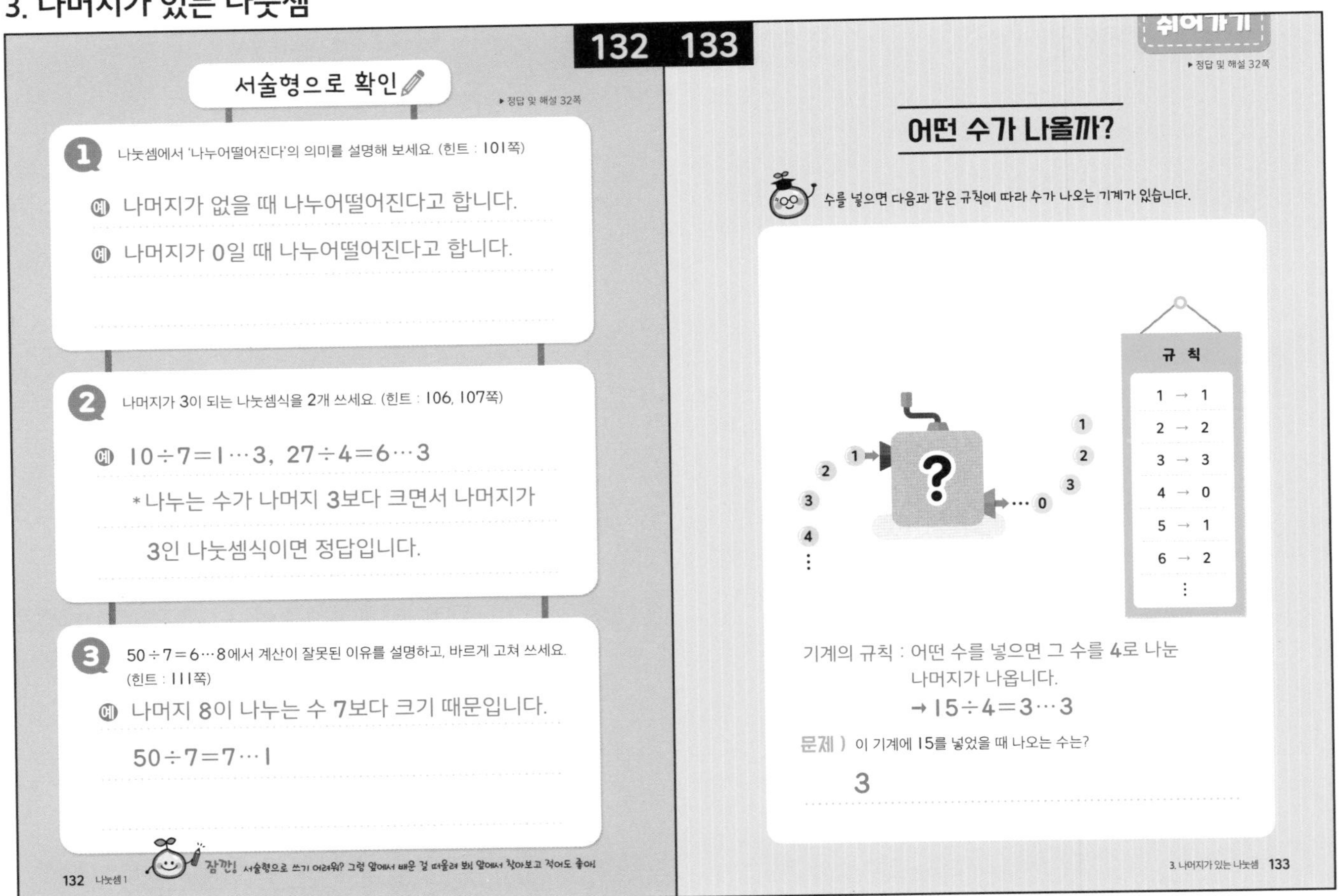

132 133

서술형으로 확인

▸ 정답 및 해설 32쪽

1 나눗셈에서 '나누어떨어진다'의 의미를 설명해 보세요. (힌트 : 101쪽)

예 나머지가 없을 때 나누어떨어진다고 합니다.

예 나머지가 0일 때 나누어떨어진다고 합니다.

2 나머지가 3이 되는 나눗셈식을 2개 쓰세요. (힌트 : 106, 107쪽)

예 10÷7=1···3, 27÷4=6···3

*나누는 수가 나머지 3보다 크면서 나머지가 3인 나눗셈식이면 정답입니다.

3 50÷7=6···8에서 계산이 잘못된 이유를 설명하고, 바르게 고쳐 쓰세요. (힌트 : 111쪽)

예 나머지 8이 나누는 수 7보다 크기 때문입니다.

50÷7=7···1

잠깐! 서술형으로 쓰기 어려워? 그럼 앞에서 배운 걸 떠올려 봐! 앞에서 찾아보고 적어도 좋아!

132 나눗셈 1

쉬어 가기

▸ 정답 및 해설 32쪽

어떤 수가 나올까?

수를 넣으면 다음과 같은 규칙에 따라 수가 나오는 기계가 있습니다.

기계의 규칙 : 어떤 수를 넣으면 그 수를 4로 나눈 나머지가 나옵니다.

→ 15÷4=3···3

문제) 이 기계에 15를 넣었을 때 나오는 수는?

3

3. 나머지가 있는 나눗셈 133

초등수학 1

나눗셈

교육 R&D에 앞서가는
키출판사